ゼロから学ぶRust

システムプログラミングの基礎から線形型システムまで

高野祐輝●著

講談社

本書の執筆にあたっては、以下の計算機環境を利用しています。
Linux（Ubuntu 22.04, Kernel 5.15, 64GB Memory）
macOS 12.6（Apple M1 CPU, 16GB Memory. 第 7・8 章を除く）
Rust 1.63.0

本書に掲載されているサンプルプログラムやスクリプト、およびそれらの実行結果や出力などは、上記の環境で再現された一例です。本書の内容に関して適用した結果生じたこと、また、適用できなかった結果について、著者および出版社は一切の責任を負えませんので、あらかじめご了承ください。

- 本書に記載されている情報は、2022 年 12 月時点のものです。
- 本書に記載されているウェブサイトなどは、予告なく変更されていることがあります。
- 本書に記載されている会社名、製品名、サービス名などは、一般に各社の商標または登録商標です。なお、本書では、™、®、© マークを省略しています。

本書に掲載するソースコードは以下からダウンロードできます。
https://github.com/ytakano/rust_zero

はじめに

従来、高スループットや低遅延が求められるソフトウェアや、ハードウェアを直接操作するオペレーティングシステムやデバイスドライバなどのソフトウェアは、プログラミング言語理論研究から生まれた先進技術の恩恵に浴することができなかった。これは高度な抽象化には必ずオーバーヘッドがあるからで、我々はこのことを摂理のように考えていた。ところが、プログラミング言語 Rust は、ほとんどオーバーヘッドなしで、高度な抽象化と安全性を達成可能であることを実証した。製品レベルでこれを実証したのは Rust がはじめてである。これは、筆者のようなシステムソフトウェア分野を専門とする研究者・技術者からすると、エポックメイキングな出来事である。

USENIX Symposium on Operating Systems Design and Implementation (OSDI) は、世界的に有名なオペレーティングシステム研究に関する国際会議である。2020、2021 年の OSDI で発表された OS 論文である、RedLeaf[1]、Theseus[2]、NrOS[3] という 3 つの論文は、すべて Rust を用いて実装されている。これらの論文では、Rust を用いた大きな理由に安全性を挙げており、Rust の言語機能をふんだんに利用して安全性と高速性を両立させている。研究分野以外でも、Linux デバイスドライバが公式に Rust を用いて実装可能になるという話も出てきており、今後ますます Rust が普及していくことが予測される。

本書は、プログラミング言語 Rust の入門書である。プログラミング言語の書籍は、文法解説を主としたものが多いが、本書は文法解説のみならず、Rust を用いた実践的なソフトウェア実装の解説も行う。英語学習でもそうだが、文法の学習は多くの学習者にとっては非常に退屈で、しかも、文法を理解しただけでは英語を習得することはできない。これはプログラミング言語学習でも同様で、ある言語を習得したいならば、文法を学んだうえで、ある程度の規模のコードを実際に読み書きする必要がある。

本書では前半部分で文法の解説を行う。退屈かもしれないが、必須なので一通り目を通してほしい。後半部分では、正規表現、オートマトン、アセンブリ言語、シェル、シグナル、デバッガ、割り込み、データフロー図、シーケンス図、オントロジーログ、契約プログラミングを用いた設計手法など、情報科学、情報工学分野における必修題材をふんだんに採用して、Rust を用いたプログラミング手法を解説する。残念ながら、最近では、これらの題材を実装を含めてしっかりと解説した書籍は少なくなっているが、本書を用いることでプログラミング技術と理論の基礎教養を習得できる。また、最終章では、Rust の安全性を支える理論的なしくみを理解するために、線形型システムの解説を行う。線形型システムは若干難易度が高いが、知的探究心旺盛な読者はぜひ挑戦してほしい。

Rust を語るうえで避けて通れない話題に、その難しさがある。Rust はたしかに、他のプログラミング言語と比べて安全性に重きを置いているため、他の言語ではコンパイルできたり実行できたコードが動かないということがある。このような視点から見ると、難しいと感じるかもしれない。

一方、安全な——つまり、ソフトウェアが未定義状態になって突然停止したり、未定義状態となった結果脆弱性が発露する、といったことが起きないようなソフトウェアを実装するのは、コンパイルや実行を簡単にできる言語で書くことが驚くほど難しい。このような言語で安全なソフトウェアを実装可能になるまでには、数年、あるいは 10 年程度の経験を必要とする。しかも、数十年のキャリアがある熟練プログラマですら、Rustだと防げるようなバグに苦労することがある。この視点から見ると、Rustは非常に簡単なプログラミング言語である。なぜなら、10年もの長きにわたる習得期間なしに安全なソフトウェアを実装できるのだから。

ソフトウェアはもはや社会インフラを支える技術であり、その適用範囲はいまだに広がり続けている。ソフトウェアインフラがますます普及し、ソフトウェアが我々の命までも支えるようになってきた昨今では、これらのインフラをRustなどの安全な言語で実装していくことは、ソフトウェア業界の最重要課題といっても過言ではない。本書が安全な情報化社会を実現するための助けになれば幸いである。

本書に掲載するソースコードはGitHub上にMITライセンスで公開する（https://github.com/ytakano/rust_zero）。また、正誤表はhttps://github.com/ytakano/rust_zero/errata.mdに掲載する。誤植、不正確な記述、その他の誤りを発見した場合には、GitHubのプルリクエストかIssueから報告できるので活用していただきたい。なお、本書に掲載するソースコードのうち、水色の背景色で示されているものは入力するコードを、橙色の背景色で示されているものは出力結果を表す。また、P.279の索引には本書で使用しているRustの予約語を掲載した。適宜活用してほしい。

謝辞

情報通信研究機構の三輪信介博士には、本書の査読を行っていただいた。三輪博士は、筆者が情報通信研究機構に在職していた頃の先輩であり、筆者が技術的に信頼を置いている数少ない研究者の一人でもある。三輪博士には文章のみならず、ソースコードの詳細にまでわたって指摘していただいた。ここに感謝を申し上げる。また、講談社サイエンティフィクの秋元将吾氏には、本書の担当編集者として、編集を一手に引き受けていただいた。氏の助けがなければ、本書が世に出ることはなかっただろう。ここに感謝を申し上げる。妻の文恵には、本書執筆期間中、さまざまな面で助けをいただいた。また、本書内の図の配色案について貴重な意見をいただいた。ここに感謝を申し上げる。

査読者経歴

三輪信介 博士（情報科学）

1999年北陸先端科学技術大学院大学情報科学センター助手、2001年通信総合研究所（現 情報通信研究機構）研究員、2011年より同北陸StarBED技術センター長を経て、現在は総括研究員。主にネットワークセキュリティおよびネットワーク再現模倣などの研究開発に従事し、現在はStarBEDの研究開発および運用管理を行なっている。

2022年12月

高野　祐輝

目　次

第1章 環境構築とHello, world!

この章の概要

本書では、Windows 11 上に Linux 環境を構築し、Linux 上で Rust プログラミングを行う。Linux を用いる理由は、第 7 章と第 8 章で説明するシェルとデバッガを実装するためである。シェルとデバッガを実装することで、Unix システムプログラミングの基礎と、Rust を用いたソフトウェアの設計と実装方法を学ぶことができる。第 7 章と第 8 章以外ならば Windows ネイティブ環境でも開発可能で、第 8 章以外ならば macOS ネイティブ環境でも開発可能である。なお、Windows 11 以降の場合は、本章で書かれている内容が現状とそぐわない可能性が大きい。その場合は、各自 Web などで調べてほしい。

Windows ネイティブの場合、Rust 環境のインストールが若干煩雑なので、Linux を用いることをおすすめする。macOS ネイティブの場合は、Mac の開発環境である Xcode を App Store からインストールし、コマンドラインツールをインストールする必要がある。Windows、macOS、Linux ネイティブ環境へのインストール方法は本書では解説しないため、各自で Web などを参照してほしい。本章では、Windows Subsystem for Linux というツールを使用して、Windows 上に Linux 環境を構築し、Linux 上で Rust の開発を行う方法を説明する。

1.1 Windows Subsystem for Linux のインストール

Windows Subsystem for Linux（WSL）とは、Windows 上で Linux 環境を構築するためのツールである。WSL をインストールするためには、コマンドプロンプトを管理者として実行して、インストールコマンドを実行する必要がある。図 1.1 では、Windows のスタートメニューから「コマンドプロンプト」を選択し、「管理者として実行」を選択している。コマンドプロンプトは「cmd」と検索すると見つかる。コマンドプロンプト起動後は、以下のようにインストールコマンドを実行する。

WSL のインストール

```
wsl.exe --install
```

WSL は、デフォルトでは Ubuntu という Linux ディストリビューションをインストールする。ディ

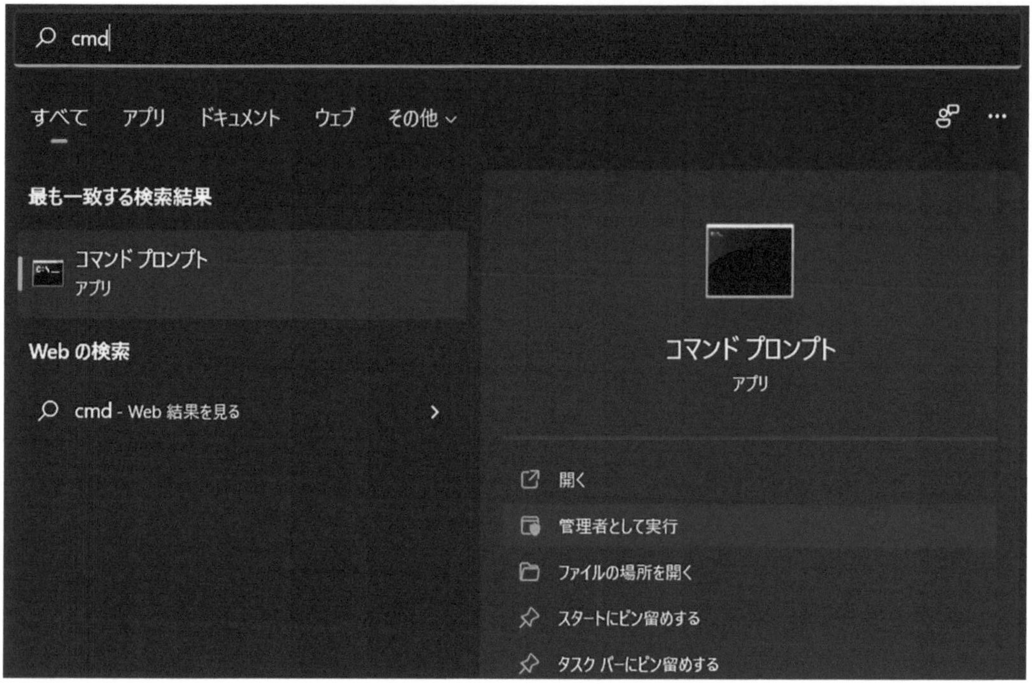

図 1.1　コマンドプロンプトを管理者として実行

ストリビューションとは、Linux を利用しやすいようにパッケージ化したものである。

Ubuntu をインストールすると、スタートメニューから「Ubuntu」を選択できるようになる。図 1.2 は、「Ubuntu」を選択している様子を示している。この「Ubuntu」を選択すると、図 1.3 のようなウィンドウが表示され、root のパスワード設定を求められる。root とは Linux のシステム管理者のことであり、アプリケーションなどをインストールするためには root のパスワードが必要になる。パスワードを忘れた場合、WSL の Linux 環境を一度破棄して環境を再構築する必要があるので、忘れないように注意してほしい。

パスワード設定を終えると、いよいよ Linux を利用できる。まずは、Ubuntu のパッケージ管理システムを更新し、開発ツールをインストールする。これらは、以下のようにコマンドを入力すると行える。

開発ツールのインストール

```
sudo apt update && sudo apt upgrade && sudo apt install curl git build-essential
```

`&&`はコマンドの区切りを表し、順番にコマンドを実行することを意味する。`sudo` は root 権限でコマンドを実行するためのコマンドで、`sudo apt` は、root 権限で `apt` コマンドを実行するという意味となる。`apt update` でパッケージリストを最新に更新し、`apt upgrade` で実際にパッケージをアップグレードする。`apt update` はメニューを最新版にし、`apt upgrade` で実際に注文するようなものである。

図 1.2 Ubuntu on Windows

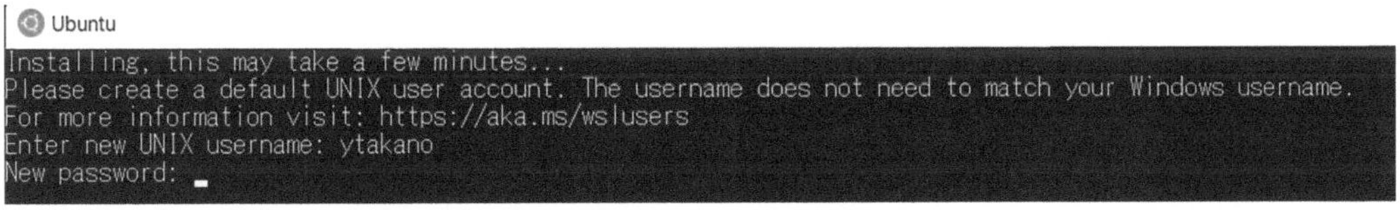

図 1.3 Ubuntu の初期設定

sudo apt install で実際にアプリケーションをインストールする。ここで、curl git build-essential という 3 つのアプリケーションをインストールしている。

Linux のインストール後は、Rust をインストールする。Rust のインストールは公式サイト*1 にあるとおり、以下のコマンドで行う。

Rust のインストール

```
curl --proto '=https' --tlsv1.2 -sSf https://sh.rustup.rs | sh
```

このコマンドを実行するとインストールするバージョンを尋ねられるが、デフォルトのバージョンで問題ないため、リターンを入力するのみでよい。インストール後は、以下のコマンドを実行して環境変数を設定する。

*1 https://www.rust-lang.org/tools/install

環境変数の設定

```
source $HOME/.cargo/env
```

1.2 Visual Studio Code のセットアップ

本節では、Rust のソースコードを書くために Visual Studio Code（VSCode）をセットアップする。VSCode はエディタと呼ばれるソフトウェアで、Microsoft 社が開発をしている。エディタは他にもいろいろな種類があるため、すでにお気に入りのエディタがあるなら、この節は飛ばしてもらってもよい。ちなみに、筆者は長年 Emacs というエディタを利用していたが、数年前から VSCode を主に利用している。今この文章を書いているのも VSCode である。

VSCode は Windows の Microsoft Store からインストールできる。図 1.4 は、Microsoft Store で VSCode をインストールする様子を示している。VSCode は Web*2 からダウンロードしてインストールすることもできる。Mac や Linux を利用している読者は、Web から取得してほしい。

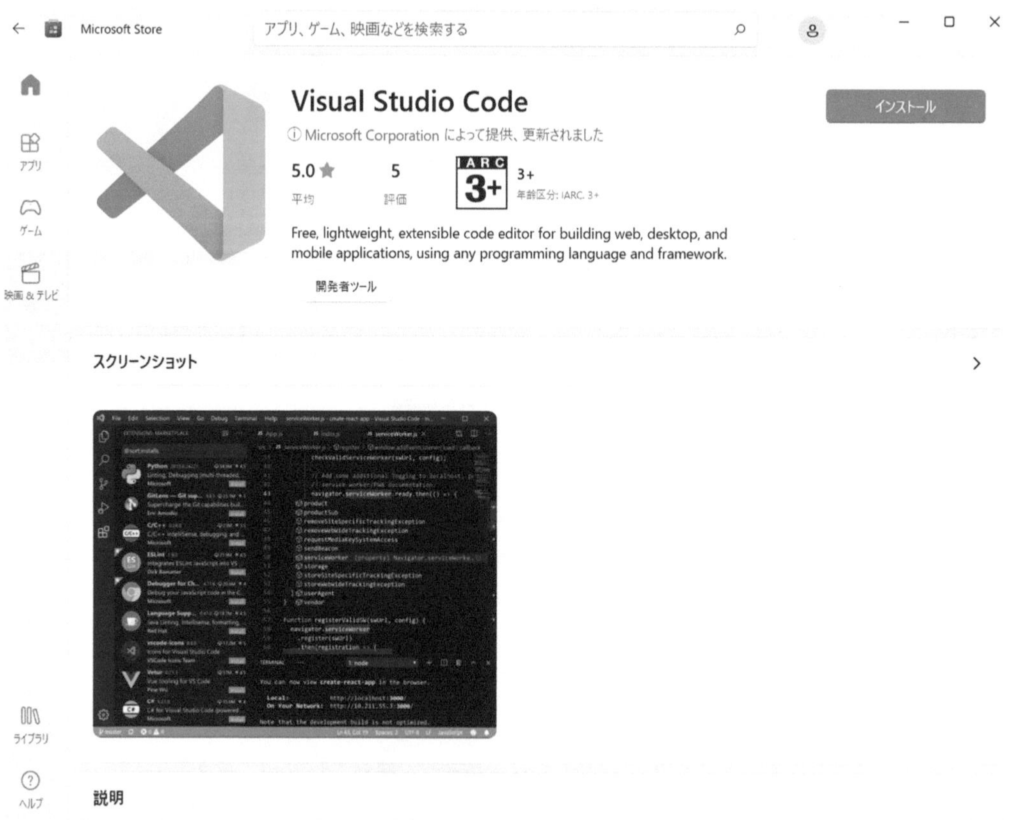

図 1.4　VSCode のインストール

*2 https://code.visualstudio.com/

VSCode を起動したら、まず、WSL へ接続するために WSL 機能拡張をインストールする必要がある。この機能拡張は、VSCode の機能拡張ボタンをクリックして、「WSL」と検索すると見つかる。図 1.5 は、WSL 機能拡張をインストールする様子を示している。はじめに、左端に縦に並んでいるアイコンの一番下にある、四角が 4 つ並んだアイコン（機能拡張のアイコン）をクリックする。その後、「WSL」と検索すると、この図のように「Remote - WSL」という機能拡張が見つかるため、これをインストールする。

図 1.5 WSL 機能拡張のインストール

WSL 機能拡張をインストールすると、図 1.6 のように、ウィンドウの左下に緑色の「><」というアイコンが表示される。このアイコンがリモート（今回は WSL）へ接続するためのボタンとなる。

リモート接続ボタンをクリックすると、いくつかメニューが表示されるため、「New WSL Window」を選択する。図 1.7 がその様子である。「New WSL Window」を選択すると、WSL へ接続したウィンドウ、つまり、Linux 環境のウィンドウが開かれる。

最後に、Rust で開発するための機能拡張である、rust-analyzer をインストールする (図 1.8)。Rust 用の機能拡張は rust-analyzer と Rust 機能拡張という 2 種類が存在するが、両方同時にインストール

図 1.6 リモート接続ボタン

図 1.7　WSL へ接続

図 1.8　rust-analyzer のインストール

すると不具合が起きるため注意されたい。Rust 機能拡張は、本書執筆時点では非推奨となっている。

なお、rust-analyzer のインストールや Rust の開発は、WSL へ接続したウィンドウで行うことに注意されたい。WSL へ接続しないまま rust-analyzer や Rust の開発をしようとしても、便利な機能が利用できなかったり、ディレクトリが見つからなかったりする。

1.3 Hello, world!

開発環境が整ったので、はじめての Rust プロジェクトを作成しよう。Rust プロジェクトの作成は、`cargo` というコマンドを用いる。`cargo` は Rust をインストールすると自動的にインストールされる。たとえば、`hello` というプロジェクトを作成するには、以下のように `cargo new hello` と入力する。

`hello` クレートの作成

```
$ cargo new hello
     Created binary (application) `hello` package
$ ls hello/
```

```
Cargo.toml  src/
$ ls hello/src
main.rs
```

行頭に$のある行はコマンド行を示しており、$のない行は実行結果を示す。cargoでプロジェクトを作成したのち、lsコマンドで作成されたディレクトリ以下を表示すると、Cargo.tomlというファイルとsrc/というディレクトリが作成されたのがわかる。その後さらに、hello/src以下を表示すると、hello/src/main.rsというファイルも作成されたのがわかる。

Cargo.tomlはプロジェクトの設定を行うためのファイルで、tomlという記法を用いて記述する。tomlにもVSCodeの機能拡張があり、筆者はBetter TOMLというものを利用している。

Cargo.tomlには、以下のようなテキストが含まれる。テキストファイルの表示はcatコマンドで行える。

Cargo.tomlの中身

```
$ cat hello/Cargo.toml
[package]
name = "hello"
version = "0.1.0"
edition = "2021"

# See more keys and their definitions at
https://doc.rust-lang.org/cargo/reference/manifest.html

[dependencies]
```

[package]には、プロジェクトの名前、バージョン、利用するRustのエディションが設定されているが、これらの他にもライセンスや作者などを設定できる。ソースコードを配布する場合は、これらの設定が必須となる。[dependencies]は、利用する外部ライブラリを指定する箇所である。今回は外部ライブラリを利用しないため空欄だが、本書の中盤以降では、この項目を設定して開発する。

続いて、hello/src/main.rsを見てみよう。

hello/src/main.rsの中身

```
$ cat hello/src/main.rs
fn main() {
    println!("Hello, world!");
}
```

fn mainでmainという関数を定義している。Rustで作成したプログラムは、基本的にこのmain関数がはじめに読まれて実行される。println!はマクロと呼ばれるもので、関数と似たようなものである。println!に続く"Hello, world!"がマクロの引数で、このように書くと、"Hello, world!"が表示される。

中身がわかったので、実際に実行してみよう。実行は、以下のようにhelloディレクトリに移動してcargo runコマンドを入力する。

hello の実行

```
$ cd hello
$ cargo run
   Compiling hello v0.1.0 (/private/tmp/hello)
    Finished dev [unoptimized + debuginfo] target(s) in 3.14s
     Running `target/debug/hello`
Hello, world!
```

実行すると Hello, world! が表示される。実行は必ずプロジェクトのディレクトリに移動してから、cargo run と入力しなければならない。cargo コマンドにはいくつものオプションがある。表 1.1 に cargo コマンドの代表的なオプションを示す。

表 1.1　cargo コマンドの使い方

cargo new name	name という名の新規プロジェクトを作成
cargo new name --lib	name という名の新規ライブラリプロジェクトを作成
cargo build	コンパイル（実行はしない）
cargo check	コンパイルできるか検査（コンパイル・実行はしない）
cargo run	実行（必要な場合はコンパイル）
cargo clippy	リントを行う

プロジェクト作成時に--lib と指定すると、単体では実行できないライブラリプロジェクトを作成できる。ライブラリの利用については 5.4.3 項で説明する。実行せずに単にコンパイルするのみの場合は、cargo build と入力する。Rust はコンパイル時に多くのことを検査してくれるため、実装とコンパイルをこまめに繰り返して開発するのがよいだろう。cargo build は最終的なバイナリファイルも出力されてしまうため遅い。特に、ソースコードの行数が多くなると問題になる。その場合は cargo check を用いて検査する。cargo check はバイナリファイルの出力はしないが、コンパイルの検査を行う。

clippy は、**リント（lint）**と呼ばれる処理を行う。リントとは、静的解析の一つであり、ソースコードの修正すべき点を指摘する。頻繁にリントを実行する必要はないが、一定期間ごとにリントを実行することで、高品質なソフトウェアができあがる。ちなみに、リントを行うソフトウェアは**リンター（linter）**と呼ばれる。

VSCode からソースコードを編集するには、まず、ディレクトリを開く必要がある。たとえば、先ほど作成した hello を編集するためには、WSL へ接続済みのウィンドウから hello ディレクトリを開く。図 1.9 はこの様子を示している。

ディレクトリを開くと、図 1.10 のようにエクスプローラーが表示される。エクスプローラーから main.rs を選択すると、エディタ画面から編集することができる。エクスプローラーからはディレクトリやファイルの作成・移動、ファイル名の変更なども行える。基本的に VSCode で開発する際は、ファイルを開かず、ディレクトリを開く。

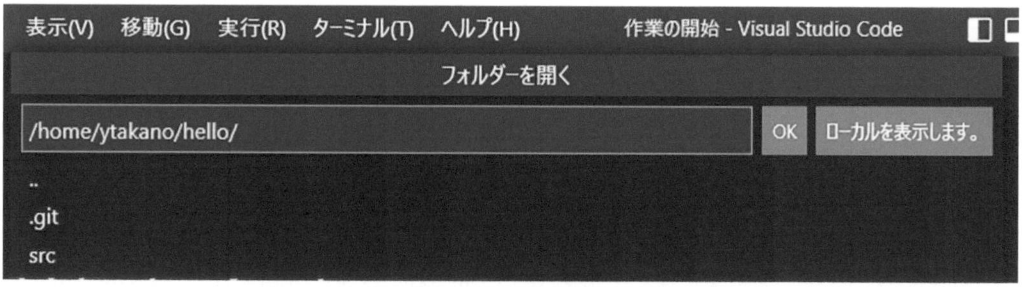

図 1.9　ディレクトリを開く

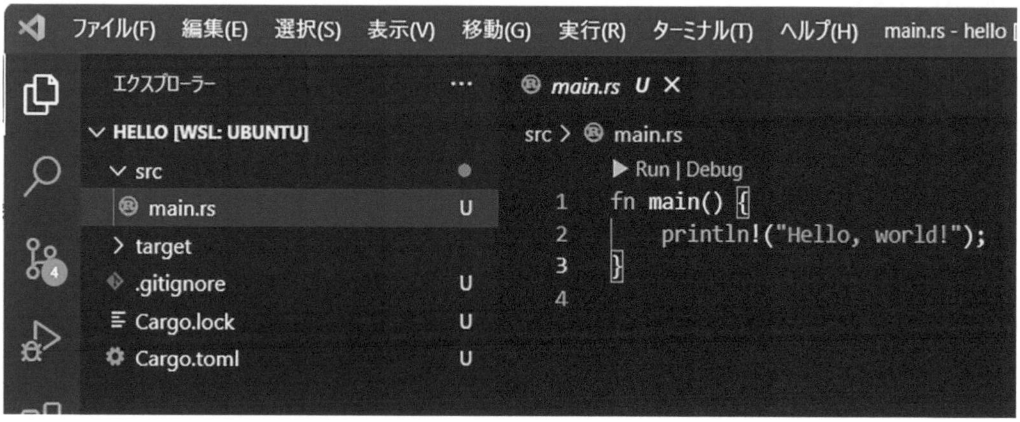

図 1.10　エディタ画面

1.4　Rust プログラムの概観

次章以降で、本格的に Rust の解説を開始する。その前に、簡単に Rust プログラムの概観を説明しよう。以下は、Rust で掛け算するプログラムを実装した例である。なお、//が 1 行コメントの開始を意味する。つまり、//から行末までがコメントとなる。

掛け算するプログラム

```
fn main() { // main という関数を定義
    let x: i32 = 10; // i32 型の変数 x を定義して、10 を代入（型指定あり）
    let y = 20; // 変数 y を定義して 20 を代入（型指定なし）
    let z = mul(x, y); // 関数呼び出し
    println!("z = {z}"); // {z}で変数 z を表示
}

// i32 型の引数 x と y を受け取り、i32 型の値を返す関数 mul を定義
fn mul(x: i32, y: i32) -> i32 {
    // セミコロンが最後にないことに注意
    // 関数の最後の値が返り値となる
    x * y
```

```
}

// この位置には、以下のように式は書けない
// let x = 10;
// let y = 20;
// let z = mul(x, y);
```

まず、先ほどと同じように main という関数を定義している。main 内では x、y、z という変数が let で定義されている。変数 x には「: i32」と型指定されている。i32 は 32 ビットの整数型であることを示す。Rust では、let に型指定をしてもよいが、これは必須ではない。実際、y と z は型指定されていない。

mul(x, y) が関数呼び出しで、関数 mul の引数に x と y を渡している。これは、数学の関数呼び出し記法とほとんど同じである。その後、println! で z の値を表示している。z の値は{z}の箇所に表示される。Rust では行末にセミコロン（;）を置く。セミコロンでその行が終了し、その行の値は使われないということを表す。

fn mul で mul 関数を定義している。「x: i32」と「y: i32」で引数とその型を表し、「-> i32」で返り値の型を表している。mul の中身は x * y のみだが、Rust では関数の最後の値が返り値となる。セミコロンを付けると、その式の値を利用しないという意味になるため、ここでセミコロンを付けるとコンパイルエラーとなる。

最後の数行にあるように、基本的にこの位置には計算する式は書けない。計算を行えるのは、基本的には関数の中のみである。

Coffee Break

私とは何か？

私とは何か？　この深遠な問いについて誰しも一度は考えたことがあるだろう。私を規定するモノを見つけるために、私の構成要素を一つずつそぎ落とし、最後に何が残るかを考察してみよう。まずは、名前について考えてみる。名前は重要な要素に思えるが、結婚して姓が変わったり、ペンネームで名前が変わっても私は私だ。ということは、私から名前をそぎ落としても、まだ私のままのように思える。

次に、四肢をそぎ落としてみる。グロテスクだが、四肢がなくても私は私だ。では、肩書きはどうだろうか？「○○学校の学生」、「○○のリーダー」、「○○教授」……。こんなモノはなくても私は私だ。続いて、顔や脳をそぎ落としてみよう。顔や脳も重要だが、これらはあくまで入出力や演算デバイスの一つなので、私を規定するモノとは違うように思える。このようにして私を探していくと、最後には空が残る。私とは空だったのだ。これがいわゆる、色《しき》即《そく》是《ぜ》空《くう》である。

このように、モノを構成要素に分解して理解する方法は要素還元主義といわれる。現代科学の多くは要素還元主義だ。では、要素還元主義的に考えるのではなく、今の私を構成しているのは何かを別な視点から考察してみよう。

今の私を構成しているのは、おそらく、私の肉体、名前、肩書き、今読んでいるこの本など、肉体のすべて、経験のすべてだろう。これらがあることで、今の私が存在する。この本を読まなかった私は、この本を読んだ私とは違う私である。つまり、私を規定するのは一つの構成要素ではなく、私に関わったすべてである、と考えることもできる。このように、さまざまな構成要素が複雑に関係し合うようなモノを、日本語では系、英語ではシステムと呼ぶ。システムは構成要素の単なる集合ではなく、それ以上のモノになり得る。このような、全体は部分の総和以上であるという考え方は、創発と呼ばれる。

プログラミングやソフトウェアは、基本的に創発的なモノで、システムとして考えなければ理解できない。そのため、 Rust を習得するには、型、所有権、借用、トレイトといった構成要素を学ぶだけではなく、それらがどのように有機的に関連しているかも学ぶ必要がある。本書では、前半で Rust の構成要素を説明し、後半にソフトウェアのシステム的な設計方法と Rust で実装する方法を説明する。両方を学ぶことで、創発的に Rust を理解することができるはずだ。 Rust を学び、安全なソフトウェア開発手法を学び、世界を安全にしていこう。それでは、よい旅路を！

第2章 Rustの基本

この章の概要

本章では、Rustの型システム、文法、基本的なデータ構造や、関数、マクロなどについて説明する。

型システム（type system）とは、値を分類して、演算を定義するための方法論である。たとえば、真偽値型は真か偽か、正しいか誤りかを表現できる型であり、真偽値型の値には`true`と`false`がある。真偽値型の値に対しては、「AまたはB」や「AかつB」といった論理演算ができる。整数型の値には、−2、−1、0、1、2などがあり、これらの値に対しては加減乗除などの演算ができる。

文法（grammar）とは、変数の定義方法、繰り返し文の書き方、条件分岐の書き方などの法則のことである。プログラミングでも、英語でも、多くの人にとって文法を学ぶのは退屈な作業だが、文法を知らなければプログラミングを行えないので、まずは一通り目を通してほしい。文法はすべてを暗記する必要はなく、後で必要に応じて参考にするとよいだろう。

データ構造（data structure）とは、データの表現手法のことである。たとえば、窓口に並んでいる人々は、キューというデータ構造で表現でき、英文辞書は、マップというデータ構造で表現できる。Rustにはキューやマップを実装するための基本的な部品が提供されているため、それらについて説明する。

関数（function）や**マクロ（macro）**とは、何らかの機能を提供する部品である。本章では、データ構造を扱うための関数、データを表示するためのマクロ、表明と呼ばれるマクロ、マルチスレッドを行うための関数などについて説明する。マルチスレッドとは、複数のプログラムを同時に実行させることである。

2.1 型システム

Rustは**静的型付けプログラミング言語（statically typed programming language）**に分類されるプログラミング言語で、型を強く意識するとよりよくプログラミングできる。そこで、本節では、Rustの型、**リテラル（literal）**、加減乗除などの基本的な演算について説明する。リテラルとは、true や 145 などの、真偽値や数値といった基本的な値のことである。なお、実行時に型付けを行うプログラミング言語は**動的型付けプログラミング言語（dynamically typed programming language）**と呼ばれる。代表的な言語として Python や JavaScript がある。

2.1.1　真偽値型

真偽値型は bool となり、true か false という値を取り得る。真偽値に対しては以下の論理演算ができる。

論理演算

```
true && false // 論理積（短絡評価）
false || true // 論理和（短絡評価）
true & false  // 論理積（非短絡評価）
true | false  // 論理和（非短絡評価）
false ^ true  // 排他的論理和
!true         // 論理否定
```

論理積は A と B の両方ともが正しいか、論理和は A または B のどちらか、またはその両方が正しいか、排他的論理和は A または B のどちらか一方のみが正しいかを判定できる。

論理式では、一部の真偽値がわかれば最終的な計算結果がわかる。たとえば、a() || b() という式は、a() の値が true とわかれば、b() を計算しなくても結果が true とわかる。そのため、a() が true と判明した時点で結果を確定して、b() の計算をしなくてもよい。このような計算方法は**短絡評価（short-circuit evaluation）**と呼ばれる。非短絡評価の場合、a() が true であっても b() が計算される。

以下のコードは、短絡評価と非短絡評価の実験コードである。a() || b() とすると a() のみ実行されるが、a() | b() とすると a() と b() の両方が実行される。通常のプログラミングでは、基本的に短絡評価を用いれば問題ないだろう。

短絡評価と非短絡評価

```
fn main() {
    println!("短絡評価");
    println!("{}", a() || b());

    println!("非短絡評価");
    println!("{}", a() | b());
}

fn a() -> bool {
    println!("call a");
    true
}

fn b() -> bool {
    println!("call b");
    true
```

```
}
```


2.1.2 整数型

コンピュータ内部では、数値は**ビット（bit）**と呼ばれる単位で表される。1つのビットで0か1かを表せ、これは2進数で表現できる。たとえば、`13` という10進数の数値は、2進数だと `1101` と表すことができる。8ビットを用いて整数値を表現すると、`00000000` から `11111111` の範囲の値を表現でき、これは、0から $2^8 - 1$ の範囲の値となる。Rustでは、整数値は表現に用いるビット数に応じて分類される。

また、Rustでは、**符号無し整数（unsigned integer）**と**符号付き整数（signed integer）**の2種類にも分類される。ここでいう符号はマイナス符号のことを指し、符号付き整数の場合はマイナスの値を表現できるが、符号無し整数の場合は0以上の値しか表現できない。

たとえば、`u8` 型は、符号無しの8ビット整数型を表し、`i8` 型は、符号付きの8ビット整数型を表す。`i8` や `u8` となっているのは、英語では、単なる整数はintegerと書かれ、符号無し整数は特別にunsigned integerと書かれるからである。

表2.1は、Rustで標準的に利用可能な整数型と表現可能な範囲を示している。`usize` と `isize` は、CPUアーキテクチャに依存して範囲が決定される型である。たとえば、普段我々が利用しているPCに搭載されているAMD社やIntel社のCPUであるx86_64アーキテクチャ、スマートフォンやタブレットPCなどに搭載されているARM社のAArch64アーキテクチャのCPUは64ビットアーキテクチャのCPUであるため、`usize` と `isize` は `u64` と `i64` に等しい。`usize` や `isize` は、CPUアーキテクチャによって表現可能な範囲が異なってしまうという問題はあるが、どのCPUアーキテクチャでも効率よく扱えるという利点もある。

表2.1　整数型と表現可能な範囲

型	範囲	型	範囲
`u8`	0から $2^8 - 1$	`i8`	$-(2^7)$ から $2^7 - 1$
`u16`	0から $2^{16} - 1$	`i16`	$-(2^{15})$ から $2^{15} - 1$
`u32`	0から $2^{32} - 1$	`i32`	$-(2^{31})$ から $2^{31} - 1$
`u64`	0から $2^{64} - 1$	`i64`	$-(2^{63})$ から $2^{63} - 1$
`u128`	0から $2^{128} - 1$	`i128`	$-(2^{127})$ から $2^{127} - 1$
`usize`	アーキテクチャ依存	`isize`	アーキテクチャ依存

マイナスの値は、コンピュータ内部では2の**補数（complement）**で表現される。nビット整数値 a の2の補数は、$2^n - a$ と定義される。ちなみにRustでは、2進数の整数値を表記するために、数値表記の先頭に `0b` と付ける。たとえば、`0b011` と書くと、これは10進数の3となる。

ここで、3ビット整数について考えてみよう。3ビット整数の範囲は $-(2^2)$ から $2^2 - 1$ である。マイナスの値は2の補数で表現されるため、たとえば -2 は、$2^3 - 2 = 8 - 2 = 6 =$ `0b110` となる。

2の補数表現を用いると、プラスとマイナスの値同士でも、単純に加算するだけでよいという利点がある。表2.2は、3ビット整数のプラスとマイナスの値を足し合わせた結果を表している。たとえば、`0b010 (+2)` と `0b101 (-3)` を、符号を考えずに単純に2進数で考えて加算すると、`0b010 +`

表 2.2　3 ビット整数の 2 の補数表現と加算（括弧内は 10 進数表記）

	0b111 (-1)	0b110 (-2)	0b101 (-3)	0b100 (-4)
0b000 (+0)	0b111 (-1)	0b110 (-2)	0b101 (-3)	0b100 (-4)
0b001 (+1)	0b1000 (+0)	0b111 (-1)	0b110 (-2)	0b101 (-3)
0b010 (+2)	0b1001 (+1)	0b1000 (+0)	0b111 (-1)	0b110 (-2)
0b011 (+3)	0b1010 (+2)	0b1001 (+1)	0b1000 (+0)	0b111 (-1)

`0b101 = 0b111` となる。これは、-1 の 2 の補数表現に等しく、正しく計算できていることがわかる。また、`0b010 (+2)` と `0b111 (-1)` を同様に 2 進数で考えて加算すると、`0b010 + 0b111 = 0b1001` となる。3 ビット整数なので、繰り上がった最上位ビットを捨てると `0b001` となり、これは 1 と等しく、正しく計算できていることがわかる。

ちなみに、n ビット整数値 a の 1 の補数は $2^n - 1 - a$ と定義され、これは各ビットを反転した値と等しくなる。ビット反転とは、1 を 0 に、0 を 1 にする操作である。たとえば、3 ビット整数で 3、2 進数表記だと `0b011` の 1 の補数は $2^3 - 1 - 3 = 8 - 1 - 3 = 4 =$ `0b100` となり、これは元の値をビット反転した値である。1 と 2 の補数の結果は 1 だけ違うため、2 の補数はビット反転（1 の補数を計算）して 1 を足すと計算できる。

整数値に対しては、以下のような基本的な演算ができる。比較の結果は `bool` 型の値となる。

整数値の基本的な演算

```
// 加減乗除
1234 + 567 // 加算
678 - 168  // 減算
56 * 146   // 乗算
572 / 43   // 除算
145 % 23   // 剰余（145 / 23 の余り）

// 比較
1234 < 567 // 小なり
678 <= 168 // 小なりイコール
56 > 146   // 大なり
572 >= 43  // 大なりイコール
145 == 23  // イコール
```

2.1.3　浮動小数点数型

浮動小数点数（floating point number） とは、有理数の表現方法の一つであり、$a \times b^e$ という数値を表現できる。ここで、a は **仮数部（mantissa part）**、b は **基数（cardinal number）**、e は **指数部（exponent part）** と呼ばれる。

Rust では、浮動小数点数は IEEE 754 という仕様に従っている。IEEE 754 では、$(-1)^s \times 1.f \times 2^{e+M}$ という形式で有理数を符号化する。$1.f$ は 2 進数の小数点数表記となる。たとえば、2 進数の 1.101 は、10 進数の $1 + \frac{1}{2} + \frac{1}{8} = 1.625$ と等しい。2 進数の小数点第 1 位は 10 進数では $\frac{1}{2}$ を、第 2 位は $\frac{1}{4}$ を、第 3 位は $\frac{1}{8}$ を表す。s は符号を表し、s が 0 ならプラス、1 ならマイナスの値となる。M は定数で、32 ビット浮動小数点数の場合は 127、64 ビット浮動小数点数の場合は 1023 となる。Rust では、f32 と f64 という、32 ビットと 64 ビットの浮動小数点数型が標準で定義されている。

Tips

IEEE はアイ・トリプル・イーと読む。IEEE は、アメリカ合衆国に本拠地を構える工学分野の団体であり、標準化や学術研究などを主として行っている。たとえば、Wi-Fi 6 と呼ばれる無線 LAN の規格は、IEEE 802.11ax として標準化されている。Rust の浮動小数点数は、正確には、2008 年に制定された IEEE 754-2008 という仕様に従っている。

図 2.1 は、IEEE 754 のバイナリフォーマットとなる。**バイナリ（binary）**は「2 進数の」という意味であり、図中の箱 1 つで 1 ビットを表す。たとえば、2 進数で $-0.00101 = -1.01 \times 2^{-3}$、10 進数で $-\left(\frac{1}{8}+\frac{1}{32}\right) = -0.15625$ を 32 ビット浮動小数点数で表すと*1、値がマイナスのため符号部は 1 に、指数部は $-3 + M = -3 + 127 = 124$ のため 0b0111_1100 に、仮数部は 0b010_0000_0000_0000_0000_0000 となる。なお、数値中のアンダースコア（_という文字）は、見やすさのために導入してあるだけなので、無視してもよい。つまり、0b11110000 と 0b1111_0000 はまったく同じ値となる。Rust で数値を書くときには、好きな位置にアンダースコアを挿入できる。

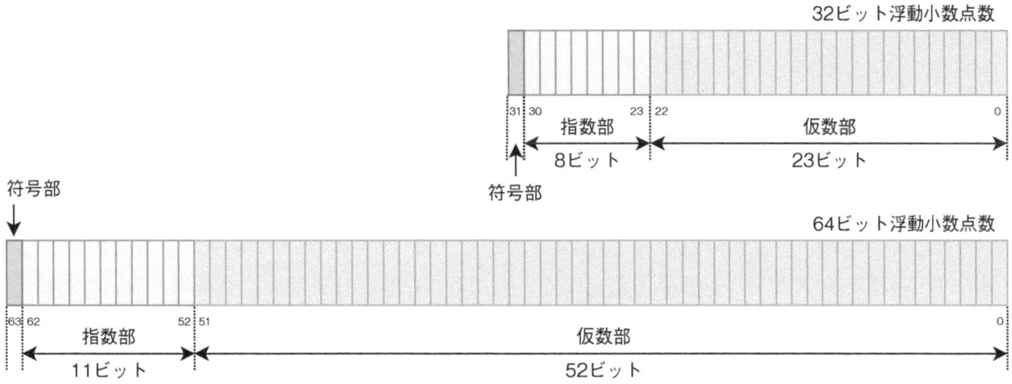

図 2.1 IEEE 754 のバイナリフォーマット

なお、IEE754 では、指数部が 255 で仮数部が 0 の場合は無限大を表し、指数部が 255 で仮数部が 0 以外の場合は「数値ではない（Not a Number）」という意味の NaN を表す。0 を 0 で割ると NaN となり、0 以外の数値を 0 で割ると無限大となる。

浮動小数点数に対しては、以下のような基本的な演算ができる。

浮動小数点数の基本的な演算

```
// 加減乗除
1.245 + 0.57  // 加算
```

*1 2^{-3} を 2 進数で表記すると見づらいため、ここでは 10 進数で表記している。

```
2.5 - 123.98  // 減算
5.6 * 14.6    // 乗算
57.2 / 43.2   // 除算
145.6 % 23.4  // 剰余

// 比較
1.245 < 0.57  // 小なり
2.5 <= 123.98 // 小なりイコール
5.6 > 14.6    // 大なり
57.2 >= 43.2  // 大なりイコール
145.6 == 23.4 // イコール
```

2.1.4　ビット演算

本項では、ビット演算について説明する。ビット演算は、システムプログラミングや高効率な実装を行う際に必要となる。

まずはじめに、**ビットシフト（bit shift）**について説明する。ビットシフトとは、ビット全体を左や右に移動させる操作のことで、Rust では`>>`演算子と`<<`演算子を使う。たとえば、`0b0001_1000`の左シフトと右シフトは以下のように書ける。

ビットシフトの例

```
let n: u8 = 0b0001_1000;
let m = n << 2; // 2ビット左シフト
let k = n >> 2; // 2ビット右シフト
```

これはちょうど、図 2.2 のような結果となる。なお、元の値は `0b0001_1000 == 24` で、2 ビット左シフトした値が `0b0110_0000 == 96` で元の値の 4 倍、2 ビット右シフトした値が `0b0000_0110 == 6` で元の値の $\frac{1}{4}$ 倍となっている。実は、1 ビット左シフトすると値が 2 倍になり、1 ビット右シフトすると値が $\frac{1}{2}$ 倍となる。ただし、左や右へシフトした結果、あふれたビットは捨てられるため、必ずしも成り立つわけではない。

図 2.2　ビットシフト

ビットシフトには、**論理シフト（logical shift）**と**算術シフト（arithmetic shift）**がある。論理シフトとは、上記でみたように、左シフトや右シフトした際、シフト方向と逆にあるビットに 0 が代入されるシフトのことである。算術シフトは、最上位ビットが 1 の場合に右シフトすると、右側のビットに 1 が代入される。たとえば、次のように`-64 == 0b1100_0000`を 2 ビット右シフトする。

算術シフトの例

```
let p: i8 = -64; // 0b1100_0000
let k = p >> 2; // 2ビット右算術シフト
```

すると、これは図 2.3 の右算術シフトで表される値となる。こうすることで、0b1111_0000 == -16 となり、元の値の $\frac{1}{4}$ 倍となる。なお、右論理シフトの場合は上位のビットに 0 が代入される。符号無し整数の場合は論理シフト、符号付き整数の場合は算術シフトと覚えておくとよいだろう。

図 2.3 論理シフトと算術シフト

ビット演算では、ビット論理和、ビット論理積、ビット排他的論理和が行え、これらは各ビットごとに論理演算を行う。これらはそれぞれ、以下のように書ける。

ビット演算の例

```
a | b; // aとbのビット論理和
a & b; // aとbのビット論理積
a ^ b; // aとbのビット排他的論理和
```

たとえば、0b1110_0000 | 0b0000_0110 == 0b1110_0110 となる。これは、0b1110_0000 と 0b0000_0110 の各桁同士で論理和を行った結果である。

ビット演算を用いると、フラグや値を単一の値に埋め込むことができる。たとえば、ゲームのプレイヤーの状態を考えてみよう。16 ビット値の、下位から 0 ビット目をステータス異常の毒状態、1 ビット目を攻撃力アップ状態とし、2 から 15 ビット目を残り体力とする。すると、これは以下のように表せる。

フラグや値の埋め込み例

```
let player: u16 =
    1 |            // 毒状態
    (1 << 1) |   // 攻撃力アップ状態
    (568 << 2); // 残り体力

if player & 1 != 0 {
    println!("毒状態");
}

if player & (1 << 1) != 0 {
    println!("攻撃力アップ状態");
}

let hp = (player & 0xfffc) >> 2;
println!("残り体力 = {hp}");
```

まずはじめに、ビット論理和を用いて、各状態と残り体力を u16 の値に埋め込んでいる。その後、該当するビットが 1 かを、論理積とビットシフトで検査している。体力は 2 から 15 ビット目なので、0xfffc == 0b1111_1111_1111_1100 でビット論理積を計算し、体力のビットのみを残す。0xfffc のような値は**ビットマスク（bit mask）**と呼ばれ、マスクとビット論理積を計算することを「マスクする」と呼ぶ。マスクした後は 2 ビット右シフトすると体力が計算できる。実は、この例の場合はマスクせずに 2 ビットシフトするだけでもよい。

このようなビット演算は、ハードウェアに近い部分のプログラミングを行うと頻出する。bitflags[4)] は、このようなビットを用いたフラグを扱うためのライブラリである。bitflags を用いると、本項で示したようなビット演算が型安全に行える。

2.1.5　参照型とポインタ型

基本的に、コンピュータはデータをメモリ上に保存し、メモリの位置はアドレスで表現される。メモリのアドレスは 0 番地、1 番地、2 番地と呼ばれ、1 つの番地に 1 バイト（8 ビット）のデータを保存できる。

参照型（reference type）と**ポインタ型（pointer type）**は、メモリ上のアドレスを表すための型であり、それらの値は**参照（reference）**や**ポインタ（pointer）**と呼ばれる。参照型は、型名の前に &か&mut を、ポインタ型は、型名の前に*か*mut を付けて表す。たとえば、&u64 と&mut u64 は u64 の参照型で、*u64 と*mut u64 は u64 のポインタ型となる。mut はミュートと読む。

Rust では、参照とポインタの違いは安全性にある。参照はライフタイムというしくみによって保護されており、不正なアドレスを指すことがない。一方、ポインタは不正なアドレスを指す場合があり、正しく利用しないと深刻なバグや脆弱性の原因となる。ライフタイムについては第 3 章で解説するが、ポインタについては本書では解説しない。ポインタは、組み込み、OS、デバイスドライバなどのソフトウェアを実装する際に重要となるが、これらは本書の範囲外だからである。

&と&mut の違いは、この参照が指しているメモリ上の値を変更できるかどうかという点と、参照が複数の箇所で同時に存在できるかどうかという点である。後者については第 3 章で解説するため、前者についてのみ、ここで解説しよう。

すでに値が割り当てられた変数に別の値を代入することは**破壊的代入（destructive assignment）**と呼ばれている。Rust では、たとえば、let a = 10; と変数定義すると破壊的代入ができず、この後に a = 20 のように別の値を a に代入するとコンパイルエラーとなる。しかし、let mut a = 10; と変数定義すると破壊的代入が可能となるため、a = 20 として、a の値を 10 から 20 に変更できる。&が頭に付く参照型は**不変参照型（immutable reference type）**と呼ばれ、破壊的代入が不可な参照型である。一方、&mut が付く参照型は**可変参照型（mutable reference type）**と呼ばれ、この参照をとおして破壊的代入が可能である。

Rust の変数は、デフォルトで破壊的代入が不可である。破壊的代入が可能な変数を定義するためには、mut キーワードを変数定義の際に指定する必要がある。また、変数の前に&を付けると、その変数の不変参照を、&mut を付けると可変参照を取得できる。参照変数の前に*を付けると、参照の指している先の値となり、この操作は**参照はずし（dereference）**と呼ばれている。

次のコードは、参照と破壊的代入の例を示している。

参照と破壊的代入の例

```
let mut n: u64 = 100; // n を破壊的代入可能として宣言し、 100 を代入

let a: &u64 = &n; // a に n の不変参照を代入
// *a = 200; // 破壊的代入はできない
println!("*a = {}, addr = {:p}", *a, a); // a を参照はずしした値（n の値）と、アドレスを表示

let b: &mut u64 = &mut n; // b に n の可変参照を代入
*b = 200; // b の指している先（つまり n）に 200 を破壊的代入
println!("n = {n}");
```

`&n` とすると、変数 `n` への不変参照を取得可能で、`&mut n` とすると可変参照を取得できる。参照変数 `a` や `b` に対して、`*a` や `*b` とすると参照はずしされ、変数 `n` そのものとなる。メモリ上のアドレス表示は、`println!` マクロに `{:p}` と指定するとできる。`println!` マクロを用いた表示方法については、2.2.7 項で説明する。

上記のコードを実行すると、以下のように表示される。`*b = 200` として、`n` の値を参照経由で破壊的代入しているため、最終的に `n = 200` と出力される。

参照と破壊的代入の例の実行結果

```
*a = 100, addr = 0x7ffd6134be80
n = 200
```

ここで、`0x7ffd6134be80` が変数 `n` が保存されているメモリのアドレスとなり、`&n` や変数 `a` と `b` の実態はこのアドレスが指すメモリにある。

2.1.6 配列型とスライス

配列（array）はメモリ上の連続した値のことで、たとえば `[u32; 4]` と書くと、要素数が 4 の `u32` の配列型となる。**スライス（slice）**はメモリ上の連続した値への参照であり、内部的にはポインタと要素数を保持する値である。ポインタ本体に加えて別の情報を保持するようなポインタは、**ファットポインタ（fat pointer）**と呼ばれている。つまりスライスは、配列自体へのアドレスと範囲の情報を持つ参照と考えることもできる。

配列とスライスの利用例は以下のようになる。

配列とスライス

```
let arr: [u32; 4] = [1, 2, 3, 4]; // 配列を定義
println!("{}, {}, {}, {}", arr[0], arr[1], arr[2], arr[3]); // 1, 2, 3, 4

let s: &[u32] = &arr[1..3]; // スライスを取得
println!("{:?}", s); // [2, 3]
```

[1, 2, 3, 4]; とすることで、4 つの配列を持つ配列の値を定義できる。Rust では、先頭の要素が 0 であり、arr[0] とすると、0 番目の要素である 1 が得られる。&arr[1..3] のようにすると、1 番目の要素から 2 番目の要素までのスライスを得ることができる。要素の番号のことは**インデックス（index）**や**添字**と呼ばれる。Rust では、最初の要素は 0 番目と表現する。

図 2.4 は、先の配列とスライスのメモリ上での配置を表したものとなる。ただし、配列のアドレスは説明のために利用している値であり、実際の値とは異なる。この図のように、配列はメモリ上の連続する領域に配置される。u32 は 4 バイトのため、0x1000 から 0x1010 までに、配列 arr が配置される。スライス s は、arr の 1 番目の要素から 2 要素分の長さを持つため、0x1004 と 2 を情報として持つ。

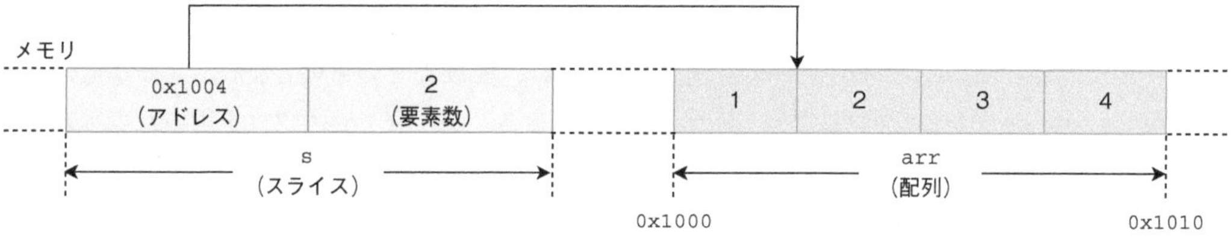

図 2.4　配列とスライスのメモリ上での配置

配列の範囲指定は、以下のように行える。ただし、1 と 3 の数値は配列のインデックスを示している。

配列の範囲指定方法

```
&arr[1..3]   // 1 以上、 3 未満の範囲
&arr[1..=3]  // 1 以上、 3 以下の範囲
&arr[1..]    // 1 以上の範囲
&arr[..3]    // 0 以上、 3 未満の範囲
&arr[..=3]   // 0 以上、 3 以下の範囲
```

配列は、コンパイル時にソースコードレベルで要素へのアクセスが正しいかを検査されるが、スライスはプログラムの実行時に検査される。ソースコードレベルでの検査は**静的検査（static analysis）**と呼ばれ、実行時の検査は**動的検査（dynamic analysis）**と呼ばれる。たとえば、配列やスライスの範囲外の領域にアクセスすると、以下のようになる。

配列とスライスの範囲外アクセス

```
let arr: [u32; 4] = [1, 2, 3, 4]; // 配列を定義
let s: &[u32] = &arr[1..3]; // スライスを取得

// arr[5]; // コンパイルエラー
s[5]; // パニック
```

arr は配列のため、範囲外の領域にアクセスするとコンパイルエラーとなる。一方、スライス s を用いて範囲外の領域にアクセスすると、コンパイルは通るが実行時にエラーが起きる。Rust では、実行時に起きる回復不可能なエラーのことを**パニック（panic）**と呼んでいる。上記コードを実行する

と、以下のようなメッセージが表示され、プログラムの実行が終了する。

スライスの範囲外アクセスによるパニック

```
thread 'main' panicked at 'index out of bounds: the len is 2 but the index is 5',
src/main.rs:6:5
note: run with 'RUST_BACKTRACE=1' environment variable to display a backtrace
exit status 101
```

配列の値は、`[3; 4]` と定義することもでき、これは、すべての要素が3で初期化された、要素数が4つの配列となる。

2.1.7 文字と文字列の型

Rustでは、文字と文字列は別の型として扱う。`char`型は1文字を表現する型である。たとえば、'あ'や'a'のように、シングルクォーテーションで囲った文字は文字リテラルで`char`型の値となる。`char`型の大きさは32ビットであり、'あ'も'a'も1文字で32ビットのメモリを消費する。

文字列型には`String`型と`&str`型がある。`&str`は文字列スライスと呼ばれており、ソースコード中にダブルクォーテーションで書かれた静的な文字列や、ある文字列の部分への参照となる。ダブルクォーテーションで囲まれた文字列が文字列リテラルとなる。`&str`はあくまで参照だが、`String`は文字列をヒープメモリと呼ばれるメモリ領域上に確保する型である。`String`と`&str`は、1文字は可変長である。たとえば、「a」という1文字は1バイトだが、「あ」という文字は3バイトとなる。

Tips

データを保存するメモリ領域は、大きく分けてスタックメモリとヒープメモリの2種類がある。スタックメモリは、関数が呼び出されたときに、その関数内で利用する変数のための領域を確保する。また、関数を終了するときは、その関数で確保したスタックメモリを解放する。そのため、関数内で定義した変数は、関数が終了すると利用できない。一方、ヒープメモリは、関数呼び出しに依存しないデータを保存できる。つまり、ヒープメモリにある値は、概念的には永続的に利用できる。Rustでは、`String`や`Box`を利用するとヒープメモリ上にデータが保存される。

文字列と文字列スライスの大きな違いに、文字列を更新可能かどうかという点がある。`String`の値へは、新たな文字列を後ろに追加することなどができるが、`&str`へはできない。次のコードは、この例である。

文字列と文字列スライス

```
let a: &str = "  Hello";
// a += ", world!"; // コンパイルエラー

let mut b: String = a.to_string(); // Stringに変換
b += ", world!   "; // 末尾に文字列を追加
```

```
let c: &str = b.trim(); // 前後の空白文字を取り除いたスライスを取得
println!("{c}");
```

変数 a は" Hello"という静的な文字列を参照するスライスとなる。変数 a はスライスなので、a += ", world!"とするとコンパイルエラーとなる。文字列スライスから String への変換は to_string で行う。変数 b は String 型のため、b += ", world! "と、末尾に文字列を追加できる。trim は、前後の空白文字を取り除いた文字列スライスを返す関数である。こうすると、変数 c は、変数 b の保持する文字列の一部をスライスとして参照できる。

なお、関数の引数で文字列への不変参照を受け取りたいときは、&String ではなく、&str を利用するとよい。&String から &str へは自動的に型変換されるが、その逆はできない。そのため、&str を用いるほうが汎用性が高い。

複数行にわたる文字列リテラルは、r#"と"#で囲むと表現できる。なお、#の数は 0 個以上なら何個でもよいが、前と後ろの数は同じでなければならない。#の数が 1 個以上の場合は、ダブルクォーテーションを文字列中に含めることができる。また、#の数が 1 個の場合には、"#という文字列を含めることができないため、この場合は、r##と#の数を 2 個以上にする必要がある。たとえば、以下のように書ける。

複数行の文字列リテラル

```
r##"これは
"#複数行の#"
文字列です"##
```

これは、書いたまま解釈されるため、**生文字列（raw string）**と呼ばれる。

2.1.8　タプル型

タプル（tuple）は複数の値を持つ値であり、タプル型はその型のことである。タプル型は丸括弧と複数の型で定義する。たとえば (u32, bool) は、1 つ目の値が u32 で、2 つ目の値が bool 型の、2 次元の型となる。この型の値は、(100, true) などと書ける。

0 次元のタプル（空タプル）の型は () と表され、これは、**ユニット型（unit type）**と呼ばれる。ユニット型の値は () のみとなる。Rust では、ユニット型を用いて、何も返さない関数や何も返さない式を表す。たとえば、何も値を返さない関数は、ユニット型の値を返す関数として定義できるが、この返り値の型は以下のコードのように省略できる。

ユニット型の返り値

```
fn func1() -> () { } // ユニット型を返す。つまり何も値を返さない

fn func2() {} // -> () は省略可能
```

func1 と func2 はどちらもユニット型の値を返す関数（何も値を返さない関数）であり、この場合、func2 のように返り値の型は省略できる。

2.1.9 関数ポインタ型

コンピュータから見ると、関数とはメモリ上に配置された命令列のことであり、関数にもメモリのアドレスが存在する。**関数ポインタ型（function pointer type）**は、関数のアドレスを表現するための型となる。

先に、Rustでは、参照はある種の安全性が担保され、ポインタはそうではないと説明した。しかし、Rustでは関数の内容やアドレスを動的に変更することは基本的にできないため、ライフタイムなど参照の持つ安全性のためのしくみは必要ない。そのため、関数に関しては参照ではなく、ポインタで安全に扱える。

関数ポインタ型は「fn(引数の型) -> 返り値の型」と表せる。先に説明したとおり、何も返さない関数の場合は、返り値の型は省略できる。関数ポインタは、たとえば、以下のコードのように利用できる。

関数ポインタの例

```
fn do_it(f: fn(u32, u32) -> u32, a: u32, b: u32) {
    println!("{}", f(a, b));
}

fn add(a: u32, b: u32) -> u32 {
    a + b
}

fn mul(a: u32, b: u32) -> u32 {
    a * b
}

do_it(add, 10, 2);
do_it(mul, 10, 2);
```

do_it は、fn(u32, u32) -> u32 という関数ポインタ型の引数 f、および u32 型の引数 a と b を受け取る関数である。fn(u32, u32) -> u32 は、u32 型の値を 2 つ引数に受け取り、u32 型の値を返す関数型という意味となる。add と mul はこの関数型に合致する関数であり、do_it(add, 10, 2); というように、do_it の第 1 引数に add や mul を渡せる。do_it は、受け取った a と b に対して関数 f を適用し、その結果を表示する。

2.1.10 ユーザ定義型

Rustが用意した型以外にも、プログラマは独自の型を定義できる。そのような型は、**ユーザ定義型（user defined type）**と呼ばれる。本項では、ユーザ定義型について説明する。

1. 列挙型

列挙型（enumerated type）は、いくつかの値を取り得るような型であり、enum キーワードを用いて定義する。列挙型は、他のプログラミング言語では**バリアント型（variant type）**と呼ばれることもある。たとえば、曜日を表す DoW 型（day of the week の略）は以下のように定義できる。

曜日を表す型

```
enum DoW {
    Sunday,
    Monday,
    Tuesday,
    Wednesday,
    Thursday,
    Friday,
    Saturday,
}
```

DoW が型名で、Sunday などが DoW 型の取り得る値であり、これは**バリアント（variant）**と呼ばれる。火曜日の値は DoW::Tuesday と表現できる。

各値には、それらに付属する値を含めることができ、その値は**フィールド（field）**と呼ばれる。たとえば、二次記憶装置の Hard Disk Drive（HDD）と Solid State Drive（SSD）を表現する Storage 型を考えてみよう。HDD のスペックを表すために、容量を表す値と、回転毎分（rotations per minute; rpm）を表す値が必要で、SSD には容量を表す値のみ必要であるとしよう。すると、Storage 型は以下のように定義できる。

Storage 型

```
enum Storage {
    HDD { size: u32, rpm: u32 }, // size が容量（GiB）。rpm が回転毎分
    SSD(u32),                    // 容量（GiB）
}
```

HDD { size: u32, rpm: u32 }は、HDD は size と rpm という u32 型のフィールドを持つと解釈できる。また、SSD(u32) は、SSD は u32 型のフィールドを 1 つ持つと解釈できる。HDD では、size や rpm とフィールド名を指定しているが、SSD では、フィールドに対して名前は指定していないことに注意してほしい。このように、バリアントのフィールドに対して名前を指定する方法と指定しない方法があるが、定義する際はどちらの方法でも自由に選択できる。Storage 型の具体的な値は以下のように書ける。

Storage 型の値

```
let hdd = Storage::HDD { size: 512, rpm: 7200 };
let ssd = Storage::SSD(512);
```

HDD へは size と rpm に明示的に値を指定する必要があるが、SSD の場合は括弧のみで指定する。フィールドに名前がある場合は、Storage::HDD { rpm: 7200, size: 512 }のように値を指定する順番を変えても問題ないが、名前がない場合は順番に注意する必要がある。

2. 構造体

構造体（structure）は、タプルと同じく複数の値を持つ値であり、タプル型に名前を付けることができるような型が構造体となる。構造体はstructキーワードを用いて定義する。たとえば、コンピュータ（PC）のスペックを表すPCSpec型を考えてみよう。PCのスペックは、CPUコアの数、メモリ容量、ストレージの種類と容量で表せるとする。すると、この型は以下のように定義できる。

PCのスペックを表す型

```
struct PCSpec {
    cpus: u16,         // CPU コアの数
    memory: u32,       // メモリ容量（GiB）
    storage: Storage, // ストレージの種類と容量
}
```

PCSpecがこの型の名前である。また、cpus、memory、storageがPCSpec型のフィールドであり、これらの型はそれぞれ、u16、u32、Storage型と定義される。PCSpec型の具体的な値は以下のように書ける。

PCSpec型の値

```
let spec = PCSpec {
    cpus: 8,
    memory: 16,
    storage: Storage::SSD(1024),
};

println!("{}", spec.cpus); // CPU コアの数を表示
```

こうすると、CPUコア数が8で、メモリが16GiB、ストレージが1024GiBの容量を持つSSDのPCスペックを表現できる。各フィールドへアクセスするためには、構造体の変数に対して、ドット演算子でフィールド名を指定する。

列挙型と同じく、構造体のフィールド名も省略することができ、省略する場合は以下のように丸括弧を利用する。

フィールド名が省略された構造体の例

```
struct Dim2(u32, u32); // Dim2 という構造体を定義
let d2 = Dim2(10, 20); // Dim2 の具体的な値を生成
println!("{}", d2.0);  // 0 番目のフィールドを表示
```

各フィールドでアクセスするためには、ドット演算子でフィールドの番号を指定する（ゼロオリジン）。なお、タプルでも同様な方法でフィールドへアクセスすることができる。

構造体の参照を用いたフィールドアクセスも、ドット演算子で可能である。この場合、参照はずしが自動的に行われることになる。たとえば、以下のように書ける。

構造体の参照と参照はずし

```
let r = &spec;
println!("{}", r.cpus);     // 参照はずしが自動で行われる
println!("{}", (*r).cpus); // こちらでも同じ結果となるが、書き方が冗長
```

r は参照なので、(*r).cpus と書くのが省略のない書き方だが、単に r.cpus と書くだけで、Rust コンパイラが参照はずしを自動的に行う。

2.1.11　ジェネリクス

関数とは、値を受け取り値を返すようなものである。**ジェネリクス（generics）**とは、定数や型を受け取り型を返す**ジェネリック型（generic type）**と、定数や型を受け取り関数を返す**ジェネリック関数（generic function）**を実現するための機構である。図 2.5 は、一般的な関数、ジェネリック型、ジェネリック関数の入出力を表したものである。このように、ジェネリクスでは定数や型を受け取り、型や関数を返す。

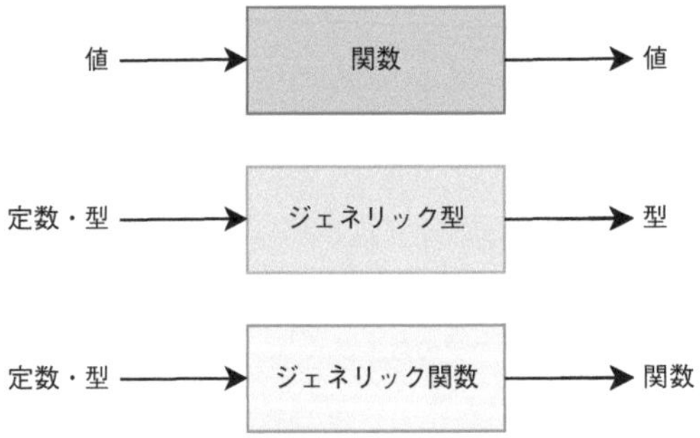

図 2.5　関数とジェネリクス

ジェネリック型の例として、リンクリストを表す例を考えてみよう。

リンクリストを表すジェネリック型

```
enum List<T> { // (1)
    Node { data: T, next: Box<List<T>> }, // (2)
    Nil,
}

let n1 = List::<u32>::Nil; // (3)
let n2 = List::<u32>::Node { // (4)
    data: 10,
    next: Box::<List<u32>>::new(n1),
};
let n3 = List::Node { // (5)
    data: 40,
    next: Box::new(n2),
};
```

(1) T がジェネリック型の引数であり、ここに型や定数を渡すことができる。

(2) Box もまたジェネリック型であり、List<T>という型を Box の引数に渡し、具体的な Box 型を得る。この例のように、ジェネリック型の引数に型や定数を渡すには、<>を利用する。Box はヒープメモリ上にある値への参照を表すための総称的な型で、Box を利用するとヒープメモリ上に値が保存される。

(3) List 型の具体的な型は、List<i8>や List<u32>である。ところが、List::Nil とだけ書くと、具体的な型が明らかではない。そのため、List<u32>の Nil というように、具体的に型を指定しなければならない。これは、例のように::<>を利用する。::<>は魚が右側に泳いでいるように見えるため、**ターボフィッシュ（turbofish）**と呼ばれている。

(4) List<u32>の Node という値を生成する。

(5) ステップ (4) とほぼ同じだが、ここでは、List と Box のジェネリック型の引数を省略している。これは、n2 の型が List<u32>であるなら、List の引数 T が u32 で、Box の引数が List<u32>であると Rust コンパイラが推論できるからである。このように、型を推論可能な場合は、明示的な型指定は省略できる。

図 2.6 は、このコードで生成されるリンクリストである。このように、ジェネリクスと列挙型を用いると、型 T のリストという総称的な型を表現できる。以降では、リンクリストを省略して単にリストと表記する。ジェネリクスを用いない場合は、bool のリスト、u32 のリストなどは別々に定義しなければならないが、ジェネリクスを用いると、一度だけ List 型を定義すれば、あらゆる型に対してリストを適用できる。

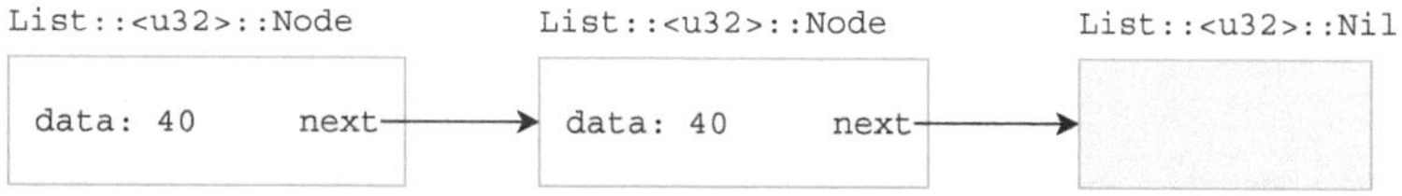

図 2.6 リンクリストの例

<>とターボフィッシュの使い分けは若干難しい。文法上、型のみが書ける場合は<>で、型か比較演算子のどちらかを書ける場合はターボフィッシュを使う。たとえば、let a: T = b の T の位置には型しか書けないが、b の位置には比較演算子<も書ける。そのため、b の位置にはターボフィッシュを使う必要がある。

次に、ジェネリック関数について説明しよう。ジェネリック型は型を返すが、ジェネリック関数は関数を返す。たとえば、ペアの値を生成するジェネリック関数は次のように定義できる。

ジェネリック関数の例

```
fn make_pair<T1, T2>(a: T1, b: T2) -> (T1, T2) {
    (a, b)
}

make_pair::<u8, bool>(40, false);
make_pair(10, true);
```

make_pair は、T1 と T2 に型を受け取り関数を返す。つまり、例のように make_pair::<u8, bool>とすると、u8 と bool 型の値を受け取り、(u8, bool) 型の値を返す関数を得られる。先に説明したように、型が推論可能な場合は、make_pair(10, true) のように省略ができる。

次に、定数を受け取るジェネリクスについて説明しよう。以下のコードは、ジェネリック型の引数 S に定数を受け取る、Buffer 型の定義となる。

定数を受け取るジェネリック型の例

```
struct Buffer<const S: usize> {
    buf: [u8; S],
}

let buf = Buffer::<128> { buf: [0; 128] };
```

定数を受け取るには、const S: usize というように、引数の前に const を指定し、後ろに型を指定する。このようにすると、Buffer::<128>のように定数を渡すことができる。

Rust のジェネリクスには、コンパイル時に型や関数が展開されるという特徴がある。そのため、実行速度のオーバーヘッドが少ない。一方、型ごとに関数を生成するため、実行バイナリのサイズが大きくなるという欠点もある。

重要なジェネリック型に Option 型と Result 型がある。Option 型と Result 型は以下のような定義となる。

Option 型と Result 型

```
enum Option<T> {
    Some(T),
    None,
}

enum Result<T, E> {
    Ok(T),
    Err(E),
}
```

これらは失敗する関数の返り値として利用される。たとえば、以下のような失敗する関数があった場合、返り値の型を Option 型や Result 型の値として返すことで、成功か失敗かを明確に表現することができる。

失敗する関数

```
fn maybe_fail1() -> Option<u32> {
    // 何か実行
    if 成功 {
        Some(成功した場合の結果)
    } else {
        None
    }
```

```
}

fn maybe_fail2() -> Result<u32, &str> {
    // 何か実行
    if 成功 {
        Ok(成功した場合の結果)
    } else {
        Err("エラーメッセージ")
    }
}
```

関数の実行に成功した場合は Some や Ok に値を包んで返し、失敗した場合は None か Err を返す。Result 型の場合は Err にエラーの原因・詳細・メッセージなどを包んで返すことができる。

2.1.12 型変換

Rust では、型変換の方法に as と from/into がある。as はプリミティブ型同士の変換に利用できる。たとえば、以下のように i32 型の値から i64 型の値に変換できる。また、整数値の変換以外に、ポインタと参照の変換などにも利用できる。

as を用いた型変換

```
let n: i32 = 100;
let m: i64 = n as i64;
```

from と into は、型変換を行うためのメソッドであり、これらを用いるとプリミティブ型同士以外の型に変換できる。as は軽量に型変換できる場合にのみ利用できるが、from/into は一定の計算・メモリコストが必要になる可能性がある。

from または into を用いた型変換

```
let s = String::from("abc");  // &str から String 型への変換
let s: String = "abc".into(); // &str から String 型への変換
```

先にも述べたように、&str は文字列へのファットポインタだが、String はヒープメモリ上に文字列を持つ型であり、内部的な表現が異なる。from と into のどちらを利用してもよい。また、&str から String への変換には、to_string メソッドを用いてもよい。

2.2 構文と基本機能

2.2.1 関数定義

これまでにも見てきたように、関数定義は fn キーワードを用いて行う。Rust では、関数中でも構造体や関数などを定義できる。次のコードは、関数内で構造体と関数を定義した例である。

関数内での構造体と関数定義の例

```
fn hello() {
    struct Msg {
        msg1: &'static str,
        msg2: &'static str,
    }

    fn print_msg(msg: &Msg) {
        println!("{}{}", msg.msg1, msg.msg2);
    }

    let msg = Msg{msg1: "Hello, ", msg2: "world!"};
    print_msg(&msg);
}
```

関数内でのみ利用する構造体や関数を定義する際は、このように定義できる。Msg 型と print_msg 関数は、hello 関数内からのみ利用可能である。そのため、関数ローカルでのみ利用したい型や関数を定義したい場合に用いるとよいだろう。

&'static str は&str とほぼ同じ意味であるが、参照する先の生存期間は永続であるという意味になる。'static は**ライフタイム指定子（lifetime specifier）**と呼ばれている。ライフタイムについては第 3 章で解説する。

関数の返り値は、最後の式の結果となる。返り値を計算する式にはセミコロンを付けてはならない。たとえば、以下のように返り値を返す。

返り値の例

```
fn add(a: u32, b: u32) -> u32 {
    a + b
}
```

2.2.2　変数定義

変数定義は let キーワードで行う。let 文では、変数の定義、型指定、変数への代入を行える。Rust は**型推論（type inference）**という機能を備えているため、let 文での型指定は多くの場合省略できる。型指定を省略した場合は、Rust コンパイラが変数の型を推論する。たとえば、以下のように書ける。

型推論の例

```
fn func(a: u32, b: u32) {
    let n: u32 = a + b; // 型指定あり
    let m = a + b;      // 型指定なし。コンパイラに推論させる方法
}
```

変数 n は u32 型であると let 文で明示的に指定している。しかし、変数 m の定義のように、型指定は省略することができる。これは、a と b は u32 型であり、これらを加算した結果もまた u32 型

の値であると推論できるからである。

Rust は未初期化の変数から値を読み出すとコンパイルエラーとなる。たとえば、以下のように書いたとしよう。

未初期化変数の読み出し例

```
let a: u32;
a + 10;
```

すると、以下のようにコンパイル時にエラーが出力される。

未初期化変数の読み出しのコンパイルエラー

```
error[E0381]: use of possibly-uninitialized variable: ‘a’
  --> src/main.rs:18:5
   |
18 |     a + 10;
   |     ^ use of possibly-uninitialized ‘a’
```

未初期化変数へのアクセスは重大なバグにつながる場合もあるが、Rust ではコンパイルエラーとなるため、これを防ぐことができる。

変数が有効な範囲は、変数が定義されてから波括弧 { } の終わりまでとなる。波括弧で囲まれた部分は**ブロック（block）**、変数の有効な範囲は**スコープ（scope）**と呼ばれる。たとえば、以下のようにブロックで変数のスコープを明示的に指定することができる。

変数のスコープ例

```
let n = 10;
{
    let m = 200; // mのスコープはこのブロック内
    let r = m + n;
}
// let p = m + n; // コンパイルエラー
```

変数 m はブロック内のみで有効である。そのため、このブロック内では m + n とできる。しかし、このブロック外で m + n とするとコンパイルエラーとなる。これは、m のスコープ外で m にアクセスしているからである。

Rust では、すでに定義されている変数を、まったく別物として再定義できる。この機能は**シャドーイング（shadowing）**と呼ばれている。シャドーイングは以下のように書ける。

シャドーイングの例

```
fn maybe_fail() -> Option<u32> {
    Some(10)
}

let result = maybe_fail(); // Option<u32>の値
let result = result.unwrap(); // u32 の値
```

Option 型か Result 型の値に .unwrap() とすると、Some か Ok で包まれた値を返す。この例では、Some(10) という値に .unwrap() としており、結果として 10 が返る。値が None か Err の場合に .unwrap() とすると、回復不可能なエラーとしてプログラムは終了する。

1 つ目の result は Option<u32>型の値だが、2 つ目の result の時点で u32 型の値となる。このように、同じ変数名に、異なる値を割り当てることができる。1 つ目の result はシャドーイングされる側、2 つ目の result はシャドーイングする側の変数となり、2 つ目の result が定義されると、1 つ目にはアクセスできなくなる。

2.2.3 if 式

if 式は「もし A が真なら B を実行し、そうでないなら C を実行する」という処理を行う式である。Rust は型に厳密であるため、A の箇所には必ず bool 型の値を置く必要がある。たとえば、0 から n までの値を足し合わせる sumup 関数は、以下のように定義できる。

if 式の例 1：sumup 関数

```
fn sumup(n: u64) -> u64 {
    if n == 0 {
        0
    } else {
        n + sumup(n - 1)
    }
}
```

この関数は、n が 0 の場合は 0 を返す。n == 0 は true か false となり、これは bool 型の値である。n が 0 でない場合は、sumup 関数は再帰的に自分自身を呼び出す。

if 式は値を返すため、「もし A が真なら B を実行し、そうでないなら C を実行する」の B と C の位置には同じ型の値を指定しなければならない。たとえば、以下のような if 式はコンパイルエラーとなる。

if 式のボディ部分の型が異なる場合

```
// 以下の式はコンパイルエラー
let b = if n < 0 { // n は i32 とする
    println!("n がマイナスの値です");
} else {
    n * n
};
```

Rust では、セミコロンが行末にある式はユニット型と判断されるが、n * n は i32 型であり、型が異なるためコンパイルエラーとなる。

if 式の else は省略可能であり、逆に連続して else if を書くこともできる。たとえば、以下のように書ける。

if 式の例 2

```
if n < 0 {
    println!("nがマイナスの値です");
}

let b = if n > 0 {
    n + n
} else if n < 0 {
    n * n
} else {
    1
};
```

nが0より大きい場合はn + nが、0より小さい場合はn * nが、それ以外の場合は1がbに代入される。

2.2.4　繰り返し

loopで無限ループを記述でき、breakでループを抜けることができる。loopを利用して先のsumupを実装すると、以下のようになる。

loopの例 1

```
fn sumup_loop(mut n: u64) -> u64 {
    let mut total = 0;
    loop {
        if n == 0 {
            break;
        }
        total += n; // total = total + nの略記
        n -= 1; // n = n - 1の略記
    }
    total
}
```

引数nと変数totalにmutを指定し破壊的代入を可能にしている。その後loop式内で、totalにnを足した値を代入し、nを1減らしている。1減らすことを**デクリメント（decrement）**、1増やすことを**インクリメント（increment）**と呼ぶ。+=は左辺と右辺を足して左辺に代入、-=は左辺から右辺を引いて左辺に代入する演算子である。他にも、*=や/=などがある。nが0になるとbreakでループを抜け、最後にtotalを返す。

breakに値を渡すと、その値がloopの結果となる。たとえば、以下のように書ける。

loopの値 2

```
if loop {
    break true;
} {
    // ループの結果が真なら実行
}
```

while は、ある条件が true となるあいだ繰り返す命令である。while を使うと sumup 関数は以下のように書ける。

while の例

```
fn sumup_while(mut n: u64) -> u64 {
    let mut total = 0;
    while n > 0 {
        total += n;
        n -= 1;
    }
    total
}
```

3 行目の n > 0 が条件であり、この式が true となるあいだ、続くブロックが繰り返される。

for は反復処理可能なデータ構造に対して、順番に処理を行う際に利用する。for を用いて sumup を実装すると、以下のようになる。

for の例

```
fn sumup_for(n: u64) -> u64 {
    let mut total = 0;
    for x in 0..=n {
        total += x;
    }
    total
}
```

0..=n は 0 以上 n 以下の範囲を表し、この範囲で 0 から順に n までの値が x に代入され、続くブロックが繰り返し実行される。つまり、0, 1, 2, ..., n と順に x に代入される。なお、0..n とすると、0 以上で n 未満の範囲となる。

ループ内にループがあり、内側のループから一気にループを抜けたい場合は、ラベルを利用することができる。ラベルは loop などの前に付け、break でそのラベルを指定する。

ラベルの例

```
'main_loop: loop {
    loop {
        break 'main_loop;
    }
}
```

'main_loop がラベルであり、このラベルのループを抜けたい場合は break に指定する。ラベルの名前は自由に決めてよいが、先頭のシングルクォーテーションは必須である。ラベルは for や while にも付けることができる。

continue 文を用いると、ループの条件判定（loop 式の場合はブロックの先頭から）へ処理がジャンプする。たとえば、配列中にある奇数の値のみ足し合わせる処理は、以下のように書ける。

continue 文の例

```
let v = [3, 8, 11, 15];
let mut result = 0;
for x in v.iter() {
    if *x % 2 == 0 {
        continue; // for x in v.iter() へジャンプ
    }
    result += *x; // 3 + 11 + 15 となる
}
```

v.iter() とすると、配列の要素への不変参照が先頭から順に x へ代入される。つまり、1 回目は 3 への不変参照が、2 回目は 8 への不変参照が、3 回目は 11 への不変参照が、4 回目は 15 への不変参照が x へ代入される。もし、x の指す先が 2 で割り切れる場合（偶数の場合）は、continue で for x in v.iter() へジャンプする。そうでない場合（奇数の場合）は、result に値を足していく。こうすることで、配列中の奇数値のみを合計した値が得られる。なお、continue にもラベルを指定できる。

for と while では、break で値を返すことはできない。for と while は、必ずしも break で繰り返しが終了するとは限らないからである。for と while の返り値は必ずユニット型の値となる。

2.2.5 パターンマッチ

パターンマッチを用いるとパターンに基づいた場合分けを記述でき、列挙型、構造体、タプルなどに適用できる。列挙型に対するパターンマッチが最も多く頻出する。これは、列挙型の値がどのバリアントかをチェックし、その中に包まれている値を取り出すためにパターンマッチが必要だからである。列挙型に対するパターンマッチは、match 式を用いて以下のように書く。

列挙型に対するパターンマッチ

```
match maybe_fail() {
    Some(n) => println!("{n}"), // Some の場合
    None => (),                 // None の場合
}
```

先に述べたように、maybe_fail は Option<u32>型の値を返す。返り値が Some の場合は、包まれている値を n に代入した後 println! マクロが実行され、None の場合は何もしない。match は式であるため、各パターンのブロックが返す値の型は同じでなければならない。つまり、println! の返り値は () なので、None の場合の返り値も () でなければならない。

エラーが起きる関数の返り値の型を Option や Result などの列挙型とすることで、エラー処理忘れを防ぐことができる。図 2.7 は、ある関数が成功・失敗した場合と、その後に実行するコードを示したものである。一般的に、関数が成功した場合は成功した場合の処理を、失敗した場合はエラー処理を行うのが正しい。しかし、成功した場合にエラー処理を行ったり、失敗した場合に成功した場合の処理を行うとバグにつながる。特に、失敗しているのに成功したつもりで処理を進めてしまうと、深刻なバグや脆弱性につながる可能性がある。

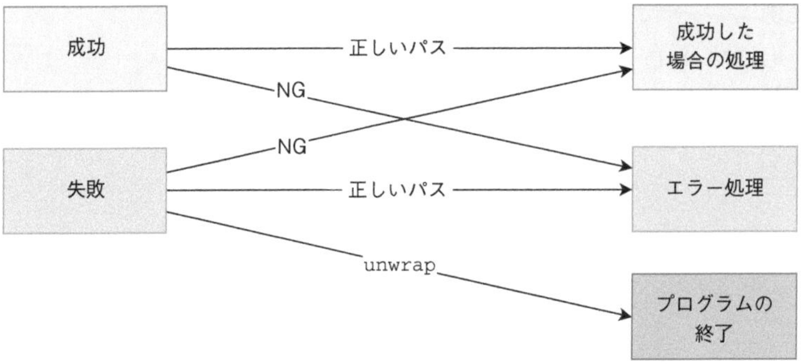

図 2.7　関数の成功・失敗とその後の処理

失敗する可能性のある関数の返り値に列挙型を用いると、パターンマッチや、?構文などの類似機能を用いなければ、成功した場合の値を取り出すことはできない。そのため、エラー処理をサボって成功した場合の処理のみを記述することが構文上困難になり、上記のバグを防ぐことができる。先に述べた unwrap は、エラー処理を行わない代わりにプログラムを終了させる関数であり、これを用いても NG のパスは通らないことに注意してほしい。

次に、より複雑なパターンマッチの例を示そう。以下のコードは、先に定義した PCSpec 型の値である、spec 変数に対してパターンマッチを行う例となる。

より複雑なパターンマッチの例

```
match &spec { // (1)
    PCSpec { // (2)
        storage: Storage::SSD(512), // 512GiB SSD (3)
        .. // 他のフィールドは無視 (4)
    } => {
        println!("512GiB SSD");
    }
    PCSpec {
        cpus: 4 | 8, // 4 か 8CPU (5)
        memory: m,    // m にメモリサイズが代入される (6)
        storage: _,   // storage の値は無視 (7)
    } => {
        println!("4 or 8 CPUs");
        println!("{}GiB memory", *m);
    }
    PCSpec { memory: m, .. } if *m < 4 => { // (8)
        // m が 4 未満
        println!("4GiB より少ないメモリ")
    }
    _ => () // 全パターンにマッチ // (9)
}
```

(1) match 式を値に適用すると、その値が消費されてしまう。つまり、この match 式以降は spec 変数は利用できない。これを防ぐためには、参照に対して match 式を適用するとよい。値の消費と参照についての詳細は第 3 章で説明する。

(2) フィールド名を持つ構造体や列挙型に対しては、パターンの記述に波括弧{ }を用いる。

(3) `storage` フィールドに `Storage::SSD(512)` という値を持つパターンにマッチさせる。

(4) 他のフィールドを無視する場合は、`..` で省略可能。

(5) `|` を用いると、「4 または 8」といったパターンを書ける。

(6) パターン中に変数を用いると、該当する箇所の値がその変数に代入される。この場合、`&u32` 型の値が変数 `m` に代入される。

(7) アンダースコアの変数名は、その値は利用しないことを意味する。つまり、パターンマッチ中の変数にアンダースコアを用いると、単に無視するという意味となる。

(8) `if` 以降の式は**ガード**（**guard**）と呼ばれ、この条件に合致したパターンのみがマッチする。

(9) アンダースコアを用いて、全パターンにマッチさせている。Rust の `match` は、値に対して漏れなく、網羅的にパターンを記述しなければならない。

パターンマッチと類似の式として、`if let` と `while let` がある。`if let` は「あるパターンにマッチした場合にのみ、何らかの処理を実行する」という記述ができ、`while let` は「あるパターンにマッチし続ける限り、何らかの処理を繰り返し実行する」という記述ができる。`if let` と `while let` は、以下のように書ける。

`if let` と `while let`

```
if let Some(n) = maybe_fail() {
    println!("{n}");
};

while let Some(n) = maybe_fail() {
    println!("{n}");
}
```

なお、`if let` には `else` が書ける。

2.2.6 リターンと?構文

リターンを用いると、関数の途中で値を返し、その関数の実行を終了させることができる。たとえば、関数の引数を検査し、引数に無効な値が示された場合はエラーを返すという処理を考えてみよう。次のコードは、スライス中の値の平均を計算する関数である。ただし、ゼロで除算はできないので、空のスライスが与えられた場合は `None` を返す。

実行途中でエラーを返す関数の例

```
fn average(v: &[f32]) -> Option<f32> {
    if v.is_empty() {
        return None; // リターン
    }
```

```
    let mut total = 0.0;
    for n in v {
        total += n;
    }

    Some(total / v.len() as f32)
}
```

スライスに対して.is_empty() とすると、そのスライスが空かどうかがわかり、.len() とするとスライスの長さを得ることができる。このように、return に値を示すことで、関数の値を早期に返せる。return の返り値を省略した場合はユニット型の値を返す。

このように、Rust では Option 型や Result 型の値を返す関数が多い。先にも述べたように、これらの値はパターンマッチで検査する必要があるが、毎回パターンマッチを用いるのは冗長である。そこで、Rust では?構文と呼ばれる構文が用意されている。?構文は、成功した場合（Some か Ok）は、それに包まれる値を返し、失敗した場合（None か Err）は、そのエラー値で return する。

Option 型に対する?構文

```
let n = maybe_fail()?; // ?構文

let n = match maybe_fail() { // 上の?構文は、このパターンマッチと同じ意味
    Some(val) => val,
    e => return e,
};
```

Result 型に対する?構文は、上記コードの Some(val) が、Ok(val) となる。?構文を用いると、Option 型や Result 型の値を返す関数内で、さらに Option 型や Result 型の値を返す関数を呼び出す場合に、エラーを伝搬させる記述を簡潔に書ける。?構文は Rust で頻出する重要な構文である。

2.2.7　マクロ

Rust では、println!など、連続するアルファベットの後ろに「!」が付いている呼び出しがマクロの呼び出しとなる。マクロは、ある種のパターンを簡潔に記述するために用いられる。図 2.8 は、マクロの概念図を表したものである。我々が書くコードはマクロを含むソースコードであるが、Rust コンパイラは、マクロ呼び出しを解釈して対応するソースコードに展開し、マクロを含まないソースコードに変換してから、実行バイナリを出力する。

自分で独自のマクロを定義することもできるが、本書では割愛させてもらう。マクロについて詳細を知りたい場合は、『プログラミング Rust 第 2 版』[5] や『Rust Latam: procedural macros work-

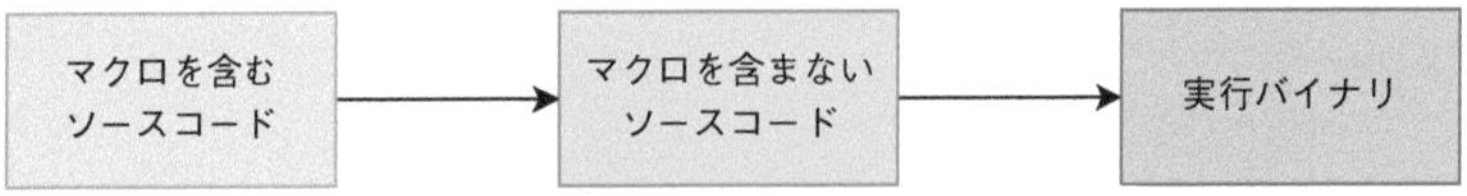

図 2.8　マクロの概念図

shop』[6)]が参考になる。本項では、assert!などの代表的なマクロについてのみ説明する。

1. assert!系マクロ

表明（assertion）とは、「必ずある条件が成り立つ」ということを、ソースコード中に宣言することであり、一般的には実行時に表明が成り立っているかを検査し、成り立っていなければプログラムの実行を終了させる。Rustでは、assert!系のマクロを用いて表明を表す。

たとえば、マイナスの値に対して平方根を取ることを防ぎたい場合は、以下のように書ける。

表明の例

```
assert!(n >= 0.0); // 表明 : n は 0.0 以上
let m = n.sqrt();
```

この場合、nがマイナスであれば表明に違反するため、プログラムが終了することに注意されたい。表明には、実装にバグがない限り必ず成り立つ条件を書き、その条件が仕様となる。表明を用いることで、実装上のバグを発見できる。実際、OSなどの基盤となるソフトウェアでは、表明が多用される。表明には、以下の種類がある。

代表的な表明

```
assert!(n); // 表明 : n が真である
assert_eq!(a, b); // 表明 : a == b である
assert_ne!(a, b); // 表明 : a != b である

let a = Some(10);
assert_matches!(a, Some(_)); // 表明 : a と Some(_) はマッチする
```

assert_matches!は、2つの値がパターンマッチでマッチすることを表明する。他にも表明の方法はあるが、上記でほとんどの場合に対応できるので、まずはこれらを覚えてほしい。

2. print!系マクロ

print!は文字列を出力するマクロであり、println!は出力した後に改行するマクロとなる。eprint!とeprintln!は、エラーメッセージを出力するマクロである。出力先の詳細については第7章で説明する。

print!系のマクロでは、第1引数の文字列中にある{}の位置に、第2引数以降の値が出力される。{}は、**プレースホルダ（placeholder）**と呼ばれる特殊な記号で、別の文字列が挿入される箇所を示す記号である。数値に対しては、以下のように、プレースホルダにフォーマットを指定することができる。ここで、コメントに出力される文字列を表記する。

数値に対するprintln!

```
let n = 56;
println!("{}", n);         // 56
println!("{:>04}", 56);  // 0056
println!("{:#x}", n);     // 0x38
```

```
println!("{:x}", n);     // 38
println!("{:#016x}", n); // 0x0000000000000038
println!("{:#o}", n);    // 0o70
println!("{:#b}", n);    // 0b111000
```

{:>04}は、「右寄せ 4 桁で表示し、4 桁以下の場合は 0 で上位の桁を埋める」という意味となる。>が右寄せを意味し、<なら左寄せ、^なら中央寄せとなる。

{:#x}、{:#o}、{:#b} は、それぞれ 16、8、2 進数で表記する。#を省略すると、先頭の「0x」などは出力されない。{:#016x}は、「16 進数 16 桁で表示し、16 桁以下の場合は 0 で上位の桁を埋める」という意味となる。

また、これまでにも見てきたように、変数を表示する場合は、println!("{n}"); のように、プレースホルダ内に変数を指定すると、その変数の値が出力される。

ユーザ定義型の値の中身をそのまま出力するためには、デバッグ用のプレースホルダを利用する。デバッグ出力を利用するには、ユーザ定義型に対して#[derive(Debug)] と属性を指定する必要がある。これは、続く型は Debug から**派生（derive）**した型であることを意味する。Debug から派生した型は print!系マクロでデバッグ表示できる。たとえば、先に定義した Storage 型を Debug から派生させるには、以下のように書く。

デバッグ出力の方法

```
#[derive(Debug)]
enum Storage {
    HDD { size: u32, rpm: u32 },
    SSD(u32),
}

let s = Storage::HDD {
    size: 2048,
    rpm: 7200,
};
println!("{:?}", s);
println!("{:#?}", s);
```

ただし、ユーザ定義型が内包する値も Debug から派生していなければならない。u32 などの基本型は Debug から派生した型と定義されている。デバッグ出力のプレースホルダには、{:?}か、{:#?}を用いる。{:?}は 1 行で表示されるが、{:#?}は複数行で、冗長になる代わりに見やすく表示される。上記の出力は以下のようになる。

デバッグ出力の実行結果

```
HDD { size: 2048, rpm: 7200 }
HDD {
    size: 2048,
    rpm: 7200,
}
```

派生については、第 4 章で再度説明する。

3. その他のマクロ

vec![] は Vec 型の値を生成するマクロである。Vec は可変長配列を実現する型で、データはヒープメモリ上に保存され、**ベクタ（vector）**とも呼ばれる。たとえば、bool 型のベクタは以下のように初期化できる。

ベクタの初期化例

```
let v = vec![true, false, false];
```

panic!は、プログラムをパニックさせて実行を終了させるマクロである。Rust では、panic!と同様に、実行を停止させるマクロがいくつか用意されており、それらは以下のようになる。

パニックさせるマクロ

```
panic!();                   // 引数なしのパニック
panic!("reason: {}", n); // メッセージ付きのパニック
todo!();                    // 実装していないが、後で実装する
unimplemented!();           // 実装していない。後で実装するとは限らない
unreachable!();             // このコードへは到達しない
```

プログラムがパニックする理由はいくつもあるが、これらのマクロで明確に表現できる。

2.2.8 クロージャ

クロージャ（closure）とは名前のない関数のことである。Rust では、クロージャを「|引数| 式」という構文で書く。引数はなくてもよく、式の箇所はブロックでもよい。たとえば、加算するクロージャは以下のように書ける。

加算するクロージャ

```
let f = |a, b| a + b; // クロージャを定義し、それを変数 f に代入
let n = f(10, 20);    // クロージャを呼び出し
```

これまで、関数定義は fn で行っていたが、このようにクロージャでも定義できる。クロージャの特徴に、クロージャの外側で定義された変数を**キャプチャ（capture）**できるという点がある。たとえば、以下のようにクロージャの外側で定義された変数 s をキャプチャできる。一応、本項でキャプチャについて説明はするが、完全に理解するには第 3 章の知識が必要である。そのため、現段階では軽く目を通すのみとし、第 3 章を読んだ後に再度読み返してほしい。ここでまず理解してもらいたいのは、無名関数を定義できるということである。

HDD の容量を 64GiB 増やすクロージャ

```
let mut s = Storage::SSD(512);
let mut f = || match &mut s {
    Storage::HDD { size: s, .. } => *s += 64, // 変数 s の指す値を更新
```

```
    _ => (),
};
f(); // クロージャを呼び出し
```

クロージャは、変数のキャプチャは基本的に参照で行われる。クロージャはファットポインタを用いて表現され、上記クロージャの概念的な構造は以下のようになる。クロージャには名前はないが、便宜上、ここでは代入先の変数名を用いてクロージャ f と呼ぶ。

クロージャ f の概念的な構造

```
// クロージャ f の環境
struct Env_f<'a> {
    storage: &'a mut Storage // 参照を持つ
}

// クロージャ f のファットポインタ
struct Closure_f<'a> {
    ptr_func: fn(),              // 関数へのポインタ（型は正確ではない）
    ptr_env: Box<Env_f<'a>>, // 環境へのポインタ
}
```

'a のライフタイム指定子は第 3 章で詳細を説明するので、ここでは無視してほしい。キャプチャした変数を保持する領域はクロージャの**環境（environment）**と呼ばれる。クロージャ f の環境には、変数 f への参照が保持され、Rust はこの環境を通して元の変数へアクセスする。環境に変更を加えるため、変数 f も mut としなければならない。

変数キャプチャを、参照ではなく move させる場合には、クロージャの前に move を指定する。move とは、変数の内容を移動させるという意味であり、これも詳細は第 3 章で説明する。たとえば、以下のように書くことができる。

move クロージャ

```
let mut s = Storage::SSD(512);
let mut g = move || match &mut s { // move と||の前に指定
    Storage::HDD { size: s, .. } => *s += 64,
    _ => (),
};
g();
```

2 行目の move ||が、変数のキャプチャを move で行うという指定となる。この、クロージャ g の概念的な構造は以下のようになる。

クロージャ g の概念的な構造

```
// クロージャ g の環境
struct Env_g {
    storage: Storage // 参照ではなく値を持つ
}
```

```
// クロージャ g のファットポインタ
struct Closure_g {
    ptr_func: fn(),        // 関数へのポインタ（型は正確ではない）
    ptr_env: Box<Env_g>, // 環境へのポインタ
}
```

このように、move すると、クロージャ g の環境には参照ではなく Storage 本体が保存される。

2.2.9 メソッドと型関連関数

ストレージの容量を取得する関数を以下のように実装したとしよう。

ストレージの容量を取得する関数

```
fn get_size(s: &Storage) -> u32 {
    match s {
        Storage::HDD { size: s, .. } => *s,
        Storage::SSD(s) => *s,
    }
}
```

この get_size は Storage 型に特化した関数であり、このような関数は impl キーワードで以下のように定義できる。

ストレージの容量を取得するメソッド

```
impl Storage {
    fn get_size(&self) -> u32 {
        match self {
            Storage::HDD { size: s, .. } => *s,
            Storage::SSD(s) => *s,
        }
    }
}
```

まず 1 行目の impl Storage で、Storage 型の実装を定義すると宣言する。その後、この型に get_size を定義する。このように定義される関数は、**メソッド（method）**と呼ばれる。get_size の第 1 引数&self は self: &Storage という意味である。このメソッドの第 1 引数を&mut self とすると self: &mut Storage という意味になり、self とすると self: Storage という意味になる。たとえば、ストレージの容量を設定するメソッドは以下のように定義できる。

ストレージの容量を設定するメソッド

```
impl Storage {
    fn get_size(&self) -> u32 { /* 省略 */ }

    fn set_size(&mut self, size: u32) {
        match self {
            Storage::HDD { size: s, .. } => *s = size,
```

```
            Storage::SSD(s) => *s = size,
        }
    }
```

メソッドは、以下のように変数名とピリオド（.）を利用して呼び出せる。

メソッドの呼び出し

```
let mut s = Storage::SSD(512);
let size = s.get_size(); // メソッドの呼び出し
s.set_size(1024); // メソッドの呼び出し
```

impl 内で定義された、第 1 引数が self ではない関数は、**型関連関数（associated function）**と呼ばれる。たとえば、PCSpec 型の値を生成する new 関数は以下のように定義できる。

型関連関数

```
impl PCSpec {
    fn new(cpus: u16, memory: u32, storage: Storage) -> PCSpec {
        PCSpec {
            cpus,
            memory,
            storage,
        }
    }
}
```

new は、CPU の数、メモリ量、ユーザ定義型の値を生成する際、フィールド名と変数名が同じ場合であれば、上記のように省略できる。ユーザ定義型は「型名::関数名」で呼び出せる。たとえば、以下のように書ける。

型関連関数の呼び出し

```
let s = Storage::SSD(512);
let spec = PCSpec::new(8, 32, s);
```

型関連関数の他にも、const で**型関連定数（associated constant）**が定義できる。Rust では、ある型に対する、impl を用いたメソッド、型関連関数、型関連定数の定義をその型の実装と呼ぶ。ジェネリック型の impl は、impl 部にも型引数を指定する必要がある。ジェネリック型の実装と、型関連定数の例を以下で同時に示そう。

ジェネリック型の実装例

```
impl<T> List<T> {
    const MAX: usize = 1024; // 型関連定数
    // 省略
}
```

Tips

Rustでは、同名の関数は複数定義できないが、引数の型などが異なる場合に限り可能なプログラミング言語もある。同名の関数を複数定義可能な機能は**多重定義（overload）**と呼ばれる。Rustでは多重定義はできないが、異なる型に対する実装であれば、メソッドや型関連関数の名前は同じでもよい。実際、Rustが提供する複数の型に、`new`という型関連関数や`len`というメソッドが定義されている。ある型に対する演算とみなせる場合は、メソッドや型関連関数を積極的に利用するとよいだろう。そうすると、その型に対してどのような演算があるかが明確になり、他人がコードを読む際の手助けとなる。

2.2.10 コンパイル時定数と静的変数

コンパイル時定数（compile-time constant）は、その名のとおりコンパイル時に決定される定数のことである。コンパイル時定数は「`const 定数名 : 型 = 値`」と定義する。たとえば、円周率を表すコンパイル時定数`PI`は、以下のように定義できる。

円周率を表すコンパイル時定数

```
const PI: f64 = 3.14159265358979323846264338327950288f64;
```

この定数はRustの標準ライブラリに定義されており、`std::f64::consts::PI`とするとアクセスできる。なお、数値の最後にある`f64`は、64ビット浮動小数点数であることを示している。

静的変数（static variable）は、生存期間が永続、つまりプログラムの起動から終了まで生存する変数のことであり、「`static 変数名: 型 = 値`」と定義する。`mut`を指定することもでき、その場合は、「`static mut 変数名: 型 = 値`」と定義する。破壊的代入が可能な静的変数への代入は安全ではない。たとえば、以下のように定義できる。

静的変数

```
static A: u32 = 100;
static mut B: u32 = 200;
```

ほとんどの場合、静的変数を利用する必要はないだろう。静的変数を使う場合は、よく考えて利用すべきである。静的変数がどうしても必要になるのは、OSなどを実装するときや、アセンブリやC言語のプログラムと連携するときである。本書では静的変数は用いない。

2.2.11 unsafe

Rustは型システムを用いてメモリ安全性や型安全などを担保する。`unsafe`を用いると、型システムの保護から解放され、安全性がRustコンパイラによって担保されないコードが記述できる。つまり、安全性の担保はコンパイラではなくプログラマに完全に委ねられる。

`unsafe`が必要になるのは主に2つの場面である。1つは、ハードウェアやOS、あるいはRust以外の言語で書かれたソフトウェアとの連携など、Rust の外の世界にある関数を呼び出したりデータをやりとりしたりする際に必要となる。もう 1 つは、Rust の型システムによる制約上、記述が難しいアルゴリズムを記述する際に必要となる。たとえば、閉路のあるグラフの実装などはその典型例である。

unsafe 内では、無効なポインタや破壊的代入が可能な静的変数への代入など、安全な Rust では通常行えないことができる。繰り返すが、これらを用いて引き起こされる結果は完全にプログラマの責任となる。

Rust には unsafe があるため、型安全であっても意味がないという意見もあるが、それは間違いだ。Rust は、unsafe という檻の中に、ハードウェアや OS などの猛獣を閉じ込め、うまく飼い慣らすことができる。これが Rust の大きな強みであり醍醐味である。

以下は、unsafe 内で、signal という OS の提供する関数を呼び出している例である。

unsafe の例

```
pub fn run(&self) -> Result<(), Box<dyn Error>> {
    // SIGTTOU を無視に設定しないと、SIGTSTP が配送される
    unsafe { signal(Signal::SIGTTOU, SigHandler::SigIgn).unwrap() };
    // 省略
}
```

これは、第 7 章で説明するコードの一部である。signal 関数を呼び出すと、自身のプログラムの挙動が変化し、それは Rust コンパイラの制御外にある。つまり、signal を呼び出した結果何が起きるかを、プログラマ側で完全に把握する必要がある。そのため、この関数の呼び出しは unsafe となる。

ポインタなどを利用するためにも unsafe が必要となる。しかし、本書ではポインタは用いないため説明は割愛する。

2.2.12　命名規則

Rust では、変数や関数の命名には、**スネークケース（snake case）**と**キャメルケース（camel case）**と呼ばれる 2 つの方法を使い分ける。スネークケースは見た目が蛇（スネーク）に見えることから、キャメルケースは見た目がラクダ（キャメル）のコブに見えることからそう呼ばれる。

スネークケースでは、単語をすべて小文字で表記し、単語間をアンダースコアで区切って記述する。たとえば、snake case をスネークケースで記述すると snake_case となる。関数名、変数名、フィールド名、モジュール名がスネークケースで書かれる。

キャメルケースは、単語の先頭だけ大文字にし、単語間に区切り文字は用いない。たとえば、camel case をキャメルケースで記述すると CamelCase となる。ユーザ定義型の名前、トレイト名、関数外で定義される静的変数（グローバル変数とも呼ばれる）、関数外で定義されるコンパイル時定数がキャメルケースで書かれる。

上記の規則はあくまで慣習であり、これに従っていなくてもコンパイルは可能だが、警告が出力される。

2.2.13 コレクション

Rust では、一般的なデータ構造ライブラリが標準で用意されており、それらのライブラリは**コレクション（collection）**と呼ばれている。本項では、コレクションについて説明する。

1. シーケンス

シーケンス（sequence）は、1 列に並んだデータ構造であり、Rust では、LinkedList、VecDeque、Vec というライブラリが標準で提供される。

図 2.9 は、これらシーケンスの構造を表したものである。Rust のコレクションは、すべてジェネリクスを用いて実装されている。つまり、LinkedList は pub struct LinkedList<T>と定義されており、利用する際は、たとえば、LinkedList<i32>という型になる。これはつまり、i32 型のシーケンスを意味しており、すべての要素は i32 型の値を持つことを意味する。

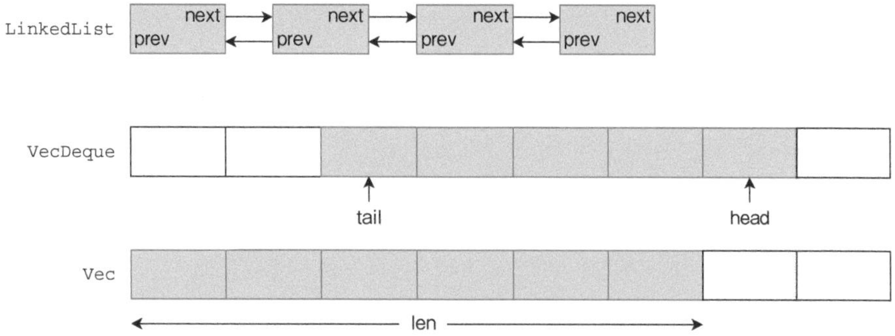

図 2.9 シーケンスのデータ構造

LinkedList は、**双方向リスト（doubly linked list）**と呼ばれるデータ構造を実現する。双方向リストは、この図のように数珠状に 1 列に連結された構造となり、次と前のノードへのポインタを持つ。数珠状につながれているため、2 つのリストを連結したり、1 つのリストを 2 つに分割したりする操作を効率よく行える。しかし、n 番目の要素を取得するためには、先頭からたどって計算する必要がある。つまり、長さ n のリストに対して、i 番目の要素を得るための計算量は平均 $O(n)$ となる。

> **Tips**
>
> $O(n)$ という記法は、**ビッグ・オー記法（Big O notation）**と呼ばれる、計算量を表すための記法である。つまり、リストの長さなどを n で表したとき、あるアルゴリズムの計算量が $O(n)$ といったときは、アルゴリズムを終えるには、おおよそ n に比例した計算ステップが必要であるという意味となる。「おおよそ」といったのは、たとえば、実際には $2n+10$ の計算ステップが必要でも、乗数や次数の低い項を削除して n だけを残すからである。他のたとえでいうと、$3n^2+10n+100$ の計算ステップが必要なアルゴリズムの場合、この計算量は $O(n^2)$ となる。ちなみに、$O(1)$ のアルゴリズムは n に依存しない計算量で、定数時間アルゴリズムと呼ばれる。実際には、もう少し厳密に定義されるが、詳細は計算量理論の専門書[7] を参照してほしい。

VecDeque は、**循環バッファ（circular buffer）**と呼ばれるデータ構造を実現する。VecDeque は、データを保持する配列と、先頭と末尾の位置を示す整数値を内部的に保持する。循環バッファでは、配列の一番最後の要素の次の要素が配列の先頭の要素となる。循環バッファは、先頭と末尾へデータを効率的に（多くの場合 $O(1)$ で）挿入、または削除できる。そのため、**キュー（queue）**を実現するのに用いられる。しかし、配列のサイズが足りなくなった場合は、新たにサイズの大きな別の配列を確保し、そこにデータがコピーされる。よって、特定のタイミングでは、メモリコピーと $O(n)$ の計算量が必要になる。一般的に、メモリコピーは遅い処理である。

LinkedList でもキューを実現できるが、多くの場合は VecDeque のほうが実行効率がよい。これは、LinkedList は CPU キャッシュ効率が悪く、ノードの挿入と削除時にメモリアロケーションとメモリフリーの処理が必要だからである。

Vec は可変長配列で、末尾への要素の挿入は効率的に（多くの場合は $O(1)$ で）行えるため、**スタック（stack）**を実現するのに用いることができる。Vec は、データを保持する配列と、データ長を示す整数値を内部的に持つ。しかし、VecDeque と同様に、内部的に確保した配列のサイズが足りなくなった場合には、新たな配列が用意されてメモリコピーが発生する。

図 2.10 は、どのシーケンスを選択すべきかを表したフローチャートである。シーケンスを頻繁に連結・分割する場合は LinkedList を使うほうがよい。また、シーケンスの先頭に要素を頻繁に挿入する場合（キューを実装する場合）は VecDeque がよく、それ以外の場合は Vec でよい。

表 2.3 は、各シーケンスの代表的なメソッドをまとめたものである。ここで、a と b がシーケンスで、n が整数値、v がシーケンスに挿入する値を表す。計算量が明記されているものについては計算

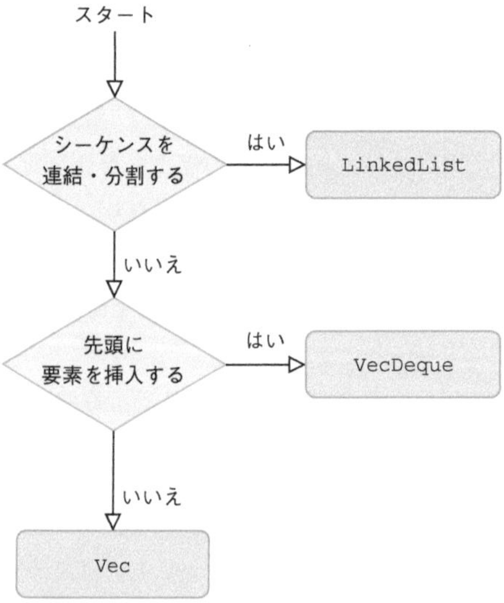

図 2.10　シーケンス利用のフローチャート

表 2.3 各シーケンスの代表的なメソッドと実行速度（○：速い、△：遅い、x：実装なし、†：nightly）

メソッド	意味	LinkedList	VecDeque	Vec
a.push_front(v)	a の先頭に v を挿入	○ ($O(1)$)	○	x
a.pop_front()	a の先頭から要素を削除し返す	○ ($O(1)$)	○	x
a.push_back(v)	a の最後尾に v を挿入	○ ($O(1)$)	○	x
a.pop_back()	a の最後尾から要素を削除し返す	○ ($O(1)$)	○	x
a.push(v)	a の最後尾に v を挿入	x	x	○
a.pop()	a の最後尾から要素を削除し返す	x	x	○
a.get(n)	a の n 番目の要素への不変参照を取得	x	○	○
a.get_mut(n)	a の n 番目の要素への可変参照を取得	x	○	○
a.front()	a の先頭の不変参照を取得	○ ($O(1)$)	○	x
a.front_mut()	a の先頭の可変参照を取得	○ ($O(1)$)	○	x
a.back()	a の最後尾の不変参照を取得	○ ($O(1)$)	○	x
a.back_mut()	a の最後尾の可変参照を取得	○ ($O(1)$)	○	x
a.append(&mut b)	a に b を連結し、b を空にする	○ ($O(1)$)	△	△
a.split_off(n)	a を n 番目で分割	○ ($O(n)$)	△	△
a.insert(n, v)	a の n 番目に v を挿入	x	△	△
a.remove(n)	a から n 番目の要素を削除	○† ($O(n)$)	△	△
a.len()	a の長さを取得	○	○	○
a.clear()	a から全要素を削除	△ ($O(n)$)	○	○

量を表記している。速い、遅いというのは、もっと定量的に表現すべきだが、Rust のライブラリに計算量が明記されていないため、おおよその指標として、このように表記した。

次のコードは、LinkedList を利用した例となる。コメントは各ステップのリストの中身である。

LinkedList の例

```
use std::collections::LinkedList;

let mut list1 = LinkedList::new(); // []
list1.push_back(0); // [0]
list1.push_back(1); // [0, 1]
list1.push_back(2); // [0, 1, 2]

let mut list2 = LinkedList::new();
list2.push_back(100); // [100]
list2.push_back(200); // [100, 200]
list2.push_back(300); // [100, 200, 300]

list1.append(&mut list2); // list1 == [0, 1, 2, 100, 200, 300]
                          // list2 == []

list1.push_front(-10); // [-10, 0, 1, 2, 100, 200, 300]
```

1 行目では、use std::collections::LinkedList として、標準ライブラリにある LinkedList を読み込んでいる。use はモジュール読み込みの命令であり、詳細は第 5 章で説明する。ちなみに、Vec は標準で読み込まれるため、use で指定する必要はない。その後、new で空のリストを作成し（list1)、push_back で末尾にデータを挿入している。続いて、list2 に同様に空のリストを作成し、末尾にデータを挿入している。append メソッドを用いると、メソッドを呼び出したリストに引数のリストが連結される。この際、引数のリストが空になることに注意されたい。最後に、push_front を用いて先頭に要素を追加している。

2. マップ

マップ（map）はある値（キー）から、ある値（バリュー）への対応を保持するコレクションである。マップは、辞書や写像などと呼ばれることもある。Rust では、HashMap と BTreeMap がマップのコレクションであり、内部的には、HashMap は**ハッシュテーブル（hash table）**を、BTreeMap は**木構造（tree structure）**を用いている。マップの型は、たとえば HashMap<K, V>となり、K がキーの型で、V がバリューの型となる。

木構造は、キーとなる値の順序を保持して保存できる。たとえば、「キー: バリュー」という記述でキーとバリューのペアを表現すると、「1: “apple”」と「2: “orange”」というデータがあった場合、木構造では、この並びのように、キーの大小関係で順序付けされてデータが保存される。ハッシュテーブルの場合は、「2: “orange”」「1: “apple”」という順番になっている可能性もある。

表 2.4 は、マップの代表的なメソッドをまとめたものである。a がマップ、k がキー、v がバリューとなる。シーケンスと異なり、マップの場合は大部分のメソッドが、HashMap と BTreeMap で共通している。

表 2.4　マップの代表的なメソッド

メソッド	意味
a.insert(k, v)	a に k と v のペアを挿入
a.remove(&k)	a から k に対応する値を削除
a.get(&k)	a から k に対応する値への不変参照を取得
a.get_mut(&k)	a から k に対応する値への可変参照を取得
a.contains_key(&k)	a に k に対応する値が含まれているかを検査
a.is_empty()	a が空のマップかを検査
a.len()	a の中に含まれる要素数を取得
a.clear()	a から全要素を削除

次のコードは、BTreeMap を利用した例である。

BTreeMap の例

```
use std::collections::BTreeMap;

let mut m = BTreeMap::new();
m.insert(1, "apple"); // キーとバリューのペアを挿入
m.insert(2, "orange");
m.insert(3, "banana");

if let Some(old) = m.remove(&2) { // 2 に対応する値を削除
    println!("{old}"); // orange
}
```

```
if let Some(value) = m.get(&3) { // 3に対応する値への不変参照を取得
    println!("{value}"); // banana
}
```


1行目で、use で BTreeMap をインポートしている。その後、new で新たな BTreeMap の値を生成し、insert でキーとバリューのペアを挿入している。また、remove で値の削除を、get で指定したキーに対応する値への不変参照を取得する。remove は古い値を、get は対応する値を Some に包んで返し、キーに対応する値がない場合は None を返す。

BTreeMap と HashMap の計算量は Rust では明記されていないが、BTreeMap は**B木（B-tree）**を用いて実装されているため、n のエントリ数を保持する BTreeMap に対する、挿入、削除、検索の計算量は $O(\log n)$ になるはずである。また、HashMap では、挿入、削除、検索の計算量は通常は $O(1)$ となるだろう。計算量的には HashMap のほうが優れているように見えるが、$O(\log n)$ のアルゴリズムは非常に高速であるため、エントリ数が少ない場合は差はほとんど見られないだろう。実行環境にもよるが、エントリ数が数千や数万となる場合は HashMap を利用し、それ以下の場合は BTreeMap で問題ないはずである。また、BTreeMap は、キーで整列されているため、キーの最小値や最大値に対応する値を頻繁に取得する必要がある場合などに利用するとよいだろう。

3. セット

セット（set）は、集合を表現するためのコレクションである。Rust では、HashSet、BTreeSet という2種類のセットを用意している。名前から想像がつくように、HashSet はハッシュテーブルを、BTreeSet は木構造を内部的に用いている。つまり、マップのキーしかないバージョンがセットである。

表2.5は、セットの代表的なメソッドを示している。a と b がセット、v が要素となる。insert や remove など、基本的なメソッドはマップと同じであるが、is_disjoint など集合演算用のメソッドがある。コードはマップとほとんど同じであるため、説明は省略する。

表2.5 セットの代表的なメソッド

メソッド	意味
a.insert(v)	a に v を挿入
a.remove(&v)	a から v を削除
a.contains(&v)	a に v が含まれているかを検査
a.is_empty()	a が空かを検査
a.is_disjoint(&b)	a と b が互いに素かを検査
a.is_subset(&b)	a が b の部分集合（$a \subseteq b$）かを検査
a.is_superset(&b)	a が b の上位集合（$a \supseteq b$）かを検査
a.len()	a の中に含まれる要素数を取得
a.clear()	a から全要素を削除

2.2.14 イテレータ

我々人類は、数字を用いると、さまざまなモノを順番に数え上げることができると知っている。**イ**

テレータ（iterator）は、モノを順番に数え上げるように、コレクションの要素を順番に処理するための抽象的な型である。Rust では、シーケンス、マップに iter と iter_mut、セットに iter というメソッドが定義されており、これらはイテレータを返す。そのイテレータと for 文で、要素を順番に処理することができる。このような繰り返し処理を行うことは**反復処理（iteration）**とも呼ばれ、イテレータは**反復子**とも訳される。

次のコードは、セットの要素を順番に表示する例である。

イテレータの例

```
use std::collections::BTreeSet;

let mut s = BTreeSet::new();
s.insert(100);
s.insert(400);
s.insert(6);
s.insert(1);

for n in s.iter() { // 順番に処理
    println!("{n}");
}
```

こうすると、for の n に、s の各要素へのイテレータが代入される。イテレータは、各要素への参照とほぼ同等なものと考えてよい。なお、BTreeSet は要素をソートして保持しているため、それぞれの要素は昇順に表示される。

表 2.6 は、イテレータの代表的なメソッドを示している。なお、it、it1、it2 はイテレータである。このうち、chain、map、fold、filter、collect、zip の利用例を以下のコードに示す。

表 2.6　イテレータの代表的なメソッド

メソッド	意味
it.next()	次の要素へのイテレータを返す
it.last()	最後の要素へのイテレータを返す
it.nth(&n)	n 番目の要素へのイテレータを返す
it.find(&f)	要素を順に関数 f に適用し、その返り値が true となる最初の値を返す
it.count()	残りの要素数を返す
it.rev()	逆順のイテレータを返す
it.collect()	コレクションに変換
it.fold(&init, &f)	init を初期値として、要素を順に関数 f に適用していく
it.map(&f)	要素を順に関数 f に適用した新しいイテレータを返す
it.filter(&f)	要素を f に適用した結果が true となる要素のみを含むイテレータを返す
it1.chain(it2)	it1 と it2 を連結
it1.zip(it2)	it1 の要素と it2 の要素のタプルへのイテレータを返す

イテレータのメソッド利用例

```
use std::collections::BTreeSet;

let mut v = Vec::new();
```

```
v.push(10);
v.push(5);

let mut s = BTreeSet::new();
s.insert(100);
s.insert(400);

let it = v.iter().chain(s.iter()); // イテレータを連結
for n in it.clone().map(|n| n * 2) { // 各要素を 2 倍にして出力
    println!("{n}");
}

let total = it.clone().fold(0, |acc, x| acc + x); // 各要素の合計を計算

// filter で偶数のみを取り出し、collect で LinkedList に変換
let list: LinkedList<_> = it.filter(|n| *n % 2 == 0).collect();

// (v の要素, s の要素) とタプルで結合
for (n, m) in v.iter().zip(s.iter()) {
    println!("({n}, {m})");
}
```

v は Vec の、s は BTreeSet の値である。このコードでは、chain を用いて v と s を連結したイテレータを作成している。イテレータのメソッドの多くは呼び出した値を消費するため、map 等を呼び出す前に clone でイテレータを複製している。このコードの場合、10、5、100、400 という並びを表すイテレータが得られる。

map は、イテレータが示す要素に引数の関数を適用する。このコードでは、2 倍するクロージャを引数に渡しており、クロージャの引数に要素への参照が渡される。つまり、10、5、100、400 の各要素の参照が n に渡され、各要素が 2 倍された、20、10、200、800 という並びを表す抽象的な値が得られる。

fold は若干ややこしい。fold の第 2 引数にも関数を渡すのだが、その関数は第 1 引数が結果を一時的に保存するための変数で、第 2 引数がイテレータの示す要素への参照である。また、fold の第 1 引数は初期値である。このコードでは、0 の初期値と、|acc, x| acc + x というクロージャを fold に渡している。10、5、100、400 を表すイテレータの場合、まず、acc に初期値の 0 と、0 番目の要素の 10 が渡され、その結果は 10 となる。次に、先の結果の 10 と、1 番目の要素の 5 が渡され、その結果は $10 + 5 = 15$ となる。この操作を繰り返して、先の結果の 15 と 2 番目の要素の 100 から $15 + 100 = 115$ を得て、続いて、先の結果の 115 と、3 番目の要素の 400 が渡され、最終的な結果は $115 + 400 = 515$ となる。fold を用いると、ヒストグラムや合計を容易に計算できる。

filter は、引数に渡された関数に、それぞれの要素を渡す。その関数は、要素への参照を受け取り bool 値を返す関数でなければならない。filter は、その関数の結果が true となる要素のみを抽出するイテレータを返す。つまり、filter を用いるとほしい値だけを抽出することができる。この例では、2 で割り切れる値（偶数）のみを抽出している。その後、collect で、イテレータの指す要素を LinkedList 型に変換している。このコードでは、LinkedList の型引数にアンダースコ

アを渡しているが、アンダースコアを指定するとその箇所の型を Rust コンパイラが推論する。

`zip` は、2 つのイテレータの指す要素をタプルで結合する。たとえば、10、5 という要素を指すイテレータと、100、400 という要素を指すイテレータを `zip` で結合すると、(10, 100)、(5, 400) というタプルの並びを指すイテレータが得られる。

これらのメソッドを使わなくても、`for` を用いると実装できるので、慣れないうちは使わなくてもよい。しかし、他人の書いた Rust のコードを読み出すと、これらのメソッドを目にする機会が多くなるだろう。これらのメソッドが用いられる理由は諸説あるが、筆者は、意図が明確になるからであると考えている。`for` の場合、`map` なのか `fold` なのか、その意図はコードを読み込まないとわからない。しかし、これらのメソッドを用いるとコードの意図が明確になり、ドキュメントの役割も果たす。Rust にある程度慣れてきたら、これらを積極的に使ってみてほしい。

2.2.15　マルチスレッド

スレッド（thread）とは、プログラムの実行単位のことである。プログラムを実行すると、スレッドが 1 つ起動する。**マルチスレッド（multithread）**とは、スレッドを複数生成することであり、それら複数のスレッドは同時並行に実行される。比喩的にいうならば、買い物をするスレッドと、料理をするスレッドがいれば、買い物と料理の両方を並行に実行でき、時間短縮が可能になる。1 スレッドの場合は、買い物にかかった時間と料理にかかった時間の合計が、仕事を終えるのに必要な時間となってしまう。

1. spawn と join

スレッドの生成は `spawn` で行い、スレッドの終了を待つには `join` で行う。次のコードは、`spawn` と `join` を用いた、最も簡単な例である。

`spawn` と `join` の例

```
fn worker() -> u32 {
    println!("worker");
    100
}

let handler = std::thread::spawn(worker); // スレッドを生成

// join でスレッドの終了を待ち合わせ
match handler.join() {
    Ok(n) => println!("{n}"), // スレッドの返り値を表示
    Err(e) => println!("{:?}", e), // エラーを表示
}
```

まずはじめに、`worker` 関数を定義している。この関数は、`println!` で文字列を表示し 100 を返すのみである。次に、`std::thread::spawn` で、`worker` を実行するスレッドを生成する。このように、`spawn` の引数に関数やクロージャを渡すとスレッドが生成される。`spawn` 関数は、`JoinHandle` という型の値を返し、これに実装された `join` メソッドを用いると、スレッドの終了を待つことがで

きる。joinに成功すると、スレッドの返り値を得られ、失敗した場合はエラーが得られる。この場合、成功すると100が表示される。

図2.11は、このコードでの、スレッドの生成と終了の待ち合わせを示している。main関数が動作するプログラム起動時に実行されるスレッドは、mainスレッドと呼ばれる。この図では、mainスレッドからspawnでworkerを実行するスレッドを生成する。その後、joinでスレッドの終了を待ち、スレッドの返り値を得ている。なお、待ち合わせが必要ない場合はjoinを省略できる。

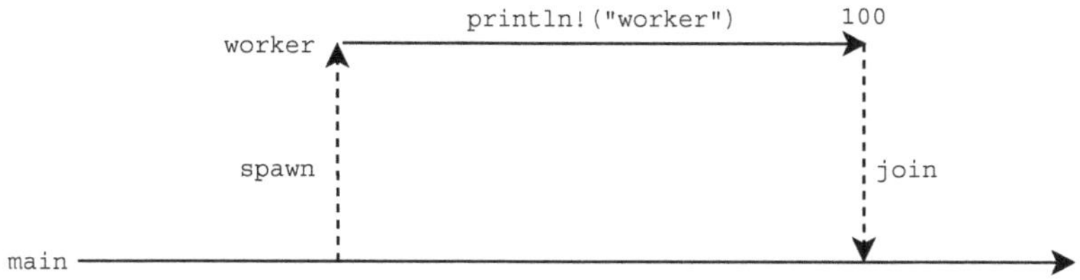

図2.11　スレッドの生成と終了の待ち合わせ

2. チャネル

チャネル（channel）は、複数のスレッド間でデータをやりとりするための抽象的な通信路である。喩えるなら、データをやりとりするための土管、あるいは回線のようなものである。Rustでは、sync_channelかchannelを用いると、チャネルを生成できる。sync_channelの利用例を以下に示す。

チャネルの生成の例

```
let (tx, rx) = std::sync::mpsc::sync_channel(64); // チャネルを生成

// スレッドを生成しrxから受信
let handler = std::thread::spawn(move || match rx.recv() {
    Ok((x, y)) => println!("({}, {})", x, y),
    Err(e) => eprintln!("{e}"),
});

// チャネルに送信
if let Err(e) = tx.send((10, 20)) {
    eprintln!("{e}"); // エラーを表示
}

// 待ち合わせ
if let Err(e) = handler.join() {
    eprintln!("{:?}", e);
}
```

まず、std::sync::mpsc::sync_channel関数を用いてチャネルを生成する。sync_channelは、SyncSender型とReceiver型の値をタプルで返す。このコードでは、txがSyncSender型の変数で、rxがReceiver型の変数となる。また、txがデータの送信端で、rxがデータの受信端とな

る。その後、spawn で、rx からデータを受信するスレッドを生成する。データの受信は rx.recv() で行っている。次に、tx.send() でデータを送信している。最後に、handler.join() でスレッドの終了を待ち合わせている。

図 2.12 は、このコードを表したものである。main スレッドから worker スレッドに対して、チャネルを介してデータを送受信している。送信は送信端の tx から、受信は受信端の rx から行っている。

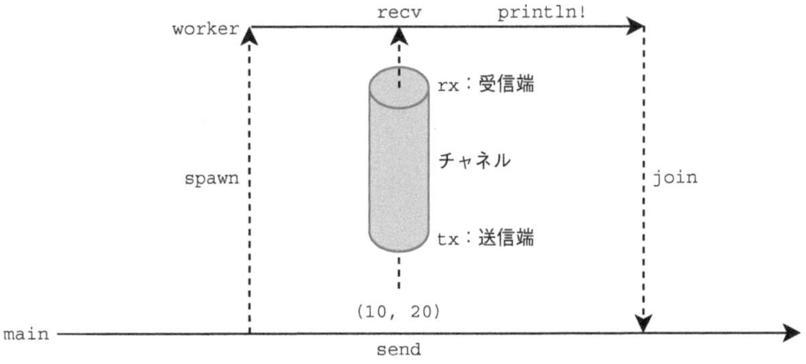

図 2.12　チャネル

sync_channel と channel の違いは、チャネルの内部に保持可能なバッファの違いである。sync_channel はバッファのサイズが有限で、channel はバッファのサイズに制限はない。先のコードで sync_channel(64) としていたが、この 64 がバッファのサイズである。

図 2.13 は、チャネル内のバッファを簡易的に表したものである。チャネルは基本的にキューとして実装される。sync_channel は、この図中の四角い箱で示したバッファの数が有限である。もし、バッファを使い果たしてしまった場合に送信すると、プログラムはブロックする。つまり、send を呼び出したスレッドのプログラムは、バッファに空きができるまで停止する。一方、channel は、バッファに空きができない場合にはプログラムはブロックせず、バッファのサイズを動的に大きくして送信する。

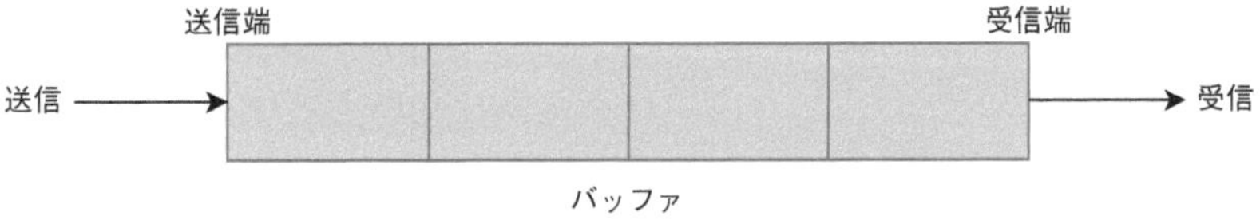

図 2.13　チャネル内のバッファ

どちらを使えばよいかは諸説あるとは思うが、筆者は、ほとんどの場合は sync_channel で問題ないと考える。これは、channel の場合、チャネル自体が大量にメモリを浪費してしまう可能性があるからである。バッファがあふれそうな場合は、メモリを消費するのではなく送信側スレッドでブロックしたほうがよいだろう。channel を使ったほうがよいのは、明らかにバッファがあふれないような場合である。

Rust が標準で提供するチャネルは、送信は複数スレッドから可能だが、受信は 1 スレッドからしかできない。複数スレッドから受信したい場合は、`crossbeam_channel`[8] というライブラリを使うとよい。ちなみに、複数スレッドから送信したい場合は、送信端（先のコードだと `tx`）を `clone` するとよい。

3. 並列にソートする

スレッドを用いた例として、2 つの `Vec` 値を並列にソートする例を示そう。ソートするためには、元の `Vec` 値がある程度バラバラな並びとなっている必要がある。そこで、まず、xorshift[9] と呼ばれる**擬似乱数（pseudorandom numbers）**生成器を以下のように実装する。

xorshift による擬似乱数生成

```
struct XOR64 {
    x: u64,
}

impl XOR64 {
    fn new(seed: u64) -> XOR64 {
        XOR64 {
            x: seed ^ 88172645463325252,
        }
    }

    /// 擬似乱数生成関数
    fn next(&mut self) -> u64 {
        let x = self.x;
        let x = x ^ (x << 13);
        let x = x ^ (x >> 7);
        let x = x ^ (x << 17);
        self.x = x;
        return x;
    }
}
```

コンピュータの世界では、乱数には**真性乱数（true random numbers）**と擬似乱数の 2 種類がある。真性乱数は、その名のとおり真の意味での乱数で、予測不可能な値のことである。擬似乱数とは、ある規則によって生成される乱数っぽい値のことであり、実際には乱数ではないが、乱数として用いても実用上問題ないようなものである。xorshift はシフトと排他的論理和のみで構成されるため、非常に高速に動作する。

次に、xorshift を用いて、乱数列を生成する関数を以下のように定義する。

乱数列を生成する関数

```
const NUM: usize = 200000000; // 生成する乱数の合計数

fn randomized_vec() -> (Vec<u64>, Vec<u64>) {
    let mut v1 = Vec::new();
```

```
    let mut v2 = Vec::new();

    let mut generator = XOR64::new(1234);

    // 乱数生成
    for _ in 0..NUM {
        let x1 = generator.next();
        let x2 = generator.next();
        v1.push(x1);
        v2.push(x2);
    }

    (v1, v2)
}
```

randomized_vec は、定数 NUM で指定された数だけの要素を持つ、2 つの乱数列を生成する。

次に、比較対象として、シングルスレッドで 2 つの配列を順番にソートするのに必要な時間を、以下のように計測する。

シングルスレッドでのソート

```
fn single_threaded() {
    let (mut v1, mut v2) = randomized_vec();

    let start = std::time::Instant::now(); // 現在時刻

    v1.sort(); // 順番にソート
    v2.sort();

    let end = start.elapsed(); // 経過時間
    println!(
        "single_threaded: {}.{:03}秒",
        end.as_secs(),
        end.subsec_nanos() / 1_000_000
    );
}
```

まず、randomized_vec で乱数列を 2 つ生成する。その後、std::time::Instant::now で現在時刻を取得する。次に、2 つの乱数列を sort メソッドでソートする。最後に、std::time::Instant::elapsed で経過時間を取得し、表示する。

マルチスレッドの計測は、次のコードのように行う。

マルチスレッドでのソート

```
fn multi_threaded() {
    let (mut v1, mut v2) = randomized_vec();

    let start = std::time::Instant::now(); // 現在時刻

    // スレッドを生成してソート
```

```
    let handler1 = std::thread::spawn(move || {
        v1.sort();
        v1
    });
    let handler2 = std::thread::spawn(move || {
        v2.sort();
        v2
    });
    let _v1 = handler1.join().unwrap();
    let _v2 = handler2.join().unwrap();
    let end = start.elapsed(); // 経過時間
    println!(
        "multi_threaded: {}.{:03}秒",
        end.as_secs(),
        end.subsec_nanos() / 1_000_000
    );
}
```

乱数列の生成と経過時間取得はシングルスレッドの場合と同じである。マルチスレッド版では、スレッドを2つ生成し、それぞれのスレッドでソートを行う。その後、joinを用いてソートの終了を待つ。

main関数は、以下のようにシングルスレッドとマルチスレッドの計測関数を呼び出すのみである。

main関数

```
fn main() {
    single_threaded();
    multi_threaded();
}
```

実行は、以下のように--releaseオプションを指定して行う。基本的に、実行時間は最速の場合の状態を計測したいので、必ず--releaseオプションを指定する。

実行結果

```
$ cargo run --release
   Compiling sort v0.1.0
    Finished release [optimized] target(s) in 0.66s
     Running `target/release/sort`
single_threaded: 33.428秒
multi_threaded: 17.037秒
```

この結果のように、筆者の環境（Mac mini（M1 2020））では、おおよそ2倍高速になった。マルチスレッド版のほうが遅くなった場合は、おそらく、仮想環境で計測したからだろう。仮想環境の場合、CPUコアを1つだけ利用するように設定されることがあり、その場合はマルチスレッド化しても高速にはならず、むしろオーバーヘッドがあり遅くなってしまう。マルチスレッドによる高速化は環境に大きく依存し、一筋縄ではいかない。これが、マルチスレッドの難しさでもあり、おもしろさでもある。

プログラミング初心者

「プログラミング初心者」という言葉は、三者三様に捉えられる言葉の一つだ。実は、私もプログラミングの初心者だ。というのも、プログラミング言語の研究では、プログラミング言語自体を数学的に捉えて、推論規則を元にプログラミング言語を解釈していく。私の能力では、プログラミング言語処理系を設計・実装して、その推論規則を作成できるものの、推論規則が正しいかを証明することはできない。本物のプログラミング言語理論研究者は、それらをちゃんと証明している。したがって、私はまだまだ初心者である。

しかし、私のような人間を「プログラミング初心者」といってしまうのは、少し違和感がある。そこで、私の考えるプログラミング初心者が陥りがちな点を以下に列挙して、「プログラミング初心者」について考察してみよう。

- エラーやワーニングメッセージを理解して、コードを修正できない
- いきなりすべてを実装しようとする
- 巨大な関数を実装してしまう
- 関数や変数名を見ても意味がわからないような命名をする

初心者の段階では、エラーやワーニングメッセージを理解するのが難しいようだ。コンパイラは英語でメッセージを出力するので、読み解くのは難しいかもしれないが、 Rust コンパイラのメッセージは非常にわかりやすいので、まずは、コンパイラのメッセージを理解するようにしてみよう。

次に初心者が陥りがちなのが、いきなりすべてを実装しようとしたり、何百行にもわたる巨大な関数を実装してしまうことだ。プログラミングのコツは、分割統治である。少しだけ実装してコンパイルしエラーがないかをチェックする、関数が大きくなってきたら機能で分割する、という 2 点を心がけるとよいだろう。「小さく実装する」ということを繰り返した結果、大きな実装ができるというのが理想だ。

最後に、初心者がやりがちなのが、関数や変数に「a」や「f」などと命名し、名前を見ても、その意味が理解できないような関数や変数を量産してしまうことだ。一時的な変数であれば、多少はそういう変数があってもよいが、全部が全部そのように命名してしまうと、コードから意味を解釈するのが難しくなる。面倒でも、なるべくわかりやすい命名をするようにしよう。コードは、書くのは 1 回、読むのは複数回だ。

Rust は非常によくできたプログラミング言語だが、以上のことはプログラマが自分で気を付けなければならない。知識的な部分が多少欠けていても、これらを押さえていれば、基礎はできているとみなしてよいだろう。足りない知識なんてものは、その都度覚えればよいのだ。

第3章

所有権・ライフタイム・借用

この章の概要

無効な参照に対する読み書きや、並行プログラミングでのバグは、現在でもソフトウェアの安全性に関する重大な課題である。これらバグ・脆弱性は、重大なセキュリティインシデントにつながる場合もある。**所有権（ownership）**、**ライフタイム（lifetime）**、**借用（borrowing）**はRustを最も特徴付ける機能であり、これらを適用すると、上記のバグをコンパイル時に防ぐことができる。

従来は、これらのバグはまったく防ぐことができずに、完全にプログラマ任せになっていたり、あるいは防ぐことができるものの、実行時にオーバーヘッドが生じてしまうプログラミング言語が主流であった。Rustは、これらを実行時ではなく、コンパイル時に防ぐことができるのが大きな特徴である。本章では、所有権、ライフタイム、借用について解説する。また、並行プログラミングにおいて、実行時に排他制御を行う方法であるミューテックスとリードライトロックについても説明し、借用について別な視点から考察する。

3.1 スタックメモリ

所有権などを説明する前に、**スタックメモリ（stack memory）**について説明する。現代のプログラミング言語ではスタックメモリとヒープメモリの2種類のメモリ領域があるが、Rustでもこの2種類を用いる。スタックメモリはその名のとおり、アルゴリズムのスタックのように管理されるメモリである。

次のコードは、スタックメモリを説明するためのサンプルコードである。

スタックメモリ

```
fn m() {
    let a = 10;
    let b = 20; // 地点1

    {
        let c = 30;
```

```
            let d = 40; // 地点 2
            n(); // 地点 4
        }
        // 地点 5
    }

    fn n() {
        let e = 50;
        let f = 60; // 地点 3
    }
```

関数 m と n が定義されて、その中で変数が定義されている。また、m の中ではブロックを作成して、その中で変数 c と d が定義されている。また、このブロック中に n を呼び出している。

図 3.1 は、このコードのスタックメモリの変遷を示している。地点 1 の時点では、まず、変数 a と b がスタックメモリにプッシュされる。次に、地点 2 の時点では、ブロック内にある変数 c と d がスタックメモリにプッシュされる。その後、関数 n が呼び出され、地点 3 の時点では、変数 e と f がスタックメモリにプッシュされる。関数 n が終了した地点 4 の時点では、n 内で定義されている変数 e と f がスタックメモリからポップされる。ブロックから抜けた地点 5 の時点では、変数 d と c がスタックメモリからポップされる。

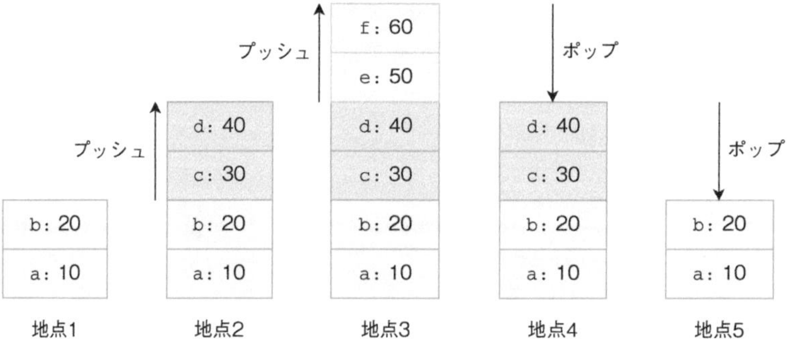

図 3.1　スタックメモリの模式図

このように、新たに関数やブロック内に入ると、スタックメモリへそれらの中で利用する変数がプッシュされ、関数やブロックから抜けるとスタックメモリからポップされる。プログラマはこれらを直接操作することはほとんどなく、コンパイラがスタックメモリを管理するコードを生成する。ただし、ここでの説明は概念的なスタックメモリの説明であり、実際の挙動とは異なっている可能性があるので注意されたい。

3.2　所有権

本節では、**所有権（ownership）**について解説する。コンピュータの世界では、情報のコピーは容易に行えるが、我々の住む物理世界でコピーを行うのは容易ではない。このような世界では、所有権という概念が必要になる。たとえば、A さんがある土地の所有権を持っているとする。このとき、B さんがその土地を買うと、A さんの土地所有権は B さんに譲渡される。このような、リソースの所有や譲渡などを表現可能な機能が、所有権と呼ばれる。

次のコードは、$2H_2 + O_2 = 2H_2O$ という、水素分子と酸素分子による燃焼を表現したコードである。つまり、水素分子 2 個と酸素分子 1 個が結合して、水分子が 2 個生成される様子を表している。

水素と酸素の化学反応

```
struct H2O {} // 水分子の型
struct O2 {} // 酸素分子の型
struct H2 {} // 水素分子の型 (1)

/// 水素分子を 2 個、酸素分子を 1 個消費して、水分子を 2 個生成 (2)
fn burn(_h2_1: H2, _h2_2: H2, _o2: O2) -> (H2O, H2O) {
    (H2O {}, H2O {})
}

let h2_1 = H2 {}; // 水素分子
let h2_2 = H2 {}; // 水素分子
let o2 = O2 {}; // 酸素分子 (3)

let (h2o_1, h2o_2) = burn(h2_1, h2_2, o2); // 燃焼 (4)

// 以下はコンパイルエラー。すでに消費した分子は使えない (5)
// let (h2o_1, h2o_2) = burn(h2_1, h2_2, o2);
```

(1) 水分子、酸素分子、水素分子を表す型を定義。

(2) 燃焼関数を定義。

(3) 水素分子が 2 個、酸素分子が 1 個あると定義。

(4) 燃焼関数の呼び出し。水素分子を 2 個、酸素分子を 1 個消費して、水分子を 2 個得る。

(5) 水素分子と酸素分子はすでに消費したため、この行はコンパイルエラーとなる。

このように、Rust は基本的に、関数呼び出しや `match` 式、代入などで変数を使うと、その変数は消費される。関数呼び出しや代入の場合は、消費された変数は、関数内や代入先の変数に所有権が移動する。このような動作は**ムーブセマンティクス（move semantics）**と呼ばれる。

もう一つ例を示そう。次のコードは、金貨の支出と収入を表現したコードである。

支出と収入

```
struct Coin {} // 金貨の型

let a = Coin {}; // A さんが金貨を持っている
let b = a; // A さんの金貨を B さんに渡す
let c = b; // B さんの金貨を C さんに渡す

// A さんは金貨を他の人に渡したため、再度渡すことはできない
// let d = a;
```

このコードでは、まず、金貨を表すCoin型を定義している。次に、Aさんが金貨を持っているとする。その後、b = aとし、Aさんの持っている金貨をBさんに渡す。さらに、c = bとし、Bさんの持っている金貨をCさんに渡す。こうすると、最終行にあるコードはコンパイルエラーとなる。なぜなら、Aさんはすでに他の人に金貨を渡してしまっているからである。

Rustは基本的にムーブセマンティクスであると述べたが、例外もある。Copyトレイトを実装している型は、ムーブセマンティクスを使わず、値をコピーして代入や関数呼び出しを行う。コピーして代入や関数呼び出しを行う動作は、**コピーセマンティクス（copy semantics）**と呼ばれる。

プリミティブ型はCopyトレイトを実装しているため、代入や関数呼び出し時には値がコピーされる。たとえば、以下のようなコードを考えてみよう。

コピーされる型

```
let a = 10;
let b = 20;
let c = a + b; // aとbを利用
let d = a * b; // aとbを再度利用
```

aとbは整数型（プリミティブ型）であり、それらに10と20が代入される。ムーブセマンティクスの場合、c = a + bとすると、aとbは消費されるが、プリミティブ型の場合は消費されない。そのため、最終行のd = a * bのように、aとbを再度利用できる。Copyトレイトについては、第4章で詳細を解説する。

3.3 ライフタイム

ライフタイムとは、その名のとおり変数の生存期間を示すものである。Rustコンパイラは、コンパイル時に変数のライフタイムを計算して整合性を検査し、不整合が発見された場合はコンパイルエラーとする。まず、不整合が発見される場合について説明しよう。

次のコードは、ライフタイムに不整合が起き、コンパイルエラーとなるコードである。ただし、ここではライフタイムの説明のために行番号を表示している。

無効な参照（パターンA）

```
0: let a;
1: {
2:     let b = 10;
3:     a = &b;
4: }
5: println!("{}", a);
```

このコードでは、参照変数aを宣言し、ブロック内で定義した変数bの参照をaに代入している。その後、ブロックを閉じてから、参照変数aにアクセスしている。

図 3.2 は、このコードのスタックメモリを表したものである。0 行目で変数 a を宣言しているため、スタックメモリ上には変数 a が存在する。3 行目では、変数 b がプッシュされて、a が b を参照している。問題は 5 行目である。5 行目では、ブロックを抜けたため変数 b がポップされている。それにもかかわらず、a は b のあった場所を参照している。

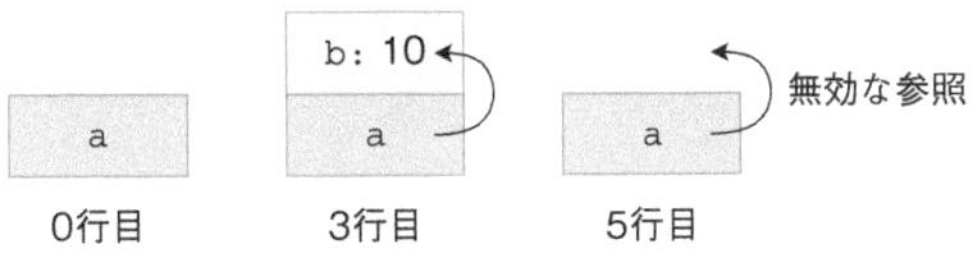

図 3.2 無効な参照のスタックメモリ

Rust コンパイラは、このような状態に陥る場合にはコンパイルエラーとする。コンパイラは、まず、変数 a のライフタイムは 0 から 5 行目まで、変数 b のライフタイムは 2 から 4 行目までと計算する。その後、a と b のライフタイムを比較し、より長く生存する a に、より短く生存する b への参照を代入しているため、コンパイルエラーとする。

Rust が行うライフタイムの計算方法は若干複雑である。たとえば、先のコードとほとんど同じ以下のコードで考えてみよう。このコードは、println!の位置がブロック内に移動したのみだが、これはコンパイルエラーとならない。

有効な参照（パターン B）

```
0: let a;
1: {
2:     let b = 10;
3:     a = &b;
4:     println!("{}", a);
5: }
```

これを理解するには、**字句ライフタイム（lexical lifetime）**と**非字句ライフタイム（non-lexical lifetime）**という考え方を理解する必要がある。字句ライフタイムでは、ある変数のライフタイムは、その変数が定義されてからその変数が定義されたブロックが終了するまでの期間と決定される。つまり、単純に字句の並びからライフタイムを決定するのが、字句ライフタイムである。一方、非字句ライフタイムでは、変数の利用のされ方まで、意味的な解釈をしてライフタイムが決定される。

図 3.3 は、これらのコードのライフタイムを表したものである。パターン A のコードでは、変数 a のライフタイムは 0 行目で定義されてから 5 行目までとなる。パターン B のコードの字句ライフタイムの場合でも、これは同じである。一方、パターン B の非字句ライフタイムの場合、a のライフタイムは 0 行目で定義されてから 4 行目で最後に利用されるまでとなる。すると、a と b のライフタイムの終了期間は同じになるため、図 3.2 で起きたような無効な参照は発生しない。

字句ライフタイムは Rust 2018 より前のバージョンで用いられており、Rust 2018 から非字句ライフタイムが導入された。非字句ライフタイムが導入されたことで、より自然にコードを記述することができるようになったが、その反面、人間がライフタイムを判断するのが難しくなった。

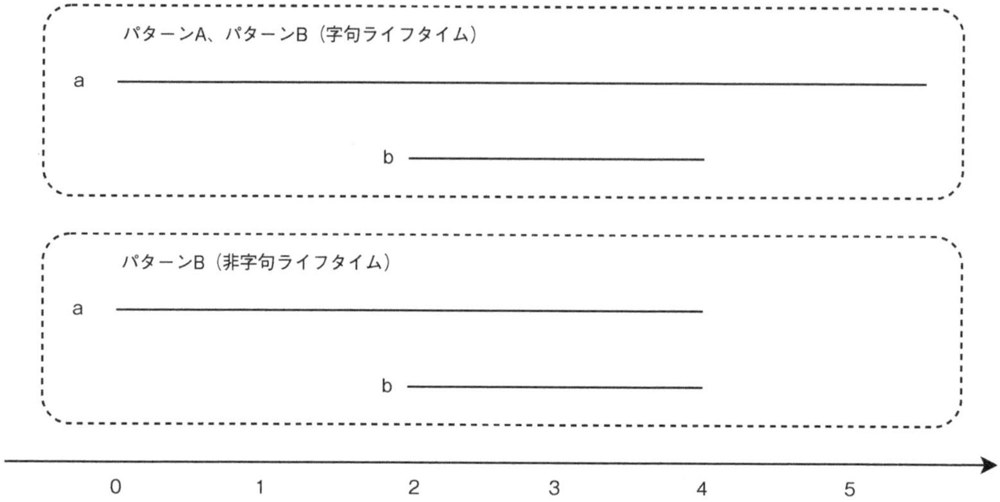

図 3.3　ライフタイム

Tips

非字句ライフタイムは、技術的には**制御フローグラフ（control flow graph; CFG）**という手法を用いて解析されている。CFG はソースコード解析時に汎用的に用いられる手法であり、ソフトウェアバグの検出や、マルウェアの解析などにも利用される。

Rust では、ライフタイムは型として表現される。ライフタイム指定子は、参照型のライフタイムを示すためのものであり、「'a」のように、シングルクォーテーションと変数名を組み合わせて表記される。

次のコードは、ライフタイム指定子を用いた例である。コード中の square 関数と、Foo 構造体がジェネリクスでライフタイムを取るので、注目してほしい。

ライフタイム指定子

```
let a: i32 = 10;
let b: &i32 = &b;

/// ライフタイムを取る関数
fn square<'a>(x: &'a i32) -> i32 {
    x * x
}

square(b);

/// 参照を持つ構造体
struct Foo<'a> {
    x: &'a i32,
```

```
}

Foo { x: &a };
```

square<'a>と、ジェネリクスの型引数でライフタイム'aを取り、参照型の引数xのライフタイムは'aであると指定している。square(b) とすると、変数bのライフタイムが'aと指定されて、squareが呼ばれる。実際には、このようにライフタイムを指定しなくても、Rustは自動的にライフタイムを決定するので省略できる。逆にいうと、普段の関数の書き方は、ライフタイム指定子を省略した書き方となる。

Foo<'a>は参照を持つ構造体で、フィールドxのライフタイムは'aであると指定している。構造体や列挙型のフィールドに参照を含める場合は、必ずライフタイム指定子を用いる必要がある。

個人的に、ライフタイム指定子がRustで最も微妙な表記であると考えている。Rustにある程度慣れるまでは、参照型のフィールドを持つ構造体や列挙型を極力使わないほうがよいだろう。本書のコードでも、独自に定義した型にはライフタイム指定子は極力用いていない。

なお、'staticというライフタイムは、**静的ライフタイム（static lifetime）**と呼ばれる特殊なライフタイムである。これは、生存期間がプログラムの開始から終了までを意味するライフタイムであり、文字列リテラルへのスライスなどが静的ライフタイムを持つ。

3.3.1 ライフタイム・サブタイピング

サブタイピング（subtyping）とは、型の**継承（inheritance）**を表現するためのプログラミング言語機能である。たとえば、「数」という型があった場合、「数」から派生して「整数」や「浮動小数点数」という型を定義できる。このとき、「数」のことは「整数」や「浮動小数点数」型の**スーパータイプ（supertype）**、「整数」や「浮動小数点数」のことは「数」型の**サブタイプ（subtype）**と呼ばれる。たとえば、「数」型に加算というインターフェースがあるなら、そのサブタイプにも加算のインターフェースがある。

スーパータイプを元にして、新たなサブタイプを定義することを継承と呼び、サブタイプを元のスーパータイプとして型付けすることをサブタイピングと呼ぶ。サブタイピングは**部分型付け**とも呼ばれ、スーパータイプとサブタイプは、それぞれ**スーパークラス（superclass）**、**サブクラス（subclass）**とも呼ばれる。Rustでは、ライフタイムにのみサブタイピングが適用されている。つまり、プリミティブ型やユーザ定義型にこれらの機能を用いることはできない。

以下のコードは、ライフタイム・サブタイピングの例を示すコードである。なお、説明のため、一部のコードの行頭に行番号を付与している。

ライフタイム・サブタイピング

```
fn add<'a>(x: &'a mut i32, y: &'a i32) {
    *x += *y;
}

0: let mut x = 10;
```

```
1: {
2:     let y = 20;
3:     add(&mut x, &y);
4: }
5: println!("{x}");
```

このコードでは、add 関数が'a というライフタイムの参照 x と y を引数に受け取る。add の受け取る参照のライフタイムは同じである。一方、変数 x のライフタイムは 0 から 5 行目であり、変数 y のライフタイムは 2 から 4 行目である。add を呼び出す際、x と y の参照を渡しているが、この 2 つのライフタイムは異なる。よって、add の 2 つの引数のライフタイムが同じであるという関数定義に従っていない。しかし、Rust コンパイラは、0 から 5 行目と、2 から 4 行目というライフタイムを比較し、より短いほうのライフタイムに統一する。喩えるなら、6 年生存するなら、3 年生存するものとして扱ってよいとするようなものである。

仮に、サブタイピングの記法を「A : B」と書くとする。これは、B は A のスーパークラスであることを意味するとする。すると、「浮動小数点数 : 数」のように、数は浮動小数点数のスーパークラスであると表現できる。上記のライフタイムの例で考えると「0 から 5 行目 : 2 から 4 行目」と書ける。浮動小数点数は数というより基本的な枠組みから派生しており、0 から 5 行目は 2 から 4 行目というより基本的な枠組みから派生している、と考えることができる。

Tips

サブタイピングは、**オブジェクト指向型言語（object-oriented programming language）**と呼ばれる種類のプログラミング言語で重要となる技術である。オブジェクト指向型言語には、Java、C++、Python、OCaml などがある。Rust はオブジェクト指向型言語ではないが、メソッドや Drop トレイトなどは、オブジェクト指向型言語から取り入れられた機能である。

図 3.4 は、先の例のサブタイピングと、ライフタイム・サブタイピングを表している。サブタイピングでは、「整数」や「浮動小数点数」を「数」として扱い、ライフタイム・サブタイピングでは「0 から 5 行目」を「2 から 4 行目」として扱う。

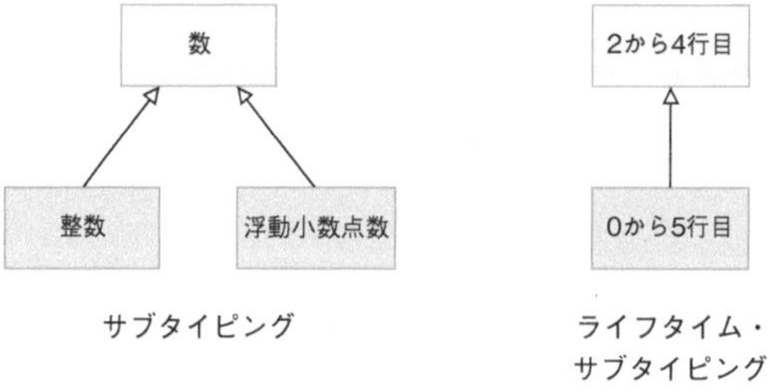

図 3.4　サブタイピングとライフタイム・サブタイピング

3.4 借用

Rust は参照の扱いが特徴的なプログラミング言語で、ある変数の参照を得ることを特別に**借用（borrowing）**と呼ぶ。本節では借用について説明する。

3.4.1 不変参照としての借用

`let a = 10` と変数定義した場合、`a` は破壊的代入ができない不変な変数となる。2.1.5 項で説明したように、不変な変数からは、不変参照を得ることができる。ここで、参照が存在する数を得るための仮想的な変数 `ref_count` を用いて、不変参照について考察しよう。一般的に、参照の数を数えるための変数は**参照カウント（reference count）**と呼ばれる。次のコードは、不変参照と参照カウントの例である。

不変参照と参照カウント

```
let a = 10;      // ref_count == 0
{
    let b = &a; // ref_count == 1
    let c = &a; // ref_count == 2
    let d = b;  // ref_count == 3
}
// ref_count = 0
```

1 行目では、`a` を指す参照の数は 0 である。その後、変数 `b` と変数 `c` を定義し、それらに `a` の参照を代入する。すると、`ref_count` は 2 となる。次に、`let d = b` としている。参照はムーブセマンティクスではなく、コピーセマンティクスである。そのため、この段階では `b`、`c`、`d` が `a` を参照していることになり、`ref_count` は 3 となる。コード中のブロックを抜けると、この 3 つの変数はスタックメモリから削除され、`ref_count` は 0 になる。

注目すべき点は、オリジナルの変数がスタックメモリ上から削除される際には、参照カウントは必ず 0 になっている、ということである。0 になっていない場合、無効な参照となっている参照が存在する。たとえば、先に示した無効な参照のコードの参照カウントは以下のようになる。

無効な参照の参照カウント

```
let a;
{
    let b = 10;     // ref_count == 0
    a = &b;         // ref_count == 1
}                   // ここで b がスタックメモリから削除される
println!("{}", a); // ref_count == 1
```

3 行目では、`b` を指す参照の数は 0 である。4 行目では、`a` に `b` の参照を代入しているため、`ref_count` が 1 になる。5 行目で `b` がスタックメモリから削除されるが、`ref_count` は 1 のままである。

これより、無効な参照が発生するのは、オリジナルの変数がスタックメモリから削除される際に、参照カウントが 0 より大きい場合であることがわかる。参照カウントは動的なメモリ管理で用いられる手法であり、Rust では、3.5 節で解説する `Rc` や `Arc` という型で実現している。Rust は、参照カウントを用いる代わりにライフタイムを用いて、「オリジナルの変数が削除される際には参照カウントは必ず 0 になっている」という制約をコンパイル時に検証する。コンパイル時に検証するため、実行時のオーバーヘッドを最低限にすることができる。

3.4.2　可変参照としての借用

`let mut a = 10` と変数定義した場合、`a` は破壊的代入が可能な、可変な変数となる。可変な変数の場合、Rust では借用に以下の制約を課す。

- ある時点で、書き込み可能な状態にある変数（参照を含む）は、最大 1 つである。
- ある時点で、不変参照が 1 つ以上存在する場合、書き込み可能な状態にある変数（参照を含む）は 1 つも存在しない。

くだけた表現にするなら、「すべての時点で、書き込みができるのは最大 1 人のみで、読み込みができる人が他にいる場合、書き込みができる人はいない」ということである。こうすることで、並行プログラミングにおけるバグをあらかじめ回避できる。これについては、3.5 節で後ほど詳細を説明する。まずここでは、上記制約をどのように実現しているかに焦点を当てよう。

可変参照は、参照カウントと変数の状態遷移図で考察できる。本項では、可燃参照の挙動をモデリングして理解を深める。ただし、本項のモデルはあくまで簡易モデルであり、すべてのパターンを網羅しているわけではないので注意されたい。

表 3.1 に、本項で用いる用語と変数を定義する。「`&a` と借用した参照」は長いので、本項では「`&`借用」および、「`&mut` 借用」という呼び方を用いる。`rcnt` と `wcnt` は、`&`借用と`&mut` 借用の参照カウントを表す。

表 3.1　用語と変数の定義

オリジナル変数	参照する元となる変数。
&借用	オリジナル変数 `a` に対して、`&a` と借用した参照。
&mut 借用	オリジナル変数 `a` に対して、`&mut a` と借用した参照。
`rcnt`	`&`借用の参照カウント。初期値は 0。
`wcnt`	`&mut` 借用の参照カウント。初期値は 0。

図 3.5 は、オリジナル変数、`&`借用、`&mut` 借用の状態遷移を表している。状態遷移については、第 6 章でもう少し詳しく説明する。楕円が状態を表しており、丸同士をつなぐ矢印で状態遷移を表す。楕円中の read/write は、読み書きができるかどうかを表している。たとえば、あるオリジナル変数が「状態 None」にあるときは、read も write も書かれていないため、そのオリジナル変数を用いてデータの読み書きはできない。

この状態遷移図だけを見ても、意味することがわからないだろう。そこで、いくつかの具体例を通

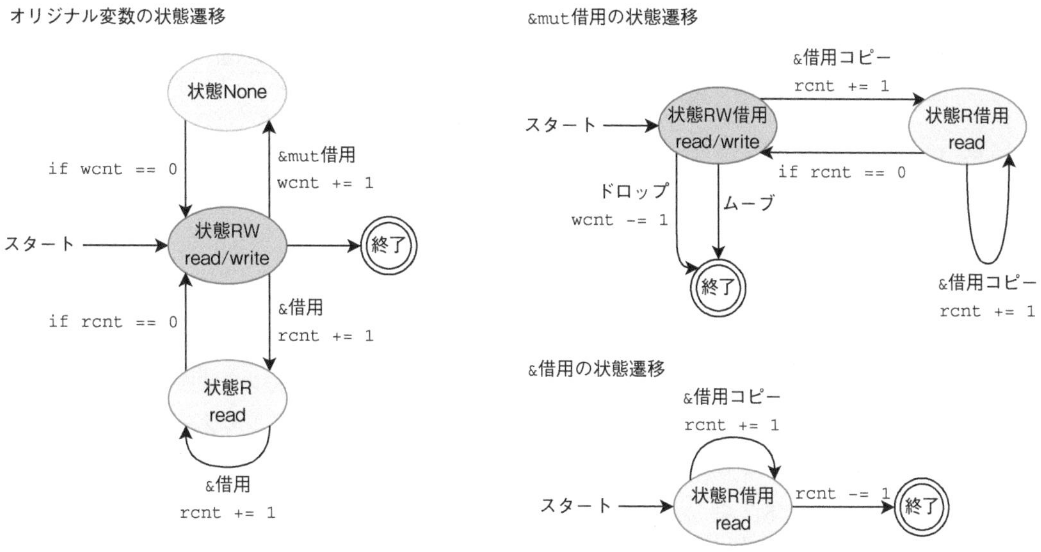

図 3.5　借用時の状態遷移図（簡易モデル）

して、状態遷移図の意味を解釈していこう。

はじめは、オリジナル変数から&mut 借用しようとして失敗する例である。表 3.2 では、左側にソースコード、右側に各変数の状態と参照カウントを示している。

表 3.2　オリジナル変数から&mut 借用しようとして失敗する例

コード	a の状態	b の状態	c の状態	rcnt	wcnt
`let mut a = 10;   // オリジナル変数`	状態 RW			0	0
`let b = &a;       // &借用`	状態 R	状態 R 借用		1	0
`let c = &mut a;   // &mut 借用`	遷移不可	状態 R 借用		1	0
`println!("{a} {b} {c}");`					

オリジナル変数 a が定義されたとき、初期状態では、a は「状態 RW」にあり、参照カウントは 0 である。次に、a の&借用である変数 b を定義する。このとき、a の状態は「状態 R」に遷移し、b は初期状態の「状態 R 借用」になる。また、rcnt は 1 になる。その後、a の&mut 借用である変数 c を定義しているが、ここでコンパイルエラーとなる。これは、a は「状態 R」にあり、&mut 借用して状態遷移するパスがないからである。図 3.5 を見直してほしい。よって、状態遷移不可となるためコンパイルエラーとなる。仮に、もしこれを許すと、wcnt も 1 になってしまい、「読み込みができる人が他にいる場合、書き込みができる人はいない」という制約に反してしまう。

表 3.3 に、&mut 借用のムーブと、オリジナル変数から借用した後に利用した際に起きる失敗例を示す。

同様に、オリジナル変数 a が初期状態で「状態 RW」にあり、参照カウントは 0 となる。その後、a の&mut 借用である変数 b を定義している。すると、a は「状態 None」、b は初期状態の「状態 RW

表 3.3　オリジナル変数から借用した後に利用した際に起きる失敗例

コード	a の状態	b の状態	c の状態	rcnt	wcnt
`let mut a = 10; // オリジナル変数`	状態 RW			0	0
`let b = &mut a; // &mut 借用`	状態 None	状態 RW 借用		0	1
`let c = b; // ムーブ`	状態 None	終了	状態 RW 借用	0	1
`*c = 20;`	状態 None	終了	状態 RW 借用	0	1
`*b = 30; // コンパイルエラー`	状態 None	終了	状態 RW 借用	0	1
`a = 40;  // コンパイルエラー`	状態 None	終了	状態 RW 借用	0	1
`println!("{a} {b} {c}");`					

借用」となり、wcnt は 1 となる。次に、変数 c を定義しているが、これは b からムーブして得ている。&mut 借用がムーブされるため、b は「終了」状態となり、c は初期状態の「状態 RW 借用」となる。よって、b に代入しようとしても、b は「終了」状態にあるためコンパイルエラーとなる。また、a は「状態 None」にあるため、a に代入しようとしてもコンパイルエラーとなる。もし、このような a や b への代入を許してしまうと、「書き込みができるのは最大 1 人のみ」という制約に反してしまう。

最後に、表 3.4 に&借用の例を示し、読み込みのみなら、複数の変数から可能であることを示そう。

表 3.4　読み込みのみなら、複数の変数から可能である例

コード	a の状態	b の状態	c の状態	d の状態	rcnt
`let a = 10; // オリジナル変数`	状態 RW				0
`let b = &a; // &借用`	状態 R	状態 R 借用			1
`let c = b;  // &借用コピー`	状態 R	状態 R 借用	状態 R 借用		2
`let d = &a; // &借用`	状態 R	状態 R 借用	状態 R 借用	状態 R 借用	3
`println!("{a} {b} {c} {d}");`					

これも同様に、オリジナル変数 a が初期状態で「状態 RW」にあり、参照カウントは 0 となる。その後、a の&借用である変数 b、c、d を定義しているが、これは問題ない。ただし、&借用が新たに作られるたびに、rcnt がインクリメントされる。&借用はコピーセマンティクスなので、let c = b とすると借用のコピーが作られ、借用がコピーされると、rcnt がインクリメントされる。このコードは、借用の制約に反していないため、問題なくコンパイルできる。

&借用がコピーセマンティクスで、&mut 借用がムーブセマンティクスであると述べたが、例外がある。次のコードは、&mut 借用を引数に取る関数の例である。

参照と関数呼び出し

```
fn bar(x: &mut i32) {
    *x += 1;
}

let mut a = 10;
let b = &mut a;
bar(b);    // ムーブされない
*b += 10; // 破壊的代入が可能
```

&mut 借用がムーブセマンティクスなら、このコードはコンパイルエラーとなるはずである。つまり、bar(b) と関数呼び出しするとbはムーブされるため、その後利用できないはずである。しかし、この関数呼び出し後にbに代入してもコンパイルエラーとはならない。関数呼び出しがあった場合は、ムーブについては考えないことでほとんどの場合はうまくいく。先にも述べたが、あくまで先の状態遷移図は簡易モデルであるため、このようにいくつかの例外が必要になる。

構造体のフィールドを借用すると、その構造体本体も借用されてしまう。そのため、構造体のフィールドを複数操作するとコンパイルエラーとなる。これは、初学者がハマりがちな点であるので注意するとよいだろう。

以下のコードは、構造体のフィールドを借用し、そのフィールドを操作する例である。このコードはコンパイルエラーとなる。

構造体のフィールドを借用しコンパイルエラーとなる例

```
struct XY {
    x: Vec<i32>,
    y: Vec<i32>,
}

let mut xy = XY {
    x: vec![1, 2, 3],
    y: Vec::new(),
};

// xy のフィールド x を借用すると、 xy 全体も借用されるので、コンパイルエラー
for elm in xy.x.iter() {
    y.push(*elm * *elm);
}
```

XY は2つのベクタをフィールドに持つ構造体である。XY の x フィールドの値を2倍した値を y フィールドに追加したいとしよう。これは、このコードのように for elm in xy.x.iter() とすればよいように思える。しかし、xy.x.iter() としてしまうと、xy 全体も借用されてしまうため、xy.y と利用できない。そのため、このコードはコンパイルエラーとなる。

これをコンパイルするためには、次のように、フィールドを別々に借用する必要がある。別々にフィールドを借用するには、**分配束縛（destructive assignment）**と呼ばれる記法を用いるとよい。

フィールドへの参照

```
let XY { x, y } = &mut xy; // xy の要素を分配束縛

// let x = &mut xy.x; これでも OK
// let y = &mut xy.y;

for elm in x {
    y.push(*elm * *elm);
}
```

let XY { x, y } = &mut xy が、分配束縛している箇所である。この記法は、パターンマッ

チが使える let と考えるとよい。こうすることで、各フィールドへの参照を一気に取得できる。分配束縛はタプルに対しても利用できる。分配束縛ではなく、各フィールドへの参照を別々に取得してもよい。これは、簡易モデルでは説明できない挙動である。

簡易モデルはいくつかの抜けがあるものの、借用の核となるアイデアを説明できるモデルではある。借用につまずいた際には、このモデルで再確認してほしい。

3.5 借用と排他制御の類似性

並行プログラミングでは、並行に動作するプロセスがあったとき、共有リソースへ同時にアクセスすることを制限する必要がある。この制御は、一般的に**排他制御（mutual exclusion）**と呼ばれる。喩えるなら、人が大勢いたとき、トイレの個室へは同時に 1 人しか入れないようにするような制御のことである。実は、可変な変数における借用の制約は、**リードライトロック（reader writer lock; RW ロック）**と呼ばれる排他制御と同じ制約を動的に担保する。本節では、借用と排他制御の類似性について説明する。

排他制御を説明する前に、参照カウントについて説明しよう。先に述べたように、借用は参照カウントを用いて考察することができる。この参照カウントはあくまで借用の動作を理解するために用いた仮想的なものであり、実行時には存在しない。一方、Rust には、Arc と Rc という実行時に参照カウントでリソース管理するための型がある。

図 3.6 は、Arc の概念図である。Arc で値を生成すると、Arc 内部で保持する値と、その参照カウントがヒープメモリに確保される。参照カウントは Arc を clone すると 1 増やされ、その Arc の生存期間が終了すると 1 減らされる。参照カウントが 0 になった場合に、ヒープメモリに確保した領域を開放する。

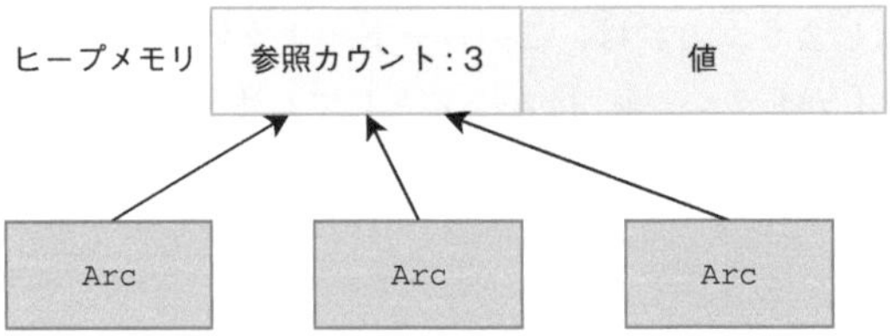

図 3.6　Arc の概念図

次のコードは、Arc の利用例であり、コメントに参照カウントの値を示している。

Arc の利用

```
use std::sync::Arc;

let v = Arc::new(vec![1, 2, 3]); // 参照カウント = 1
let w = v.clone(); // 参照カウント = 2
let z = v.clone(); // 参照カウント = 3
```

Arcを利用するためには、use std::sync::Arcでインポートする。その後、Arc::newで値を生成している。ここでは、vec![1, 2, 3]という値がヒープメモリに確保される。次に、cloneメソッドを呼び出して、wとzにArcをコピーしている。v、w、zの生存期間がすべて終了すると参照カウントが0となるため、そのときにヒープメモリに確保した領域を開放する。

通常、cloneは値のコピーを生成する。たとえば、vec![1, 2, 3]をcloneすると、それと同じ領域がヒープメモリに確保される。しかし、ArcやRcの場合は、メモリコピーは行われず参照カウントがインクリメントされるのみである。

ArcとRcの違いは、スレッド安全かどうかである。Arcは変数キャプチャやチャネルなどを通して、データを別のスレッドに渡すことができるが、Rcはそのような操作を行うことはできない。つまり、Arcは複数のスレッド間でデータ共有ができるが、Rcは1スレッド内でのみデータ共有ができる。そのため、Arcのcloneのほうが、Rcよりもオーバーヘッドが大きくなるという欠点もある。ArcやRcは、参照カウントを持つ賢いポインタであるため、**スマートポインタ（smart pointer）**とも呼ばれる。

それでは、本節の主題である排他制御の説明に入ろう。ここで、ある銀行口座に100,000円が預けてあり、その口座から別々にAさんが20,000円、Bさんが30,000円を引き出すという例を考えてみよう。図3.7は、この動作を表現したものである。コンピュータでは、銀行口座は共有変数として表現され、AさんとBさんはスレッドやプロセスと表現される。

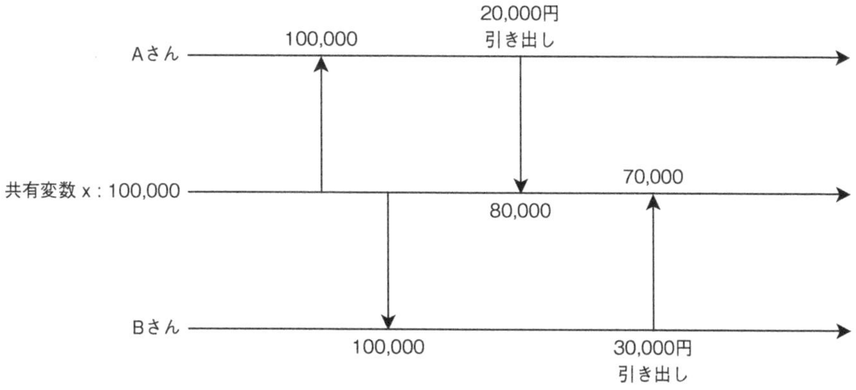

図3.7　競合状態の例

図3.7では、初期状態では共有変数xの値は100,000である。その後、AさんとBさんは共有変数xの値を参照し、その値から引き出したい金額を減算する。最後に、AさんとBさんは共有変数xに、その減算した値を代入する。

こうすると、最終的に口座に残っている金額は70,000円となるが、これは間違いで、本来なら、50,000円となっていなければならない。このように、複数のスレッドが並行に動作して引き起こされる不正な状態のことは、**競合状態（race condition）**と呼ばれる。この例が競合状態に陥ってしまった原因は、読み書きを排他的に実行していなかったからである。排他的とは、つまり、Aさんが処理を実行中なら他の人は処理を実行できないようにする処理である。

ミューテックス（mutex）は、排他制御を動的に行うための機構であり、Rust はミューテックス用の std::sync::Mutex 型を標準で提供している。次のコードは、ミューテックスの利用例である。

ミューテックスの利用

```
use std::sync::{Arc, Mutex}; // インポート

let x = Arc::new(Mutex::new(100_000)); // Mutex 型の値を生成
let x2 = x.clone(); // 参照カウンタをインクリメント

let h1 = std::thread::spawn(move || { // スレッドを生成
    let mut guard = x.lock().unwrap();
    *guard -= 20_000; // ガードを参照して保護対象データにアクセス
});

let h2 = std::thread::spawn(move || { // スレッドを生成
    let mut guard = x2.lock().unwrap();
    *guard -= 30_000;  // ガードを参照して保護対象データにアクセス
});

h1.join().unwrap();
h2.join().unwrap();
```

ミューテックスの値を生成するには、Arc::new(Mutex::new(...)) とする。引数の ... には、複数のスレッドからアクセスする排他制御対象の共有リソースを指定する。ミューテックスは Arc で包んでいるが、これは Rust のイディオムなので覚えておくとよいだろう。Arc を用いることで、clone が単なる参照カウンタのインクリメントとなり、スレッド間でデータを共有可能になる。実際の排他制御は lock メソッドを呼び出して行い、この動作は一般的に**ロック（lock）**獲得と呼ばれる。lock メソッドは、**ガード（guard）**と呼ばれる特殊な値を返し、ガードが生存しているあいだ、そのガードを参照して保護対象のデータにアクセスできる。ガードの生存期間が終了すると、ロックは自動的に解放される。

ミューテックスで排他制御すると、ある処理は必ず 1 つのスレッドしか実行できないようになる。これで問題はないのだが、よく考えると、競合状態が起きるのは書き込みを行うからであり、読み込みのみを行うスレッドなら、複数並行に、どのようなタイミングで実行されても問題ないはずである。RW ロックでは、読み込みのみを行うリーダーと、読み書きの両方を行うライターとを分類し、それらを以下のような制約を満たすように実行する。

- ある時点で、ロック獲得中のライターは最大 1 つである。
- ある時点で、ロック獲得中のリーダーが 1 つ以上存在する場合、ロック獲得中のライターは 1 つも存在しない。

3.4.2 項の借用の制約をもう一度見直すと、述べていることはほとんど同じであるとわかるだろう。

RW ロックは、美術館と考えるとわかりやすい。この美術館は 1 人のスタッフで運営されており、観覧するだけの客は複数人同時に入場できる。展示内容の入れ替えはスタッフが行うが、スタッフによる入れ替え中は客は入場できない。また、客がいるあいだはスタッフは展示内容を入れ替えることはできない。これを実装すると、次のようなコードになる。このコードは、1 秒おきに客が美術館を観覧し、2 秒おきにスタッフが展示内容を入れ替える。

RW ロックの例

```
use std::{
    collections::BTreeMap,
    sync::{Arc, RwLock}, // (1)
    thread::sleep,
    time::Duration,
};

// 美術館の展示内容を初期化 (2)
let mut gallery = BTreeMap::new();
gallery.insert("葛飾北斎", "富嶽三十六景 神奈川沖浪裏");
gallery.insert("ミュシャ", "黄道十二宮");

// RwLock と Arc を利用して共有可能に (3)
let gallery = Arc::new(RwLock::new(gallery));

let mut hdls = Vec::new(); // join ハンドラ
for n in 0..3 {
    // 客を表すスレッドを生成 (4)
    let gallery = gallery.clone(); // 参照カウンタをインクリメント
    let hdl = std::thread::spawn(move || {
        for _ in 0..8 {
            {
                let guard = gallery.read().unwrap(); // リードロック (5)
                if n == 0 {
                    // 美術館の展示内容を表示
                    for (key, value) in guard.iter() {
                        print!("{key}:{value}, ");
                    }
                    println!();
                }
            }
            sleep(Duration::from_secs(1));
        }
    });
    hdls.push(hdl);
}
// 美術館スタッフ (6)
let staff = std::thread::spawn(move || {
    for n in 0..4 {
        // 展示内容を入れ替え
        if n % 2 == 0 {
            let mut guard = gallery.write().unwrap(); // ライトロック (7)
            guard.clear();
```

```
                guard.insert("ゴッホ", "星月夜");
                guard.insert("エッシャー", "滝");
            } else {
                let mut guard = gallery.write().unwrap(); // ライトロック
                guard.clear();
                guard.insert("葛飾北斎", "富嶽三十六景 神奈川沖浪裏");
                guard.insert("ミュシャ", "黄道十二宮");
            }
            sleep(Duration::from_secs(2));
        }
    });

    for hdl in hdls {
        hdl.join().unwrap();
    }
    staff.join().unwrap();
```

(1) RW ロックは `std::sync::RwLock` を利用。
(2) 美術館の展示内容を初期化。
(3) スレッド間で共有可能にするために、`std::sync::RwLock` と `Arc` で包む。
(4) 客を表すスレッドを生成。このとき、`clone` で参照カウンタをインクリメント。
(5) リーダー用のロックは `read` メソッドで獲得可能。
(6) 美術館スタッフを表すスレッドを生成。
(7) 展示内容を入れ替えるために、ライトロックを獲得。ライター用のロックは `write` メソッドで獲得可能。

基本的にはミューテックスとほとんど変わらないが、リーダーは `read` メソッドでロックを獲得し、ライターは `write` メソッドでロックを獲得するのが大きな違いである。`read` メソッドで返されるガード経由では書き込みができず、書き込みしようとするとコンパイルエラーとなる。

これを実行すると、以下のように表示される。

実行結果

```
ミュシャ:黄道十二宮, 葛飾北斎:富嶽三十六景 神奈川沖浪裏,
エッシャー:滝, ゴッホ:星月夜,
ミュシャ:黄道十二宮, 葛飾北斎:富嶽三十六景 神奈川沖浪裏,
ミュシャ:黄道十二宮, 葛飾北斎:富嶽三十六景 神奈川沖浪裏,
エッシャー:滝, ゴッホ:星月夜,
```

もし仮に、客が観覧中にスタッフが展示内容の入れ替えをしてしまっているなら、展示が何もなかったり、ゴッホの星月夜しか展示されていなかったりと不完全な美術館の内容が表示されるはずだが、排他制御されているためそのようなことにはならない。ミューテックスと RW ロックを用いると競合状態を防ぐことができ、これらの排他制御は動的に状態を検査して行われる。複数のスレッド間でデータ共有したい場合は、これらを用いるとよいだろう。

本章では、Rust の借用と排他制御について解説し、Rust の借用は RW ロックと実質的に同じであることを明らかにした。Rust の借用にはこのような制約があるため、誤って参照を利用して競合状態に陥ってしまうことがない。借用を一見しただけでは、その存在意義を理解するのは難しいが、裏側にある哲学を理解すると、非常に洗練されたしくみであることがわかる。

本章を理解したなら、2.2.8 項のクロージャの解説が理解できるはずである。2.2.8 項へ戻り、読み返してみてほしい。

Coffee Break

ソフトウェアは自然科学である

科学には、形式科学と自然科学の 2 種類があるといわれている。形式科学は、記号と数字を用いて演繹的に表現することができる科学で、論理学やコンピュータ科学は形式科学だ。一方、自然科学は、その名のとおり自然現象を観察してモデル化して理解するのが一般的なアプローチである。

Rust の借用はプログラミング言語に関する規則なので、完全に記号操作で説明することができる。しかし本章では、簡易モデルという、動作を観測して抽象化して理解するというアプローチを用いた。これはまさに自然科学的な理解の方法だ。

コンピュータやその上で動作するソフトウェアは、本来ならすべてが形式的な解析（記号と数字を用いた解析）が可能なはずだが、往々にしてアプローチが自然科学的になる。コンピュータをその構成要素で還元していくと、その奥底には基本的な小さなルールしかないのに、それが組み合わさると、あまりにも複雑になってしまい形式的な解析が難しくなるのだ。

ソフトウェアのおもしろい（難しい？）ところは、形式科学的なアプローチと、自然科学的なアプローチ、この両方をうまく扱う必要があるという点にある。

数学的に難しい問題やアプローチを、うまくソフトウェアで実装することができたときは、格別の喜びがある。生きている実感を得ることができる。しかし、こういったことにばかり注力していては、ソフトウェア・アーキテクトとしては一人前とはいえない。

素晴らしいソフトウェア・アーキテクトとは、世の中の問題を、自然科学的なアプローチでモデル化・抽象化して理解し、それをソフトウェアに実装することができる人のことではないだろうか？　これを行うには、社会の問題を正確に理解し、コンピュータだけではなく人の機微にも注意を払う必要がある。これらは、ソフトウェア技術を用いて社会に貢献していくために必要なスキルだ。「宇宙観測」とは何か？「使いやすい」とは何か？「財務処理」とは何か？　そういった抽象的な問いを、自然科学的にモデル化して、形式科学的なアプローチで実装できることが求められる。

こう考えると、ソフトウェアとは形式科学でもあるが、自然科学でもあるようにも思えないだろうか？

第4章 トレイト

この章の概要

インターフェース設計は、ソフトウェア設計において重要な位置を占める。**トレイト（trait）**は、 Rust が提供する、インターフェースを定義するためのしくみである。インターフェース設計というと難しく感じるかもしれないが、抽象的なインターフェース定義は日常でも至るところで観察される。

たとえば、リモコンなどにあるボタンは、抽象化されたインターフェースの一つである。我々は、リモコンのボタンを押すと、リモコンはそれを検知して、そのボタンに応じた処理を行うと知っていればよく、実際にリモコンが赤外線を送信するメカニズムまでは知らなくてよい。給湯器にもボタンはあるが、給湯器がどういうメカニズムでエネルギーを得て温度管理しているかまでは知らなくてもよい。我々が知ればよいのは、オン・オフができる抽象的なインターフェースがあるということだけである。

本章では、抽象的なインターフェースという考え方と、トレイトについて解説する。トレイトを用いると、異なる型に対して共通のインターフェースを定義できる。共通のインターフェースを定義することで、実装を簡潔にし、ソースコード自体の意味を明確にすることができる。

4.1 トレイトの定義と実装

はじめに、Display トレイトを例に挙げてトレイトの説明をしよう。Display トレイトは、std::fmt::Display にて以下のように定義されている。

Display トレイト

```
pub trait Display {
    fn fmt(&self, f: &mut std::fmt::Formatter<'_>) -> Result<(), std::fmt::Error>;
}
```

このように、トレイトの定義では、trait キーワードの後にトレイト名を記述し、波括弧内にインターフェースとなるメソッドの名前と型を定義する。トレイトを型に適用することを、トレイトを実装するという。Display トレイトを実装する場合、fmt というメソッドを実装対象の型に定義する必要がある。fmt の引数 f は、表示する文字列を書き込むための値であり、文字列を整形（フォーマット）して書き込むために用いられるため、**フォーマッタ（formatter）**とも呼ばれる。

実は、Display トレイトを実装した型は、println!などのマクロで表示可能になる。つまり、println!を呼び出すと、その内部では fmt が呼び出されている。こうすることで、「表示する」という抽象的なインターフェースを定義できる。

図 4.1 は、Display トレイトを用いた表示の概念を示したものである。この図では、型 A と B が定義されており、これらは Display トレイトを実装している。ここで、println!でこれらの型の値を表示するために 2 種類の方法が考えられる。1 つ目は、型 A と B の両方ともを、println!が解釈して表示する方法である。この方法では、println!の実装者、つまり Rust の標準ライブラリの実装者が型 A と B について詳細を知らなければならない。2 つ目は、型 A と B の fmt メソッドを呼び出す方法である。この方法だと、println!の実装者は、型 A と B の詳細を知らずとも、fmt 関数を呼び出すだけで表示できる。このように、インターフェースのみを定義することで、より汎用的な設計・実装が可能になる。

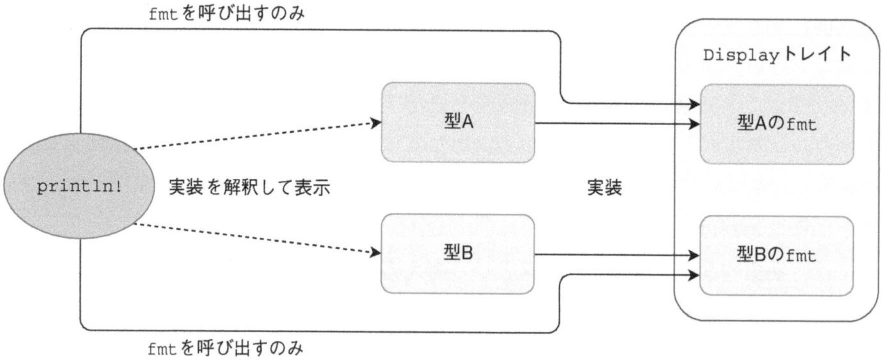

図 4.1　Display トレイトを用いた表示の概念図

次のコードは、虚数を表す ImaginaryNumber という型に対し、Display トレイトを実装する例を示している。

Display トレイトの実装例

```
use std::fmt::{Display, Formatter};

/// 虚数を表す型
struct ImaginaryNumber {
    real: f64,
    img: f64,
}

/// 虚数を表示するため、Display トレイトを実装
impl Display for ImaginaryNumber {
    fn fmt(&self, f: &mut Formatter) -> Result<(), std::fmt::Error> {
```

```
            write!(f, "{} + {}i", self.real, self.img)
        }
    }

    let n = ImaginaryNumber { real: 3.0, img: 4.0 };
    println!("{n}");
```

トレイトの実装は、impl キーワードで行う。impl Display for ImaginaryNumber が、ImaginaryNumber 型に対して Display トレイトを実装することを示している。impl の波括弧内で、メソッドに対する実装を定義する。また、write!マクロを用いてフォーマッタに文字列を書き込むことで、fmt を実装できる。これは定型的な記述であるため、このまま覚えておけばよい。Display トレイトを実装すると、最終行のように println!マクロで表示可能になる。

derive を用いて Debug から派生させると（2.2.7 項参照）、その型には自動的に Debug トレイトが実装され、println!でデバッグ表示可能になる。Debug トレイトによる表示はプログラマのためとし、Display トレイトによる表示はユーザのためと、使い分けるとよい。ちなみに、Debug トレイトの実装も、derive ではなく、本節で示したような方法で可能である。

4.2 イテレータ

本節では、イテレータについて解説する。2.2.14 項でも説明したとおり、イテレータとはコレクションの要素を順番に処理するための抽象的な型であるが、この抽象化にはトレイトが用いられている。そこで本節では、トレイトとイテレータの理解を深めるために、リストに対するイテレータを実装する方法を解説する。

次のコードは、リストとメソッドの実装を示している。リストの型は 2.1.11 項で示したコードと同様である。

リストとメソッドの実装

```
/// リストを表す型
#[derive(Debug, Clone)]
enum List<T> {
    Node { data: T, next: Box<List<T>> },
    Nil,
}

impl<T> List<T> {
    fn new() -> List<T> {
        List::Nil
    }

    /// リストを消費して、そのリストの先頭に引数 data を追加したリストを返す
    fn cons(self, data: T) -> List<T> {
        List::Node {
            data,
            next: Box::new(self),
```

```
        }
    }

    /// 不変イテレータを返す
    fn iter<'a>(&'a self) -> ListIter<'a, T> {
        ListIter { elm: self }
    }
}
```

cons は、リストの先頭に要素を追加するメソッドである。このメソッドは、リストを消費して、そのリストの先頭に引数 data を追加した新たなリストを返す。cons という名前は、Lisp 言語から拝借した。iter は、そのノードを指すイテレータを返す。イテレータの詳細は以下で説明するが、ここでは、イテレータが自身の参照を持つということに注目してもらいたい。イテレータは参照を包んでいるのみである。

リストのイテレータ

```
use std::iter::Iterator; // (1)

/// 不変イテレータを表す型
struct ListIter<'a, T> {
    elm: &'a List<T>,
}

impl<'a, T> Iterator for ListIter<'a, T> { // (2)
    type Item = &'a T; // (3)

    /// 次の要素を指す
    fn next(&mut self) -> Option<Self::Item> { // (4)
        match self.elm {
            List::Node { data, next } => {
                self.elm = next;
                Some(data)
            }
            List::Nil => None,
        }
    }
}
```

(1) std::iter::Iterator トレイトは、片方向に進むことが可能なイテレータである。本実装のリンクリストは、単方向リンクリストであるため、 Iterator トレイトを用いるが、双方向リンクリストの場合は DoubleEndedIterator トレイトを用いる。 DoubleEndedIterator は、逆方向へ進むことが可能なイテレータである。

(2) std::iter::Iterator トレイトを実装する。ジェネリック型に対するトレイトの実装は、このようにジェネリクスの記法を用いて定義する。

(3) Item は、イテレータが指す要素の型である。つまり、リストのノードが持つ値の型への参照である。イテレータを定義する際、 type キーワードで**関連型（associated type）**を定義でき、イテレータを実装する際には、その関連型も実装する必要がある。

(4) next は、イテレータが次の要素を指すようにし、現在指している要素の値を返す。next を繰り返し呼び出すことで、先頭から順にリストの要素にアクセスできる。

Iterator トレイトには、nth や fold など、next 以外のメソッドも定義されているが、next 以外のメソッドはデフォルト実装が定義されている。デフォルト実装は、通常のメソッド定義と同じように定義できる。next は、メソッドの名前と型しかトレイトに定義されていないため、必ず実装しなければならない。デフォルト実装のあるメソッドも新たに定義し直せるが、通常その必要はないだろう。

次のコードは、実際にリストのイテレータを利用した例である。はじめに、cons でリストを生成し、そのリストのイテレータを用いて for で繰り返し操作している。また、next で、要素を順番にアクセスもしている。

イテレータの利用例

```
// [2, 1, 0] というリストを生成
let list = List::new().cons(0).cons(1).cons(2);

// for で表示
for x in list.iter() {
    println!("{x}");
}

println!();

// イテレータで表示
let mut it = list.iter();
println!("{:?}", it.next().unwrap());
println!("{:?}", it.next().unwrap());
println!("{:?}", it.next().unwrap());
```

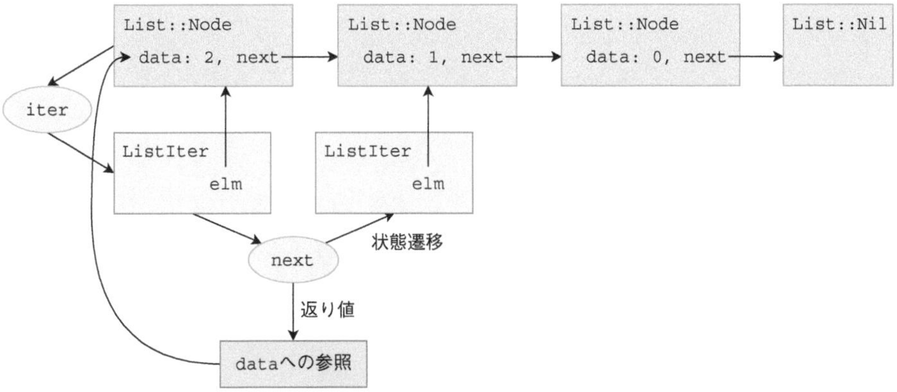

図 4.2 リストとイテレータの関係

このコードを実行すると、2、1、0 と順番に表示される。

図 4.2 は、このコードでのリストとイテレータの関係を表している。この図では、リストの先頭ノードから `iter` でイテレータを生成し、最初のイテレータから `next` で値への参照を取得し、状態遷移している。リストの内部的な実装を知らずとも、`next` で順に走査できるのがわかるだろう。このように、イテレータ用のトレイトを用いることで、リストのイテレータ、木構造のイテレータ、ハッシュテーブルのイテレータなどを抽象的に操作できる。

4.3 シリアライズとファイル入出力

プログラム中では、リスト、木構造、ハッシュテーブルなどのさまざまなデータ構造を利用する。概念上は複雑な構造をなしていても、ファイルや、あるいはネットワークなどに出力したい場合は、これらのデータ構造は 1 列のデータで表現する必要がある。あるデータを 1 列のデータで表現することは**シリアライズ（serialize）**、日本語では**直列化**と呼ばれている。

図 4.3 は、シリアライズの例である。左側が木構造のデータを表しており、これをシリアライズすると、右側のように 1 列のデータ（ここでは文字列）で表現できる。右側はあくまで例であり、ここでは JSON と呼ばれる形式のフォーマットで表現しているが、他にもさまざまなフォーマットを取り得る。また、シリアライズされたデータから元のデータに復元することは、**デシリアライズ（deserialize）**と呼ばれている。

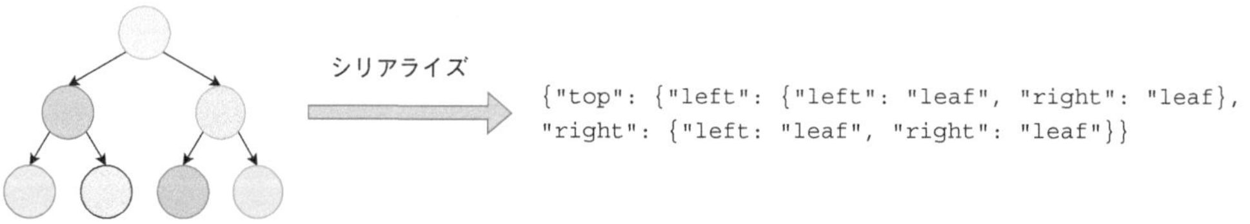

図 4.3　シリアライズの例

Rust では、シリアライズは `serde` と呼ばれるライブラリが利用される。`serde` はデファクトスタンダードな Rust のシリアライズライブラリである。

`serde` を利用するためには、`Cargo.toml` に以下のように追記する必要がある。ただし、バージョン情報については適宜修正してほしい。

`Cargo.toml` による外部ライブラリの指定

```
[dependencies]
serde = {version = "1.0.136", features = ["derive"] }
serde_json = "1.0.79"
serde_yaml = "0.8.23"
rmp-serde = "1.0.0"
```

`serde` が `serde` のメインライブラリで、ここでは、`features` に `derive` を指定している。`derive` を指定すると、`derive` キーワードを用いてシリアライズとデシリアライズ用のトレイトを自動的に生成できる。本節では、JSON、YAML、MessagePackというフォーマットの例を示すため、serde_json（JSON用）、serde_yaml（YAML用）、rmp_serde（MessagePack用）のライブラリも利用する。

JSONはJavaScriptの標準的なフォーマットで、Webでよく利用される。YAMLは設定ファイルなどで利用されるフォーマットである。JSONとYAMLは、人間にも読みやすいようにテキスト形式で表現されるが、MessagePackはバイナリ形式で表現される。そのため、構造的にはMessagePackはJSONと同じだが、JSONよりもサイズが小さく効率的に処理できる。人間も読む場合はJSONかYAML、効率を求めるならMessagePackを使うとよいだろう。他のフォーマットでシリアライズしたい場合は、serdeのオンラインドキュメントを参照してほしい。

次のコードは、List型をシリアライズとデシリアライズ可能にする例である。ここでは、deriveで、SerializeとDeserializeから派生し、それぞれのトレイトを自動的に実装している。

シリアライズとデシリアライズ可能に指定

```
use serde::{Deserialize, Serialize};

#[derive(Debug, Clone, Serialize, Deserialize)]
enum List<T> {
    Node { data: T, next: Box<List<T>> },
    Nil,
}
```

SerializeとDeserializeから派生するためには、構造体のフィールドの型もこれらを実装していなければならない。これは、Debugでも同じである。

次のコードは、実際にシリアライズとデシリアライズを行う例である。JSON、YAML、MessagePackへとシリアライズ、デシリアライズするには、先に指定した、serde_json、serde_yaml、rmp_serdeをそれぞれ利用する。

さまざまなフォーマットでのシリアライズとデシリアライズ

```
// リストを生成
let list = List::new().cons(1).cons(2).cons(3);

// JSONにシリアライズ
let js = serde_json::to_string(&list).unwrap();
println!("JSON: {} bytes", js.len());
println!("{js}");

// YAMLにシリアライズ
let yml = serde_yaml::to_string(&list).unwrap();
println!("YAML: {} bytes", yml.len());
println!("{yml}");

// MessagePackにシリアライズ
let msgpack = rmp_serde::to_vec(&list).unwrap();
println!("MessagePack: {} bytes", msgpack.len());
```

```
// JSON からデシリアライズ
let list = serde_json::from_str::<List<i32>>(&js).unwrap();
println!("{:?}", list);

// YAML からデシリアライズ
let list = serde_yaml::from_str::<List<i32>>(&js).unwrap();
println!("{:?}", list);

// MessagePack からデシリアライズ
let list = rmp_serde::from_slice::<List<i32>>(&msgpack).unwrap();
println!("{:?}", list);
```

2行目でリストを生成し、その後、上記ライブラリの関数を用いてシリアライズしている。注目してもらいたいのは、JSON と YAML の関数名は `to_string` で、MessagePack の関数名は `to_vec` となっていることである。これは、JSON と YAML は文字列フォーマットであるのに対して、MessagePack はバイナリフォーマットであるためである。その後、デシリアライズしているが、この際には `List<i32>`型を指定する必要がある。このコードを実行すると以下のように出力され、それぞれのフォーマットに変換されていることがわかる。

出力

```
JSON: 86 bytes
{"Node":{"data":3,"next":{"Node":{"data":2,"next":{"Node":
{"data":1,"next":"Nil"}}}}}}
YAML: 116 bytes
---
Node:
  data: 3
  next:
    Node:
      data: 2
      next:
        Node:
          data: 1
          next: Nil

MessagePack: 28 bytes
Node { data: 3, next: Node { data: 2, next: Node { data: 1, next: Nil } } }
Node { data: 3, next: Node { data: 2, next: Node { data: 1, next: Nil } } }
Node { data: 3, next: Node { data: 2, next: Node { data: 1, next: Nil } } }
Node { data: 3, next: Node { data: 2, next: Node { data: 1, next: Nil } } }
```

次に、ファイル入出力について説明しよう。Rust では、ファイル入出力は `std::fs::File` を利用し、ファイルパスの操作は `std::path::Path` を利用する。ファイルパスは OS ごとに微妙な差違があるが、これらを利用するとその違いを吸収できる。

次のコードは、シリアライズしたデータをファイルに書き出す例である。

ファイルへの書き出し

```
use std::{fs::File, io::prelude::*, path::Path};

// リストを生成し、YAML にシリアライズ
let list = List::new().cons(1).cons(2).cons(3);
let yml = serde_yaml::to_string(&list).unwrap();

// ファイルへの書き出し
let path = Path::new("test.yml");
let mut f = File::create(path).unwrap(); // 新規ファイルを生成
f.write_all(yml.as_bytes()).unwrap();
```


前半の説明は省略する。Path::new を用いてファイルパスを生成し、File::create を用いて新規ファイルを生成している。その後、生成されたファイルに対して、write_all を用いてデータを書き出している。このコードだと、test.yml というファイルに書き出される。なお、write_all は std::io::Write トレイトのメソッドであるため、std::io::Write をインポートする必要がある。実はこれは、std::io::prelude::*とインポートするとできる。このようにすると、BufRead、Read、Seek、Write の基本的なトレイトをインポートできる。

次のコードはファイルから読み出す例である。

ファイルからの読み出し

```
use std::{fs::File, io::prelude::*, path::Path};

// ファイルから YAML 読み出し
let path = Path::new("test.yml");
let mut f = File::open(path).unwrap(); // 既存のファイルをオープン
let mut yml = String::new();
f.read_to_string(&mut yml).unwrap();

// YAML からデシリアライズ
let list = serde_yaml::from_str::<List<i32>>(&yml).unwrap();
println!("{:?}", list);
```

ファイルパスの作成は同じだが、ファイルオープンには File::open を用いている。open は既存のファイルをオープンする関数で、ファイルが存在しない場合はエラーになる。その後、read_to_string でファイルからデータを文字列として読み出す。このとき、引数に、読み出す先の String 型の変数のポインタを渡す必要がある。read_to_string は、std::io::Read トレイトのメソッドであるため、std::io::prelude::*とインポートする。デシリアライズは、先に説明したとおりである。

4.4 トレイト制約

ジェネリクスやトレイトを用いる際、ある型引数がある性質を持つという制約を設けたい場合がある。**トレイト制約（trait bound）**を用いると、型引数が特定のトレイトを実装していることを要求で

きる。

たとえば、2乗する関数というジェネリック関数を定義したいとしよう。すると、この2乗する関数の引数の型には乗算が定義されてほしい。Rustでは、std::ops::Mulトレイトを実装している型に対しては、乗算演算子を利用できる。以下のように、2乗する関数の型引数Tは、std::ops::Mulトレイトを実装している型であると制約を記述することで実現できる。

2乗する関数の定義

```
use std::ops::Mul;

fn square<T>(x: T) -> T
where
    T: Mul<Output = T> + Copy,
{
    x * x
}
```

トレイト制約はwhereキーワード以降に記述し、T: Mul<Output = T> + Copyは、型引数Tがstd::ops::Mulトレイトと、Copyトレイトを実装していなければならない、という制約を表す。このように、複数のトレイト制約を記述するにはプラス演算子を用いる。Mul<Output = T>のOutput = Tは、「std::ops::Mulトレイトの関連型Outputの型はTである」という意味となる。

Copyトレイトを実装している型は、代入がメモリコピーで行われる。型を表現するために必要なデータサイズが大きい場合、コピーには実行速度とメモリ利用上のオーバーヘッドが生じる。よって、Copyトレイトは、コピーが軽量な型にのみ実装すべきである。

std::ops::Mulは以下のように定義される。関連型としてOutputがあるため、トレイト制約で指定する際にこれを指定する必要がある。

std::ops::Mulの定義

```
pub trait Mul<Rhs = Self> {
    type Output;
    fn mul(self, rhs: Rhs) -> Self::Output;
}
```

トレイト制約は、whereキーワードを用いず、ジェネリクスの型引数に直接指定することもできる。その方法が、以下のコードである。

2乗する関数の別の書き方

```
use std::ops::Mul;

fn square<T: Mul<Output = T> + Copy>(x: T) -> T {
    x * x
}
```

ここでは、型引数Tの後にコロンでトレイト制約を記述している。どちらの記述を用いてもよい。

次に、トレイト制約の例として、std::marker::Sync と std::marker::Send トレイトを示そう。これらのトレイトは、Rust で安全に並行プログラミングを実現するために用いられる。Sync は、複数のスレッドからアクセス可能なことを示し、Send は、複数のスレッド間でデータを受け渡し可能なことを示す。

3.5 節で説明したように、Rust には Arc と Rc という 2 種類のスマートポインタがあり、Arc は複数のスレッド間で共有可能で、Rc は単一のスレッド内でのみ共有可能である。つまり、もし Rc を複数のスレッドで誤って共有してしまうと、実行時にエラーが起きてしまい、プログラムが正しく動作しなくなって、脆弱性などの原因となる可能性もある。しかし Rust では、Sync トレイトと Send トレイトを用いて、誤ったスレッド間のデータ共有をコンパイル時に検出できる。これが、Rust が並行プログラミングを安全に記述できる理由の一つである。

まず、Arc を複数のスレッド間で共有するコードを以下に示す。このコードは完全に正しい。

Arc で複数のスレッド間で参照を受け渡しする例

```
use std::{sync::Arc, thread};

let n = Arc::new(10);
thread::spawn(move || {
    println!("{n}");
});
```

これと同じことを Rc で行うと、コンパイルエラーとなる。

Rc を複数のスレッド間で共有してコンパイルエラーとなる例

```
use std::{rc::Rc, thread};

let n = Rc::new(10);
thread::spawn(|| {
    println!("{n}");
});
```

これをコンパイルすると、以下のようなエラーが出力される。つまり、Rc は Sync トレイトを実装していないため、スレッド間で共有することができないといっている。

Rc を複数のスレッド間で共有した際のコンパイルエラー

```
error[E0277]: `Rc<i32>` cannot be shared between threads safely
   --> src/main.rs:6:5
    |
6   |     thread::spawn(|| {
    |     ^^^^^^^^^^^^^ `Rc<i32>` cannot be shared between threads safely
    |
    = help: the trait `Sync` is not implemented for `Rc<i32>`
    = note: required because of the requirements on the impl of `Send` for `&Rc<i32>`
    = note: required because it appears within the type
`[closure@src/main.rs:6:19: 8:6]`
note: required by a bound in `spawn`
```

```
    |
646 |     F: Send + 'static,
    |        ^^^^ required by this bound in `spawn`
For more information about this error, try `rustc --explain E0277`.
```

さらに、もう少しコンパイラに嫌がらせして、Rc を Arc で包んでスレッド間で共有してみよう。以下のコードでは、Arc はスレッド間で共有可能なため、それに包んで Rc を密輸しようとしている。しかし、やはり、このコードはコンパイルエラーとなる。

Arc で Rc を包みコンパイルエラーとなる例

```
use std::{rc::Rc, sync::Arc, thread};

let n = Arc::new(Rc::new(10));
thread::spawn(move || {
    println!("{n}");
});
```

さらに工夫して、Rc を Mutex で包んでみよう。しかし、これもコンパイルエラーとなる。

Mutex で Rc を包みコンパイルエラーとなる例

```
use std::{rc::Rc, sync::{Arc, Mutex}, thread};

let n = Arc::new(Mutex::new(Rc::new(10)));
thread::spawn(move || {
    let n = n.lock().unwrap();
    println!("{n}");
});
```

コンパイルエラーは先とほとんど同じなので省略する。これは非常に恣意的な例であったが、大きなソフトウェアを実装していると、うっかりスレッド間で共有してはいけないデータを共有してしまうことがある。しかし、Rust では、そのような安全でないコードはコンパイル時に検出できる。一般的に並行プログラミングを安全に実装するのは難しいと考えられているが、Rust を用いると安全でないコードはコンパイル時に検出できるため、比較的容易に安全な並行プログラミングを実装できる。

なお、並行プログラミングの基礎的なライブラリなどを実装しない限り、Sync と Send を自前で実装することは推奨されない。もし、これらを実装する場合は、自分が何をしているかを完全に理解してからにしてほしい。

4.5 動的ディスパッチ

これまで説明したトレイトのメソッド呼び出し先は、コンパイル時に決定される書き方だった。たとえば、Display トレイトを実装している型はいくつもあるが、それぞれのメソッド呼び出し先は、コンパイル時に決定される。これは、**静的ディスパッチ（static dispatch）**と呼ばれる。

Rust では、実行時に関数呼び出し先を決定する**動的ディスパッチ（dynamic dispatch）**を利用することもできる。静的ディスパッチでは、コンパイル時に呼び出し先が決定されるため実行時のオーバーヘッドがないが、動的ディスパッチでは若干のオーバーヘッドがある。一方、動的ディスパッチを用いると、抽象的な値としての操作が可能になるというメリットがある。このメリットについては次のページで説明する。

まずはじめに、簡単なトレイトの実装例を示し、その後に静的・動的ディスパッチの例を示す。次のコードは、Fooトレイトと、Bar構造体およびBuzz構造体を定義し、これらの構造体にFooトレイトを実装する例である。

Fooトレイトの実装例

```
trait Foo {
    fn foo(&self);
}

struct Bar;
impl Foo for Bar {
    fn foo(&self) {
        println!("Bar::foo");
    }
}

struct Buzz;
impl Foo for Buzz {
    fn foo(&self) {
        println!("Buzz::foo");
    }
}
```

Fooトレイトにはfooメソッドが定義されており、BarとBuzzに対する実装は文字列出力のみである。

次のコードは、これらを静的・動的ディスパッチで呼び出す例である。静的ディスパッチは、これまでも説明したように、ジェネリクスとトレイト制約で行う。一方、動的ディスパッチの場合は、参照にdynキーワードを付けて行う。

静的・動的ディスパッチで呼び出す例

```
// コンパイル時にTが決定される
fn call_foo_static<T: Foo>(arg: &T) {
    arg.foo();
}

// 実行時に呼び出し先が決定される
fn call_foo_dynamic(arg: &dyn Foo) {
    arg.foo();
}

let bar = Bar;
let buzz = Buzz;
```

```
// 静的ディスパッチ
call_foo_static(&bar);
call_foo_static(&buzz);

// 動的ディスパッチ
call_foo_dynamic(&bar);
call_foo_dynamic(&buzz);
```

call_foo_static が静的ディスパッチ、call_foo_dynamic が動的ディスパッチによる関数呼び出しを行う関数である。call_foo_dynamic の引数の型が&dyn Foo であることに注目してほしい。これは、つまり Foo トレイトを実装している型への参照を意味する。内部的には、これはファットポインタであり、1 つ目のポインタは値を参照し、2 つ目のポインタは関数テーブルへのポインタを参照する。

図 4.4 は、&dyn Foo の概念を表したものである。ここでは、先に示した Bar 型のポインタを例に用いている。&dyn Foo は、実際のデータへのポインタと、関数テーブルへのポインタを持つ。関数テーブルとは、トレイトの各メソッドを指すポインタの集合のことである。Foo トレイトは 1 つのメソッドしか持たないため、この図の関数テーブルのエントリ数も 1 つである。トレイトが 2 つ以上のメソッドを持つ場合は、関数テーブルのエントリ数もメソッド数に応じて増加する。関数テーブルの各エントリは、実際のメソッドを指すポインタである。動的ディスパッチを用いると、これらの情報を持つようにコンパイラがコードを生成し、実行時に、この関数テーブルを用いてトレイトのメソッドを呼び出す。

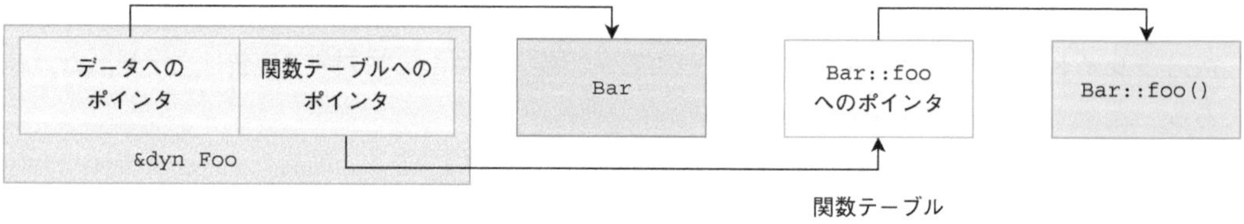

図 4.4　&dyn Foo の概念図

Rust で動的ディスパッチがよく利用される箇所は、エラーの返り値である。Rust では、std::error::Error トレイトというエラー用のトレイトが用意されており、独自で定義したエラー型にはこのトレイトを実装することが推奨される。

たとえば、次のような状況を考えてみよう。ある関数では、独自のエラー A とエラー B という型を返す 2 つの関数を呼び出す必要がある。これらの関数呼び出しで返ってきた値を、そのままエラーとして返したい。この場合、エラー A とエラー B はまったく異なる型なので静的ディスパッチは利用できないが、エラー A とエラー B が Error トレイトを実装していれば、動的ディスパッチが利用できる。

実際にコードで確認してみよう。Error トレイトの定義は以下のようになる。「...」は省略していることを意味する。

std::error::Error の定義

```
pub trait Error: Debug + Display {
    fn source(&self) -> Option<&(dyn Error + 'static)> { ... }
    fn backtrace(&self) -> Option<&Backtrace> { ... }
    fn description(&self) -> &str { ... }
    fn cause(&self) -> Option<&dyn Error> { ... }
}
```

注目してほしいのは、1 行目の Error: Debug + Display である。これはトレイト制約で、「Error トレイトを実装するためには、Debug トレイトと Display トレイトを実装する必要がある」ということを表している。Error トレイトにはいくつかのメソッドが定義されているが、これらのメソッドはデフォルト実装が定義されているため、自分で実装する必要はない。

Error トレイトを実装するための必要事項が明らかになったので、実際に、エラーを表す型を以下のように定義しよう。Debug、Display、Error トレイトを実装しているのみである。

エラー A とエラー B の定義

```
use std::{error::Error, fmt::Display}

/// エラー A を定義
#[derive(Debug)]
struct ErrorA;

impl Display for ErrorA {
    fn fmt(&self, f: &mut std::fmt::Formatter<'_>) -> std::fmt::Result {
        write!(f, "Error A")
    }
}

impl Error for ErrorA {} // Error を ErrorA に実装

/// エラー B を定義
#[derive(Debug)]
struct ErrorB;

impl Display for ErrorB {
    fn fmt(&self, f: &mut std::fmt::Formatter<'_>) -> std::fmt::Result {
        write!(f, "Error B")
    }
}

impl Error for ErrorB {} // Error を ErrorB に実装
```

次に、これらのエラーを返す関数を定義する。これらの関数は Result 型を返し、エラーの場合に Err で包んで先に定義したエラー型の値を返す。

エラーAとエラーBを返す関数

```
fn error_a() -> Result<(), ErrorA> {
    Err(ErrorA)
}

fn error_b() -> Result<(), ErrorB> {
    Err(ErrorB)
}
```

これら2つの関数を利用するために、返り値の型を Result<(), Box<dyn std::error::Error>>型とした関数を定義する。こうすることで、エラーAとエラーBのどちらも返すことができる。

動的ディスパッチを用いてエラーを返す例

```
fn error_ab() -> Result<(), Box<dyn std::error::Error>> {
    error_a()?;
    error_b()?;
    Ok(())
}
```

エラーの場合の型を Box としている理由は、返り値であるエラーのライフタイムが error_ab 関数内のみであるため、ライフタイムを永続的にする必要があるためである。また、?演算子を用いるだけで、Box 型に変換できていることにも注目してほしい。このように、動的ディスパッチを用いると複数のエラー型を統一的に扱え、記述も簡潔になる。

4.6 スーパートレイト

ある機能を実現するためには、ある別の機能が必要になる場合がある。**スーパートレイト（super trait）**は、そのような要求を記述するために利用される。以下のコードは、簡単なスーパートレイトの例である。この例では、House というトレイトを実装するためには、Location と Person というトレイトを実装しなければならないと規定している。

スーパートレイトを持つトレイトの定義例

```
trait Location {
    fn address(&self) -> &str;
}

trait Person {
    fn name(&self) -> &str;
}

trait House: Location + Person {}

fn print_house_info(house: &dyn House) {
    println!("所有者: {}", house.name());
```

```
    println!("住所: {}", house.address());
}
```

trait House: Location + PersonがHouseトレイトの定義で、LocationとPersonトレイトは、Houseトレイトのスーパートレイトである。print_house_info関数は、Houseトレイトへの参照を動的ディスパッチで取得している。Houseトレイトには必ずLocationとPersonトレイトが実装されていることがわかっているため、これらトレイトのnameとaddressメソッドを呼び出せる。

スーパートレイトを持つトレイトは、以下のように実装できる。この例では、MyHouse構造体にHouseトレイトを実装する。

スーパートレイトを持つトレイトの実装例

```
struct MyHouse {
    owner: String,
    address: String,
}

impl Location for MyHouse {
    fn address(&self) -> &str {
        &self.address
    }
}

impl Person for MyHouse {
    fn name(&self) -> &str {
        &self.owner
    }
}

impl House for MyHouse {}
```

このように、スーパートレイトを持つトレイトであっても、単純に必要なトレイトをそれぞれ実装するのみでよい。MyHouse構造体の利用例は以下のようになる。

スーパートレイトを持つトレイトの利用例

```
let my_house = MyHouse {
    owner: "かぐや姫".to_string(),
    address: "ムーンベース 3 丁目 1 番地".to_string(),
};

print_house_info(&my_house);
```

利用法は、通常の型とまったく同じである。

同値比較を実装するためのstd::cmp::Eqトレイトは、std::cmp::PartialEqトレイトをスーパートレイトとして持つ。PartialEqトレイトを実装している型の値は、x == yのような異なる値同士では我々が期待するとおりに同値比較ができるが、x == xのような、同じ値同士での比較は必ず true とはならない。一方、Eq トレイトを実装している型の値では、x == x が必ず true となる。たとえば、f32 や f64 の浮動小数点数は PartialEq のみを実装しており、不定値を表す NaN 同士を比較すると false となる。これは、println!("{}", f32::NAN == f32::NAN) とすると確認できる。

この例では、Eq トレイトの機能が実装されているならば、PartialEq トレイトの機能も実装されているはずであるということを表現している。つまりこれは、Eq ならば PartialEq である、というある種の関係を表す。

4.7 存在型

存在型（existential type）とは、型をより抽象的に表すための型である。Rust では、引数や返り値の型に、impl Trait のように、トレイトを用いて存在型を表現する。たとえば、fn foo() -> impl T {} と関数定義すると、「T というトレイトを実装した何らかの型が存在する」という意味となる。

impl Trait の例として、次のようなクロージャを返す関数を考えてみる。なお Fn は、関数型を表すトレイトであり、クロージャや関数はこのトレイトを自動的に実装する。

クロージャを返す関数

```
fn closure() -> impl Fn(i32) -> i32 {
    |x| x * x
}

let f = closure();
f(10);
```

closure 関数の返り値が、具体的な型ではなく impl Fn(i32) -> i32 という存在型となっている。これは、「返り値の型は、Fn トレイトを実装した何らかの型である」という意味となる。

実は、Rust ではクロージャの型はクロージャごとに異なる型となる。これは、以下のようにして確認できる。

クロージャの型を比較するコード

```
use std::any::{Any, TypeId};

let f = |x: i32| x * x;
let g = |x: i32| x * x;

/// 型情報を取得する関数
fn get_type_id<T: Any>(_: &T) -> TypeId {
    TypeId::of::<T>()
}

// 型情報を比較
println!("{}", get_type_id(&f) == get_type_id(&g)); // false となる
```

get_type_id は、ある変数の型情報を TypeId 型で返す。Any は、どのような型でも表現可能な特殊なトレイトであり、これを利用すると、動的型付け言語のようにプログラミングできる。もちろん、通常はこれを利用することは推奨されない。get_type_id で、まったく同じ 2 つのクロージャの型を取得して、イコールで比較しても false となる。

このように、Rust では、コンパイル時にクロージャにユニークな型を割り当てるため、型を明示的に指定することが難しい。存在型を利用すると、型をトレイトで抽象的に表現できるため、このような場合にも対応できる。他にも、存在型は返り値の型が非常に複雑になってしまう場合にも利用できる。

Rust では、存在型は静的ディスパッチであるため、複数の型の値を返すような関数を定義するとコンパイルエラーとなる。たとえば、以下のように、ErrorA と ErrorB のどちらかを返すようなコードはコンパイルエラーとなる。これは、コンパイル時に返り値の型が 1 つに確定していなければならないからである。

複数の型の値を返しコンパイルエラーとなる例

```
fn error_ab_impl(flag: bool) -> impl std::error::Error {
    if flag {
        ErrorA
    } else {
        ErrorB
    }
}
```

このように、複数の型の値を返す可能性がある場合は、動的ディスパッチを利用する。

Coffee Break　「今」とは何か？

「今」と言ったときには、その「今」はすでに過去のものとなっている。「今」とは、ある特定の時刻のことを指し、それは 1 つの点のように考えられる。しかし、私たちが「今」と言ったときには、その「今」は脳の中でまさに「今」だと感じたときだろう。口から出てきたタイミングや、他人に伝わったタイミングでは本当の今はわからない。「今すぐにやれ」と命令されたら、「その今はすでに過ぎ去っています」と返すほかはない。正確に命令するには、「今日中にやれ」と未来の時刻を指定する必要がある。このように、私たちは「今」を思うたびに、その「今」は常に過去のものとなってしまう。

ほとんどのプログラミング言語には、現在時刻を取得する関数が用意されている。Rust の場合、`std::time::SystemTime::now` という関数で現在時刻を取得することができる。`now` を呼び出すと、関数呼び出しやメモリコピーなど、いくつかの操作を経てから現在時刻を得ることができる。関数呼び出しやメモリコピーなどは、現在時刻取得における本質的な操作ではないので、本来ならこれらの呼び出し時間を完全になくして時刻を取得できるのが理想だ。しかし、実際にはこれらのオーバーヘッドがあるため、現在時刻は常に `now` を呼び出したそのときよりも未来を示す。つまり、コンピュータが「今」を思うと、それは常に未来の時刻を指すのだ。

実は、このオーバーヘッドは結構なくせ者である。私たちは、私たちの感覚で常識的な「今」を知りたいのに、コンピュータは平気な顔をして、未来の「今」の時刻を伝えてくる。しかし、実際には、いくつかのオーバーヘッドがあるので、私たちは「過去の今」を考えているのに、コンピュータは「未来の今」を考えてしまう。

真に私たちの考える「今」を返してくれるようなコンピュータは、リアルタイムシステムなどと呼ばれる。しかし結局、このコンピュータもリアルではなく、せいぜいナノ秒スケールの精度で正確なだけだ（それでも十分凄いが）。こうやって突き詰めていくと、今度は「リアル」、あるいは「リアルタイム」とはいったい何なのかという疑問が湧き上がってくる。厳密に思考していくのはおもしろい。

第5章 モジュール・ドキュメント・テスト

この章の概要

本章では、**モジュール（module）**、**ドキュメント（document）**、**テスト（test）**について解説する。モジュールとは、ソフトウェアを機能ごとに分割して扱いやすくするためのしくみである。ドキュメントは、その名のとおり、自然言語でソフトウェアを説明するものであるが、Rust では、ドキュメントとモジュールは密接に関係している。テストは、実装したソフトウェアが仕様どおりとなっているかをチェックするためのしくみであり、Rust では、このテストもモジュールの機能を利用して行うことができる。

多くのプログラミング言語では、モジュールと同等なしくみは備えているが、ドキュメントとテストは外部のソフトウェアに依存していることがほとんどである。一方、Rust では、ドキュメントとテストもエコシステムの一部となっている。そのため、他のプログラミング言語では得がたい、洗練された開発体験を得ることができる。

5.1 クレートとパッケージ

クレート（crate）は Rust の独自用語で、`main.rs`（あるいは `lib.rs`）というソースコードファイルと、その依存ファイルのことを指す。`main.rs` はバイナリクレートの、`lib.rs` はライブラリクレートの**クレートルート（crate root）**と呼ばれる特殊なファイルで、このファイルを頂点として、その下に複数の依存ファイル（モジュール）が木構造でぶら下がっている（図 5.1 左）。

クレートには、バイナリクレートとライブラリクレートの 2 種類がある。バイナリクレートは、それ単体で実行可能なプログラムを作成できるクレートである。`Hello, world!` と出力するようなプログラムは、バイナリクレートである。ライブラリクレートとは、他のバイナリクレートやライブラリクレートから利用可能なクレートで、それ単体では実行できない。

パッケージ（package）とは、クレートと、ライセンスや著者情報などの付属情報、サンプルコードを含めたもののことを指す。しかし、Rust では、パッケージとクレートはほとんど同じ意味で利用されることが多い。また、ライブラリクレートは、略してライブラリとも呼ばれる。たとえば、serde パッケージ、serde ライブラリ、serde クレートなどさまざまな呼ばれ方がされている。呼び方に

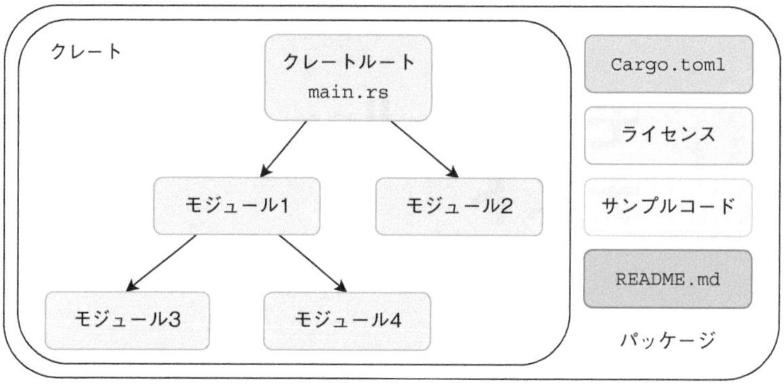

図 5.1　クレートとパッケージの概念図

ついては、それほど神経質になる必要はないだろう。図 5.1 は、クレートとパッケージの概念とその関係を表している。この図のように、パッケージはクレートと、付属するファイルから構成される。

クレートでは、たとえば、正規表現エンジンのクレート、デバッガのクレートなどのように、ある 1 つの機能を実現するのだが、モジュールは、クレート内でさらに細かく機能を分割するためのしくみである。モジュールは Rust やソフトウェア分野のみならず、工学全般で用いられる用語であり、設計上の機能単位を意味する。たとえば、自動車の場合であれば、タイヤ、ブレーキ、エアコン、ハンドル、エンジンなどのモジュールがある。

Tips

ソフトウェアの分野では、**構造化プログラミング（structured programming）**と呼ばれる手法が、エドガー・ダイクストラが 1968 年に発表した論文『Go To Statement Considered Harmful（Go To 文は有害と考えられる）』によって広く認知された。構造化プログラミングは、関数ごとに機能を分割することで、ソフトウェアの見通しや保守性を向上させる。Go To 文とは任意のプログラム位置に処理をジャンプ可能な文で、アセンブリや C には存在するが、Rust には存在しない制御文である。『Go To Statement Considered Harmful』は非常に有名な論文であり、今でも、『XXX Considered Harmful』と改変して用いられることがある[10)]。扇情的なタイトルなので心に残るのだろう。

5.2 モジュール

本節では、モジュールの定義方法と、モジュールを利用する際に用いる use キーワードについて解説し、**可視性（visibility）**についても説明する。可視性とは、要するにアクセス制御のことであり、誰がどのモジュール、関数、型などを利用できるかを制御するためのしくみである。

5.2.1 モジュールの定義

まずはじめに、mod キーワードを用いてモジュールを定義する方法を示そう。mod キーワードを用いると、1 つのファイル内で完結してモジュールを定義できる。ファイル単位で分割するモジュールの定義方法は、この次に説明する。

図 5.2 に、単純なモジュール構成の例を示す。ここでは、モジュール a と b があり、その下に、a_1、a_2、b_1、b_2 というモジュールが定義される。また、各モジュール内には構造体が定義されているが、これらは可視性の 5.2.2 項で説明するため、ここでは無視してほしい。

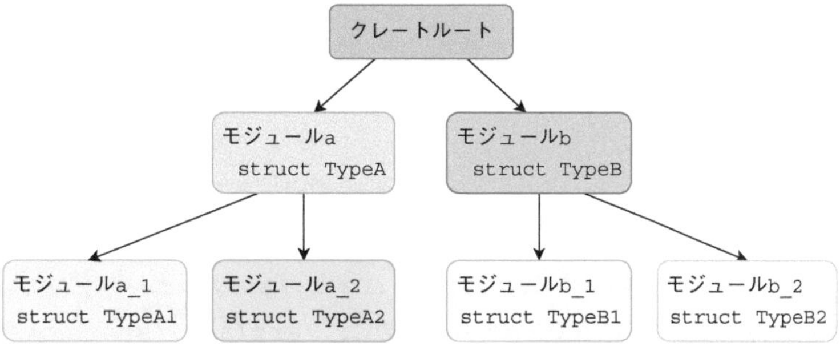

図 5.2 単純なモジュール構成の例

図 5.2 のモジュールは、クレートルートを main.rs とすると、mod キーワードを用いて以下のように定義できる。

モジュールの定義例 その 1：main.rs

```
mod a {
    struct TypeA;
    mod a_1 {
        struct TypeA1;
    }
    mod a_2 {
        struct TypeA2;
    }
}

mod b {
    struct TypeB;
    mod b_1 {
        struct TypeB1;
    }
    mod b_2 {
        struct TypeB2;
    }
}

fn main() {}
```

表 5.1　モジュールの定義例 その 2 のファイル一覧

ファイル	説明
./Cargo.toml	Cargo 用のファイル
./src/main.rs	main 関数用のファイル
./src/a.rs	モジュール a 用のファイル
./src/a/a_1.rs	モジュール a_1 用のファイル
./src/a/a_2.rs	モジュール a_2 用のファイル
./src/b.rs	モジュール b 用のファイル
./src/b/b_1.rs	モジュール b_1 用のファイル
./src/b/b_2.rs	モジュール b_2 用のファイル

mod a で、a という名前のモジュールを定義し、続く波括弧内で、そのモジュールの内部実装を定義している。mod は入れ子にすることができ、mod a の下に、mod a_1、mod a_2 と定義している。モジュール b についても同様である。

続いて、モジュールをファイルに分けて定義する方法を説明する。先のモジュールの例をファイルで定義すると、表 5.1 に示すファイルとディレクトリが必要になる。

まず、a と b というモジュールのために、./src/a.rs と ./src/b.rs のファイルが必要となる。また、モジュール a と b 中で定義されるモジュールのために、./src/a と ./src/b というディレクトリが必要で、これらディレクトリ内に、./src/a/a_1.rs、./src/a/a_2.rs、./src/b/b_1.rs、./src/b/b_2.rs のファイルが必要となる。

各ファイルの定義は以下のようになる。./src/main.rs には、mod a と mod b と、モジュールを定義する。

モジュールの定義例 その 2：./src/main.rs

```
mod a;
mod b;

fn main() {}
```

./src/main.rs に、mod a; と mod b; が定義されたら、./src/a.rs と ./src/b.rs が、その箇所に展開される。これらファイルの定義は以下のようになる。

モジュールの定義例 その 2：./src/a.rs

```
mod a_1;
mod a_2;

struct TypeA;
```

モジュールの定義例 その 2：./src/b.rs

```
mod b_1;
mod b_2;

struct TypeB;
```

./src/a.rs と ./src/b.rs 内でさらにモジュールを定義している。そのため、./src/a と ./src/b というディレクトリ内に、対応するファイルが必要になる。同様に、mod で定義された位置に、対象のファイルが展開される。具体的に必要なファイルは以下である。

モジュールの定義例 その 2：./src/a/a_1.rs

```
struct TypeA1;
```

モジュールの定義例 その 2：./src/a/a_2.rs

```
struct TypeA2;
```

モジュールの定義例 その 2：./src/b/b_1.rs

```
struct TypeB1;
```

モジュールの定義例 その 2：./src/b/b_2.rs

```
struct TypeB2;
```


このようにすると、モジュールがファイルで分割できる。ファイルで分割することで、ソースコードの見通しがよくなり、管理が容易になる。

さらに、定義例その 3 のモジュールをファイルで分割する別の方法を説明する。この方法では、先の ./src/a.rs と ./src/b.rs のファイルを、./src/a/mod.rs と ./src/b/mod.rs というファイルにする。つまり、表 5.2 のようなファイル構成となる。異なっているのは、ファイル名と位置のみで、中身は同じである。もともとはこの方法が用いられていたのだが、こうすると、mod.rs というファイルが大量に作成されるため、最近では、mod.rs を作成しない方法が好まれる。

表 5.2　モジュールの定義例 その 3 のファイル一覧

ファイル	説明
./Cargo.toml	Cargo 用のファイル
./src/main.rs	main 関数用のファイル
./src/a/mod.rs	モジュール a 用のファイル
./src/a/a_1.rs	モジュール a_1 用のファイル
./src/a/a_2.rs	モジュール a_2 用のファイル
./src/b/mod.rs	モジュール b 用のファイル
./src/b/b_1.rs	モジュール b_1 用のファイル
./src/b/b_2.rs	モジュール b_2 用のファイル

5.2.2 可視性

本項では、可視性について説明する。一般的に、可視性を表現するためには、**プライベート（private）**と**パブリック（public）**という 2 つの用語が用いられる。プライベートはその名のとおり、ある種のアクセス制限がされたものである。たとえば、モジュール a に定義されているプライベートな構造体 TypeA は、モジュール a の外部からアクセスできない。パブリックはその逆で、モジュール a の外部からもアクセスできる。

Rust では、可視性を指定せずにモジュール、構造体、列挙型、関数、トレイトなどを定義すると、デフォルトではプライベートとなる。モジュールなどをパブリックに定義するには、pub キーワードを用いる。たとえば、pub mod、pub struct、pub enum、pub fn、pub trait などと定義できる。

説明のために、モジュール、構造体、列挙型、関数、トレイトなどを、要素と呼ぶことにする。すると、モジュールと要素は親子関係をなす。たとえば、モジュール a の下に定義される、モジュール a_1 や構造体 TypeA はモジュール a の子要素となる。可視性は、この親子関係で決定される。可視性の基本ルールを以下に示す。

(1) 親モジュールは、自身の子要素が見える。
(2) 親モジュールは、子モジュール内のパブリックな要素（孫要素）が見える。
(3) 親モジュールは、(2) または (3) で得られた要素のパブリックな子要素（孫以降の子孫）が見える。
(4) 子要素は、自身の属するモジュールが見える要素が見える。

(1)、(2)、(4) は問題ないだろう。問題は (3) だが、これは (3) が (3) を呼び出す再帰構造になっている。次のコードを例に用いて、可視性の基本ルールを説明しよう。

可視性の例：main.rs

```
mod a {
    struct TypeA {
        // a1: a_1::TypeA1, // エラー。子のプライベートな要素は見えない
        a2: Box<a_2::TypeA2>, // 子のパブリックな要素は見える
    }

    mod a_1 {
        struct TypeA1 {
            // 親が見えるものは見える
            a: Box<super::TypeA>,
            a2: Box<super::a_2::TypeA2>,
        }
    }
    mod a_2 {
        pub struct TypeA2 {
            // 親が見えるものは見える
            a: Box<super::TypeA>,
            // a1: super::a_1::TypeA1, // エラー。親の見えないものは見えない
        }
    }
}

mod b {
    pub struct TypeB;
    mod b_1 {
        pub struct TypeB1;
    }
```

```
    pub mod b_2 {
        pub struct TypeB2;
    }
}

fn main() {
    // let a = a::TypeA; // エラー。子のプライベートな要素は見えない
    let b = b::TypeB; // 子のパブリックな要素は見える

    // let b1 = b::b_1::TypeB1; // 子のプライベートなモジュール b_1 は見えない
    let b2 = b::b_2::TypeB2; // パブリックな孫 b_2 のパブリックな要素 TypeB2 は見える
}
```

図 5.3 は、このコードの親子関係を図で表したものとなる。クレートルートを始祖として、その子要素にモジュール a と b が存在する。

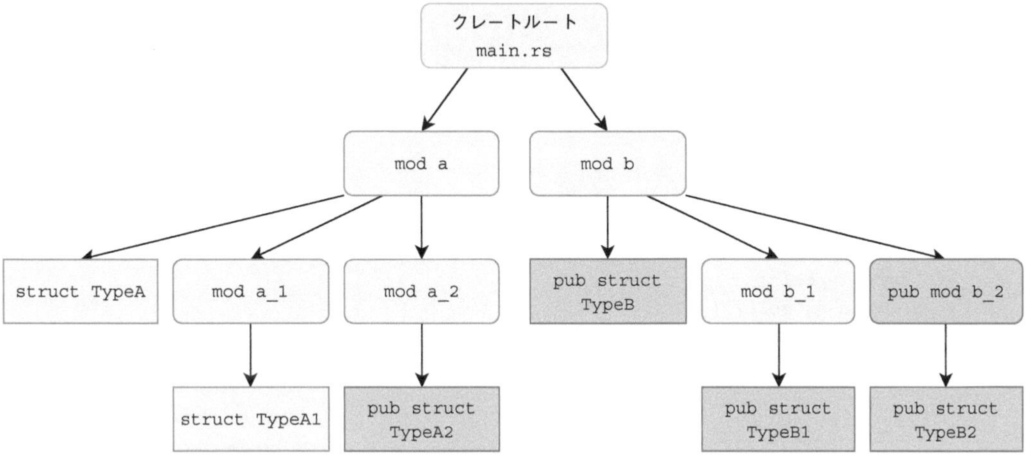

図 5.3　可視性の例の概念図

まず、親モジュールをクレートルート、子モジュールをモジュール a と b としたときに、親モジュールからは何を見えるかを考えてみよう。基本ルール (1) から、クレートルートは、モジュール a と b が見える。基本ルール (2) から、クレートルートは、パブリックな孫要素であるモジュール b 内の構造体 TypeB とモジュール b_2 が見える。これより、モジュール b 内の構造体 TypeB やモジュール b_2 を、b::TypeB と b::b_2 と表記しよう。基本ルール (3) から、(2) で得られた b::b_2 のパブリックな子要素である、b::b_2::TypeB2 が見える。よって、クレートルートは a、b、b::TypeB、b::b_2、b::b_2::TypeB2 が見える。

注目したいのは、pub キーワードで指定されている a::a_2::TypeA2 と、b::b_1::TypeB1 がクレートルートから見えないことである。pub でパブリックと指定された要素は、その要素の属するモジュールの親モジュール（この場合モジュール a または b）に公開されるが、その親モジュールがプライベートな場合、それより祖先のモジュールには公開されない。

次に、a::TypeA、a::a_1::TypeA1、a::a_2::TypeA2 の定義を見てみよう。

a::TypeA には、a_2::TypeA2 型のフィールドが定義されている。a_2::TypeA2 はパブリックであるため、a::TypeA の属するモジュール a からは見える。しかし、a_1::TypeA1 は a に公開されていないため利用できない。

a::a_1::TypeA1 には、super::TypeA と super::a_2::TypeA2 型のフィールドが定義されている。この super は、自身の属するモジュールの親モジュールを意味する。つまり、a::TypeA と a::a_2::TypeA2 を意味し、これらは親モジュール a から見えるため利用可能である。

同様に、a::a_2::TypeA2 は、super::TypeA は見える。しかし、super::a_1::TypeA1 はプライベートなため見えない。姉妹間では、プライベートな要素は見えないのだ。

次に、構造体のフィールドとメソッドの可視性の説明をしよう。結論からいうと、これらは同じモジュール内の関数や型からなら、プライベートでもアクセスできる。たとえば、以下のようなコードを考えてみよう。

フィールドとメソッドの可視性の例

```
mod b {
    pub struct TypeB;
    mod b_1 {
        pub struct TypeB1 {
            pub n: usize,
            m: usize,
        }

        impl TypeB1 {
            fn g(&self) {}
            pub fn h(&self) {}
        }

        fn f1(p: &super::b_1::TypeB1) {
            println!("{}", p.n);
            println!("{}", p.m);
            p.g();
            p.h();
        }
    }
    pub mod b_2 {
        pub struct TypeB2;

        fn f2(p: &super::b_1::TypeB1) {
            println!("{}", p.n);
            // println!("{}", p.m); // エラー。m はプライベート
            // p.g(); // エラー。g はプライベート
            p.h();
        }
    }
}
```

b::b_1::TypeB1 には、pub n と m の 2 つのフィールドが定義されている。この n と m は、親子関係で考えると TypeB1 の下に置きたくなるが、そうではなく、モジュール b_1 の下に置いて考える。また、TypeB1 のメソッドである g と pub h も、同様に b_1 の下に置く。図 5.4 は、これを表したものである。

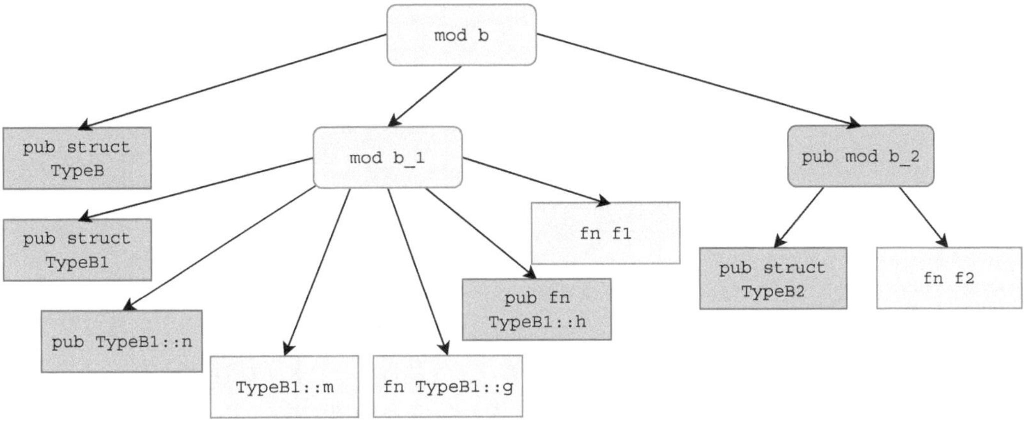

図 5.4　フィールドとメソッドの可視性の例の概念図

基本ルールとこの図からわかるように、b_1::TypeB1::f1 からは、b_1::TypeB1 のフィールドとメソッドのすべてが見える。一方、b_2::f2 からは、b_1::TypeB1 のパブリックなフィールド n とメソッド h しか見えない。

pub キーワードでは、祖先のどこまでに公開するかを明示的に指定することができる。たとえば、pub(super) とすると、自身の属するモジュールの親モジュールまでが公開範囲となる。この場合、基本ルールは適用されない。super の他に、pub(crate)、pub(in path)、pub(self) と書くこともできる。pub(crate) はクレート内でのみ利用可能な型やモジュールを定義するのに便利で、ライブラリクレートではよく利用される。pub(in path) の path には、公開する祖先のモジュールを明示的に指定する。path は必ず自分の祖先でなければならない。self は自身の属するモジュールを表すパスで、pub(self) はプライベート（pub を省略した場合）と同義である。

次のコードは、公開範囲をモジュールのパスで指定する方法の例である。

パスを指定した可視性の例

```
mod c {
    mod c_1_outer {
        pub mod c_1_inner {
            pub(crate) struct TypeC1; // 同じクレート内からのみ見える
            pub(super) struct TypeC2; // 親モジュールからのみ見える
            pub(in crate::c::c_1_outer) struct TypeC3; // 親モジュールからのみ見える
            pub(self) struct TypeC4; // プライベートと同義
        }
```

```
        fn f() {
            let p1 = c_1_inner::TypeC1;
            let p2 = c_1_inner::TypeC2;
            let p3 = c_1_inner::TypeC3;
            // let p4 = c_1_inner::TypeC4; // エラー。プライベートなので見えない
        }
    }

    fn g() {
        let p1 = c_1_outer::c_1_inner::TypeC1;
        // let p2 = c_1_outer::c_1_inner::TypeC2; // エラー
        // let p3 = c_1_outer::c_1_inner::TypeC3; // エラー
        // let p4 = c_1_outer::c_1_inner::TypeC4; // エラー
    }
}
```

c::c_1_outer::c_1_inner内にさまざまなパスで可視性を指定している。TypeC1はクレートルートまで、TypeC2とTypeC3は親モジュールまでが公開範囲となる。crate::c::c_1_outerのように、先頭にcrateが付くパスはクレートルートを始祖として表す絶対パスとなる。先頭がcrate以外のパスは相対パスとなる。TypeC4はプライベートな型である。

すると、c_1_innerの親モジュールであるc_1_outerからは、TypeC1、TypeC2、TypeC3が見えるが、TypeC4は見えない。また、モジュールcからは、TypeC1のみが見える。

複雑だが、ひとまずpub(crate)を覚えて、他は必要になった際に見直す程度でよいだろう。

5.2.3　useキーワード

useキーワードは、他のモジュール内で定義された関数や型などをインポートするためと、**再エクスポート（re-export）**するために用いられる。useでは、モジュールのみではなく、他のクレート内のモジュールも指定できる。たとえば、標準ライブラリにあるBTreeMapとBTreeSetをインポートするには、以下のように指定する。

インポートの例 その1

```
use std::collections::BTreeMap;
use std::collections::BTreeSet;
```

または、以下のようにも書ける。

インポートの例 その2

```
use std::collections::{BTreeMap, BTreeSet};
```

これらをインポートしないと、std::collections::BTreeSet::new()などと、絶対パスで利用する必要があるが、インポートするとBTreeSet::new()と書けるようになる。また、use std::collections;とインポートすると、collections::BTreeSetと書ける。

再エクスポートとは、他のモジュールで定義された関数や型を、あたかも自分のモジュール内で定

義されたものとして公開することをいう。Rust では、再エクスポートは pub use を用いる。以下のコードでは、d::TypeD を、モジュール e が再エクスポートしている。

再エクスポートの例

```
mod d {
    pub struct TypeD;
}

mod e {
    pub use crate::d::TypeD;
}

fn main() {
    let e = e::TypeD; // 再エクスポートされた型を利用
}
```

再エクスポートされたため、e::TypeD と書ける。再エクスポートは強力すぎるので、むやみに使うべきではない。再エクスポートの利用例としては、nix クレートがある。nix クレートは Unix 系 OS のライブラリを Rust で使うためのライブラリだが、実態は libc というライブラリをラップしたものである。しかし、生の libc を使いたい場合もあるため、nix クレートでは libc クレートを再エクスポートしている。

5.3 ドキュメント

Cargo は、Rust 標準のパッケージ管理ソフトウェアである。Cargo を用いると、Rust プロジェクトの作成やコンパイルを行うことができる。これらに加えて、Cargo を用いて、ソースコード中に書かれたコメントを元にドキュメントを生成できる。このようなコメントのことは、一般的に**ドキュメンテーションコメント（documentation comment）**と呼ばれる。

Rust ではドキュメンテーションコメント中に、**マークダウン（Markdown）**を用いることができる。マークダウンとは、**マークアップ言語（markup language）**の 1 つで、書式などをテキストで表現するための記法である。本節では、ドキュメンテーションコメントとマークダウンについて簡単に解説する。

Tips

マークアップ言語には、マークダウンをはじめ、HTML、TeX、XML などがある。HTML は Web ブラウザで文章を表示するために生まれた言語で、1989 年頃に CERN の研究者であったティム・バーナーズ=リーによって提案・開発された。彼は Web の考案者の一人でもあり、我々が普段利用している Web は、もともとは彼らの考案が元になっている。同時期には組版用の TeX がドナルド・クヌースによって開発されており、本書『ゼロから学ぶ Rust』は TeX を用いて執筆している。

ドキュメンテーションコメントを生成するには、cargo doc コマンドを使う。このコマンドを実行すると、./target/doc 以下にドキュメントが生成される。その中の./target/doc/{パッケージ名}/index.html を Web ブラウザで開くと、ドキュメントを閲覧できる。index.html は、HTML 形式のファイルである。

5.3.1　マークダウン

本項では、マークダウンについて簡単に説明する。表 5.3 に、マークダウンの記法を示す。マークダウン記法には、これ以外にも表や画像埋め込みに関するものなどがあるが、それらは省略しているので、興味ある読者は各自で Web で調べてほしい。

表 5.3　マークダウンの記法

記号	説明	利用例
#	第一見出し	# 見出し文字
##	第二見出し	## 見出し文字
###	第三見出し	### 見出し文字
-	箇条書き	- アイテム
*	箇条書き	* アイテム
1.	番号付きリスト	1. アイテム
[表示する文字列](URL)	リンク	[KSPUB](https://www.kspub.co.jp/)
`コード`	コード	`println!("")`
>	引用文字列	> 引用文字列

マークダウン記法を試すために、まず、以下のようにして実験用ライブラリを作成する。--lib がライブラリクレートを作成するためのオプションとなる。

マークダウンの実験用ライブラリ作成

```
$ cargo new markdown --lib
```

ライブラリクレートが作成されると、./src/lib.rs というファイルが生成される。本項では、このファイルを編集していく。以下は./src/lib.rs に、マークダウンを用いてドキュメンテーションコメントを記載した例である。本来のマークダウンには行頭の//!は必要ないが、Rust のコード中に埋め込むためには必須である。

マークダウンの例

```
//! # 第一見出し
//!
//! テキストを書く。
//!
//! ## 第二見出し
//!
//! ### 第三見出し
//!
//! - 箇条書き 1
```

```
//! - 箇条書き 2
//!
//! 1. 番号付きリスト 1
//! 2. 番号付きリスト 2
//!
//! > 引用
//! > 文字列
//!
//! [KSPUB](https://www.kspub.co.jp/)
//!
//! `println!("Hello, world!");`
//!
//! ```
//! println!("Hello, world!");
//! ```
```


これを cargo doc でドキュメントとして生成したのが、図 5.5 である。この図のように、ソースコード中にマークダウン記法を用いてコメントを書くと、綺麗なドキュメントとして表示できる。実は、このドキュメントは、https://docs.rs/ 以下にあるドキュメントと同じである。たとえば、https://docs.rs/rand/latest/rand/ には、乱数生成を行うための rand ライブラリのド

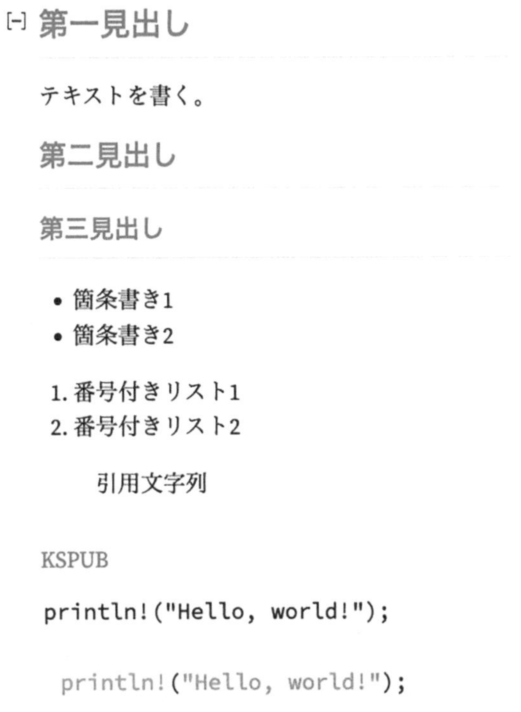

図 5.5　生成されたドキュメント

キュメントがある。

5.3.2 クレートやモジュールのドキュメント

先の例で見たように、クレートやモジュールのドキュメンテーションコメントは、コメント行の行頭を//!とする。これらは、先ほどのようにファイルの先頭に書く。

また、モジュールをインラインで定義する場合は、モジュールの先頭に書く。たとえば、以下のように書ける。

モジュールのドキュメント例

```
mod my_module {
    //! これはモジュールのドキュメントです。
    //!
    //! # 利用例
}
```

main.rs と lib.rs がクレートのドキュメントのトップとなる。そのため、これらのファイルには、このクレートが何のクレートかや、最も基本的な利用例を書いておくとよいだろう。モジュールのコメントには、何のためのモジュールなのかを書く。特に重要なパブリックな型や関数についての利用例を書くとよいだろう。

利用例は英語だと Examples と書かれる。つまり、第一見出しに Examples とし、その下に続けてコードを書くのが一般的である。世界に自分のライブラリを公開する際は、日本語ではなく、英語で書く必要がある。本書では例のためコメントはすべて日本語で書いているが、英語ドキュメントにも挑戦してみてほしい。

5.3.3 型や関数などのドキュメント

型や関数に対するドキュメントは、コメント行の行頭を///とし、型や関数の直上に書く。たとえば、以下のようになる。

型や関数のドキュメント例

```
/// my_func は私独自の関数です。
///
/// # 利用例
///
/// ```
/// use markdown::my_func;
/// let n = my_func().unwrap();
/// ```
pub fn my_func() -> Option<u32> {
    Some(100)
}
```

よくある項目は、利用例（Examples）、エラー（Errors）、パニック（Panics）などである。エラーには、どのようなエラーが返ってくるかを、パニックには、どのような場合にパニックになるかを書く。Unixの伝統的なドキュメントには、返り値（Return values）や、バグ（Bugs）などの項目があり、これらを記述してもよいだろう。

5.4 テスト

本節ではテストについて説明する。ここでいうテストとは、ソフトウェアテストのことであり、ソフトウェアテストとは実装したソフトウェアが仕様どおりとなっているかを検証することを指す。なぜこのようなことを行うかというと、ソフトウェアにはバグがつきもので、Rustの先進的な型システムでも防げないようなバグは多く存在するからである。

ソフトウェアバグの根絶は情報科学分野の一大目標であるが、それはまだ達成されておらず、現状では達成される見込みもない。そのため、我々は、実装したソフトウェアの正しさを証明するためにテストを行う。本節で述べるようなテスト手法は完璧とはいいがたいが、まったくテストをしないよりは何十倍もよい。テストコードを書いておくことで、内部ロジックの変更やAPIの変更に対しても堅牢な実装となる。

5.4.1 ドキュメントテスト

ドキュメントテスト（document test）とは、ドキュメンテーションコメント中に書かれたソースコードをテストすることである。ドキュメンテーションコメント中の、```で囲まれたコードがテスト対象となる。なお、先に、以下のようなコードを記載したが、ドキュメンテーションコメント中のテストコードは、このライブラリ利用者の視点から見たコードとする必要がある。

ドキュメントテストの例

````
/// ```
/// use markdown::my_func;
/// let n = my_func().unwrap();
/// ```
pub fn my_func() -> Option<u32> {
    Some(100)
}
````

つまり、ライブラリ利用者は`use markdown::my_func;`としてから`my_func`を呼び出すため、ドキュメンテーションコメント中のコードもそのように書く。`use markdown::my_func;`を記載しないとテストに失敗する。

テストを実行するためには、`cargo test`コマンドを利用する。先のマークダウンの実験用ライブラリをテストすると、以下のようになる。

テストの実行例

```
$ cargo test
Finished test [unoptimized + debuginfo] target(s) in 0.01s
 Running unittests (target/debug/deps/markdown-99ca9ca8daebcfb1)
```

```
running 0 tests

test result: ok. 0 passed; 0 failed; 0 ignored; 0 measured; 0 filtered out;
finished in 0.00s

Doc-tests markdown

running 2 tests
test src/lib.rs - (line 22) ... ok
test src/lib.rs - my_func (line 37) ... ok

test result: ok. 2 passed; 0 failed; 0 ignored; 0 measured; 0 filtered out;
finished in 0.63s
```

この例では、すべてのテストに成功している。ちなみに、ドキュメンテーションコメント中のuse markdown::my_func;を削除すると、以下のようにテストが失敗する。

テストに失敗する例

```
$cargo test
    Finished test [unoptimized + debuginfo] target(s) in 0.00s
     Running unittests (target/debug/deps/markdown-99ca9ca8daebcfb1)

running 0 tests

test result: ok. 0 passed; 0 failed; 0 ignored; 0 measured; 0 filtered out;
finished in 0.00s

   Doc-tests markdown

running 2 tests
test src/lib.rs - my_func (line 37) ... FAILED
test src/lib.rs - (line 22) ... ok

failures:

---- src/lib.rs - my_func (line 37) stdout ----
error[E0425]: cannot find function `my_func` in this scope
 --> src/lib.rs:38:9
  |
3 | let n = my_func().unwrap();
  |         ^^^^^^^ not found in this scope
  |
help: consider importing this function
  |
2 | use markdown::my_func;
  |

error: aborting due to previous error

For more information about this error, try `rustc --explain E0425`.
Couldn't compile the test.
```

```
failures:
    src/lib.rs - my_func (line 37)

test result: FAILED. 1 passed; 1 failed; 0 ignored; 0 measured; 0 filtered out;
finished in 0.15s

error: test failed, to rerun pass '--doc'
```

src/lib.rs の my_func のドキュメントテストに失敗していることがわかる。

5.4.2 単体テスト

単体テスト（unit test）とは、アプリケーションを構成するコンポーネントをテストすることである。たとえば、関数やメソッドが仕様どおりに実装されているかをテストする。Rust で単体テストを行うためには、テスト用のモジュールを作成し、その中にテストコードを記述する。たとえば、先に示した my_func のテストコードは、main.rs に以下のように記述する。

my_func の単体テスト

```
#[cfg(test)]
mod test {
    use super::*;

    #[test]
    fn test_my_func() {
        assert_eq!(my_func(), Some(100));
    }
}
```

#[cfg(test)] は、テスト時のみにコンパイルされるようにするためのマクロである。テストには、モジュール内に test モジュールを作成し、その中にテスト用の関数を記述する。テスト用の関数には、#[test] とマクロで指定する必要がある。つまり、#[test] と指定した関数のみ、cargo test を実行すると呼び出される。#[test] を指定しない関数も定義することができ、それらは、他のテスト用関数から呼び出すことができる。

テストには、大きく分けて**正常系テスト（positive test）**と**異常系テスト（negative test）**の 2 種類がある。正常系テストでは、「正しい入力を与えた場合に、正しく動作する」ことをテストし、異常系テストでは、「誤った入力を与えた際に、正しくエラーを返す」ことをテストする。上記の例では、assert_eq!を用いて、正常に動作するかをテストしている。もし、2 つの値が異なった場合は、パニックするためテストに失敗する。このように、正常系テストでは、assert を利用して失敗した場合にパニックさせる。

異常系テストでは、誤った入力を与えたときにパニックが必ず起きるかを検査する。たとえば、引数 n の 1 つ前の値を返す pred という関数を定義し、引数に 0 を与えたときに、正しくエラーを返すかどうかをテストしてみよう。このテストは以下のように行える。

異常系テスト

```
/// n の 1 つ前の値を返す。
/// n が 0 の場合は None を返す。
pub fn pred(n: u32) -> Option<u32> {
    if n == 0 {
        None
    } else {
        Some(n - 1)
    }
}

#[cfg(test)]
mod test {
    use super::*;

    #[test]
    #[should_panic] // パニックすべき
    fn test_pred() {
        pred(0).unwrap();
    }
}
```

テスト関数がパニックすべきことは、#[should_panic] というマクロで指定する。パニックすべきテスト関数がパニックしない場合は、テストに失敗する。このように、テストモジュールを用意することで、プライベートな関数でも容易にテストすることができる。実装を進めると同時に、テストコードも並行して追加していくのがよい。そうすることで、バグが少なく、仕様修正に強いソフトウェアができあがる。

5.4.3　結合テスト

現代のソフトウェアは、関数や型などのいくつもの小さな部品を実装し、それらを組み合わせて 1 つの大きなソフトウェアを実現する。**結合テスト（integration test）**は、それらの部品を組み合わせた状態で正しく動作することを確認するためのテストである。結合テストの例を示すために、my_great_lib というライブラリクレートを作成し、そのライブラリを利用する、lib_user というバイナリクレートも作成する。これらのクレートは、以下のコマンドで作成できる。

ライブラリクレートとバイナリクレートの作成

```
$ cargo new my_great_lib --lib
     Created library `my_great_lib` package
$ cargo new lib_user
     Created binary (application) `lib_user` package
```

表 5.4 は、先ほど作成したライブラリクレートとバイナリクレートが含むファイルを示している。結合テストでは、tests というディレクトリを作成して、その中にテスト用のファイルを作成する。この例では、./my_great_lib/tests/test_rand_even.rs が結合テスト用のファイルとなる。今

表 5.4 ライブラリクレートの結合テストと利用例で用いるファイル

ファイル	説明
./my_great_lib/Cargo.toml	ライブラリクレートの Cargo ファイル
./my_great_lib/src/lib.rs	ライブラリクレート用ファイル
./my_great_lib/tests/test_rand_even.rs	ライブラリクレートの結合テスト用ファイル
./lib_user/Cargo.toml	バイナリクレートの Cargo ファイル
./lib_user/src/main.rs	バイナリクレート用 main ファイル

回のライブラリでは、乱数生成器を利用するため、rand クレートを用いる。そのため、Cargo.toml に以下のように記述する。

./my_great_lib/Cargo.toml

```
[dependencies]
rand = "0.8.5"
```


ここで示すバージョンは執筆時点での最新版としているが、年数が経つにつれて更新されるため、読者自身で適宜変更してもらいたい。これは 2022 年に書かれた文章であるため、2023 年以降にこの文章を読んでいる読者は要注意である。

ライブラリクレートでは、rand_even という関数を定義する。この関数は u32 型の偶数の乱数を返す。実装は以下のようになる。

./my_great_lib/src/lib.rs

```
/// 偶数の乱数を返す。
pub fn rand_even() -> u32 {
    rand::random::<u32>() & !1
}
```

1 行しかないにもかかわらず、すぐに理解できるコードではない。まず、rand::random::<u32>() で乱数を生成し、その後、& !1 で下位 1 ビットを 0 にする。!1 は 1 のビット反転を表し、これは最下位ビット以外が 1 となるような値となる。そのため、このように実装できる。

結合テストは、tests ディレクトリ以下に適当なファイルを作成し、その中に実装する。ファイル名は何でもよい。たとえば、この例では、以下のように test_rand_even.rs というファイルを作成している。

./my_great_lib/tests/test_rand_even.rs

```
use my_great_lib;

#[test]
fn test_rand_even() {
    for _ in 0..100 {
        // 返り値が偶数かをテスト
        // (2 で割ったあまりが 0 であるかをテスト)
        let result = my_great_lib::rand_even();
        assert_eq!(result % 2, 0);
```

```
    }
}
```

単体テストと同様に、テスト対象の関数には、#[test] アトリビュートを付ける。注意すべき点は、このライブラリの利用者から見たコードとする必要があるという点である。そのため、use my_great_lib; とライブラリクレートをインポートしている。テスト内容は、my_great_lib::rand_even() を呼び出し、その結果が偶数かをテストするのみである。テストの実行方法は単体テストと同じで、./my_great_lib へ移動して cargo test と入力するのみである。

再度述べるが、結合テストでは、ライブラリの利用者から見たコードとする必要がある。結合テストでは、複数のライブラリを同時に利用した場合のテストも可能となる。実際の開発では、ライブラリクレートは分担して実装され、それらは結合して利用されるだろう。そのような場合に結合テストは大いに役立つ。

結合テストのときのみに、他のライブラリクレートを利用したい場合がある。たとえば、結合テストでは futures というライブラリを利用したいとしよう。その場合、Cargo.toml の [dev-dependencies] に以下のように記述する。

./my_great_lib/tests/test_rand_even.rs

```
[dev-dependencies]
futures = "0.3.21"
```

Tips

futures は、**非同期プログラミング（asynchronous programming）**を行う際に利用するライブラリである。非同期プログラミングとは、さまざまな順番で独立に発生するイベントを処理するプログラミングのことである。喩えるなら、いつ何人やってくるかわからない客を相手にするようなプログラミングのことである。通常のプログラミングではこのような処理を書くのは難しいが、非同期プログラミングでは容易に記述できる。Rust では、async/await という非同期プログラミング専用の構文が用意されている。本書では async/await については解説しない。詳細は、『プログラミング Rust 第2版』[5] か、筆者の著書である『並行プログラミング入門』[11] を参照してほしい。

結合テストの説明は以上となるが、ライブラリを利用する例を簡単に説明しよう。自前のライブラリを利用するためには、Cargo.toml に以下のようにライブラリへのディレクトリを指定する。

./lib_user/Cargo.toml

```
[dependencies]
my_great_lib = { path="../my_great_lib" }
```

Cargo.toml で実験中のライブラリへの path を指定すると、以下のようにライブラリを利用できる。

./lib_user/src/main.rs

```
use my_great_lib;

fn main() {
    println!("{}", my_great_lib::rand_even());
}
```

先の Cargo.toml では path を指定したが、バージョン管理ソフトウェアの１つである git のリポジトリを指定することもできる。その場合、たとえば以下のように記述する。

./lib_user/Cargo.toml

```
[dependencies]
my_great_lib = { git="git のリポジトリ URL" }
```

Rust では、単体テストも結合テストも非常に簡単に記述でき、しかも簡単にテストを実行できる。Rust でプログラミングする際は、テストコードを並行に実装しながら開発してほしい。

Coffee Break

なぜ本を書くのか？

筆者は時折、なぜ本を書くのかと尋ねられることがある。たしかに、このような技術書を書くのはとても大変で、大変な割に見返りもそれほど多くないように思う。筆者はゲームが好きで、この本の執筆中も ELDEN RING というゲームをプレイしており、クリアした今でも時々プレイしている。ELDEN RING は本当に素晴らしいゲームで、光の描写や、湖の描写の素晴らしさもさることながら、協力・敵対プレイも可能で、やればやるほど味が出てくるスルメのようなゲームだ。

技術書なんて書かずに ELDEN RING をプレイしていたほうが、よほど楽しい体験が得られる。たしかに、そういう考え方もあるだろう。しかし、ELDEN RING に限らず、いろいろな誘惑に打ち勝ち、今こうして文章を書いている。それはひとえに、日本のソフトウェアの技術レベルを向上させたいという思いがあるからだ。

従来のプログラミング言語では、未初期化変数、use-after-free、double free、バッファオーバーラン、エラーハンドリング忘れなど、多くの問題があったが、Rust ではこれらを解決可能だ。医療で喩えるなら、根絶治療が可能な方法はすでに発見されていて、技術的にも適用可能という状態である。しかし、残念なことに、まだまだ日本では Rust は普及していないのが現状だ。2020 年頃からは、USENIX OSDI というオペレーティングシステム研究のトップ国際会議で発表された OS 論文はほとんど Rust で実装されており、その理由に安全性を挙げている。

根絶可能な方法はすでにわかっているにもかかわらず、普及しない最大の原因は、それを使いこなすための知識がないからだ。これを解決するには教育しかない。次章以降では、Rust を用いて、正規表現エンジン、シェル、デバッガ、線形型システムなど、より実践的で、かつ、大学、高専、工業高校の講義や演習でも利用可能な、コンピュータ科学的なトピックをいくつか用意した。これらは、私が大阪大学の講義で大学生・大学院生向けに用いた課題を元にしている。実際の教育現場で用いるには課題もあるとは思うが、その助けになれば幸いだ。ともに（ある種の）バグの根絶治療を目指そう！

第6章 正規表現

この章の概要

正規表現（regular expression）とは、ある文字列パターンを表現するための式のことである。正規表現を用いると、「大量の文書から特定のパターンのみが含まれる行を抽出する」といった仕事が容易に行える。正規表現の式は、初見では呪文のように見えてしまうこともあり、拒絶反応を示す人も多いが、そのしくみ自体は比較的単純である。本章で、正規表現の理論と実装を習得すれば、正規表現を手足のように使えるようになるだろう。

本章では、まずはじめに、オートマトンと呼ばれる抽象的な計算モデルと正規表現についてと、正規表現を実行するためのレジスタマシンについて説明し、その後、パーサ、コード生成器、評価器の Rust 実装を示す。最後に、実装した正規表現エンジンの実行速度を計測し、パフォーマンス評価を行う。

6.1 オートマトン

有限オートマトン（finite automaton）とは抽象的な計算モデルのことであり、**有限状態機械（finite state machine）**ともいう。一般的に、オートマトンは有限な状態のみを取るため、有限オートマトンのことを単純にオートマトンとも呼ぶ。オートマトンとはつまり、有限の大きさの入力を受け取り、その入力がある規則に則っているかを判定する抽象的な機械である。

図 6.1 に、コース料理をオートマトンで表した例を示す。ここで、円とその中の文字が状態を表し、

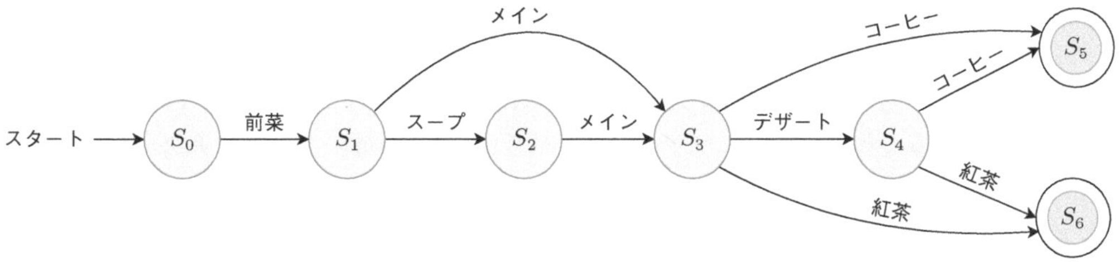

図 6.1　コース料理をオートマトンで表した例

矢印が状態の遷移、矢印の上に書かれている文字が入力を表している。たとえば、「S_1」という円は「状態 S_1」を表しており、「状態 S_1」にあるときに「メイン」という入力を受け取ると、「状態 S_3」に状態が遷移する。また、二重円で表されている状態 S_5 と S_6 は、**受理状態（acceptance state）**と呼ばれる特別な状態で、この状態で停止したら入力を受理したことになる。この円と矢印はそれぞれ、**ノード（node）**と**エッジ（edge）**と呼び、ノードとエッジで表されるような構造を**グラフ（graph）**と呼ぶ。また、エッジの上にある文字は**ラベル（label）**と呼ぶ。

オートマトンでは、入力列を受け取り、その列から 1 つずつデータを消費して状態を遷移する。ただし、ある状態 a から別の状態 b へ遷移するためには、a から b へのエッジのラベルと、消費するデータが同じでなければならない。たとえば、「前菜、スープ、メイン、紅茶」という入力について考えてみよう。表 6.1 は、先のオートマトンに、この入力を与えたときの遷移を表している。

表 6.1　オートマトンの遷移例

時刻	状態	次の消費データ	解説
0	S_0	前菜	まず、S_0 からスタート
1	S_1	スープ	「前菜」を消費して、S_0 から S_1 へ遷移
2	S_2	メイン	「スープ」を消費して、S_1 から S_2 へ遷移
3	S_3	紅茶	「メイン」を消費して、S_2 から S_3 へ遷移
4	S_6		「紅茶」を消費して、S_3 から S_6 へ遷移し、入力を受理

このように、オートマトンは各時刻で入力を 1 つ消費して状態遷移していく。この入力の場合は受理状態まで遷移したが、たとえば、メインのない「前菜、スープ、デザート、コーヒー」という入力は受理されない。これは、状態 S_2 から状態 S_3 へ遷移するためには、「メイン」という入力が必要なためである。また、「デザート」が「メイン」より先に現れるような、「前菜、デザート、メイン、コーヒー」というような入力も受理されない。このように、オートマトンを利用すると、入力がある種のパターンに沿っているかどうかを検査することができる。

6.1.1　決定性と非決定性有限オートマトン

オートマトンには、**決定性有限オートマトン（deterministic finite automaton; DFA）**と、**非決定性有限オートマトン（nondeterministic finite automaton; NFA）**の 2 種類がある。決定性や非決定性とは、つまり、世界の振る舞いについて揺らぎがあるかどうかということである。たとえば、地球上にいる人類が手に持つボールを放すと、ボールは地面に向かって落下する。これは、条件が同じならば何回試行しても同じ結果になるため、これは決定的であり揺らぎはない。

一方、原子レベルの小さな世界をみると揺らぎのある世界を観測できる。たとえば、原子核崩壊の時間は完全にランダムであることが知られており、条件をまったく同じにしても、何秒後に原子が崩壊するかを予測することはできない。このように、揺らぎのある世界のことは、「非決定的である」という。

図 6.1 で示したオートマトンは DFA である。なぜならば、ある状態にあるとき、ある入力を消費するとどの状態へ遷移するかが唯一決まるからである。状態 S_3 にあるときに「デザート」を消費す

ると、確実に状態 S_4 へ遷移し、それ以外の状態へは遷移しない。

NFA の場合は、ある状態にあるときに、同じ入力に対して複数の遷移先候補がある。図 6.2 は NFA の例を示している。このオートマトンでは、状態 S_1 から「メイン」を消費して、状態 S_2 か状態 S_3 のどちらかに遷移可能となる。**パス（path）**とは経路、道順といった意味であるが、ここで、どのようなパスを通って受理状態となるかを例を用いて考えてみよう。

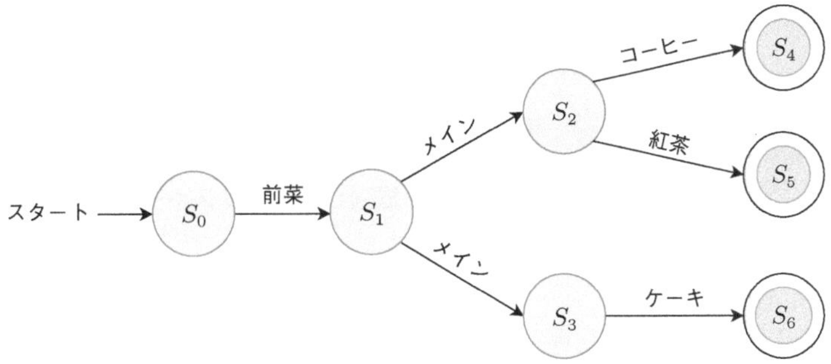

図 6.2　NFA の例

たとえば、「前菜、メイン、コーヒー」という入力では、上のメインを通り「S_0, S_1, S_2, S_4」というパスを通って受理状態になり、「前菜、メイン、ケーキ」という入力では、下のメインを通り「S_0, S_1, S_3, S_6」というパスを通って受理状態となる。このように、NFA では複数のパスが選択可能な場合があり、ある入力に対してどれか 1 つでも受理状態となるパスがあれば、その入力は受理される。

6.1.2　ε 遷移

NFA では、**ε 遷移（epsilon transition; イプシロン遷移）**と呼ばれる特殊な遷移が用いられる。ε 遷移は入力を消費せずに状態遷移を行うような遷移のことであり、ラベルに ε と記述して表す。

図 6.3 は、図 6.1 と等価な NFA を ε 遷移を用いて表した例である。このオートマトンでも同様に「前菜、スープ、メイン、紅茶」という入力は受理される。この入力で問題となる状態は状態 S_3 である。状態 S_3 の時点では残る入力は「紅茶」だけであるが、S_3 から S_4 へ ε 遷移可能なため、S_3 から即座に S_4 へ遷移し、最終的に S_4 から「紅茶」を消費して S_6 へ遷移後受理状態となる。同様に、「前菜、メイン、コーヒー」という入力も ε 遷移を通り受理状態となる。

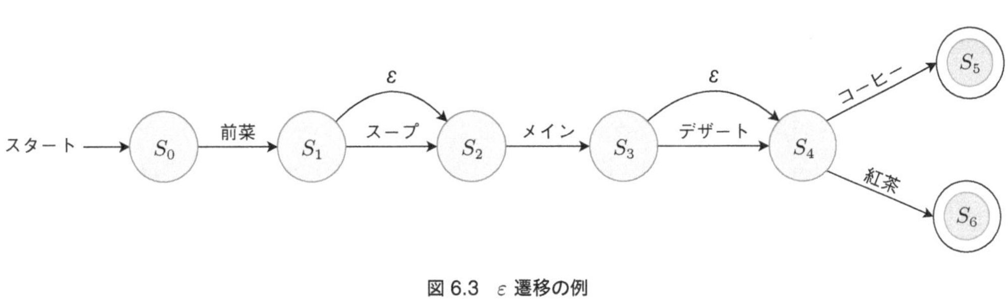

図 6.3　ε 遷移の例

以上がDFAとNFAの簡単な説明である。実は、DFAとNFAの計算能力は等価であることが知られている。計算能力が等価であるとは、つまり、あるDFAで受理できるパターンならば、それを受理するNFAが構成可能で、その逆もまた成り立つということである。

オートマトンより計算能力が高い抽象機械として、**プッシュダウンオートマトン（pushdown automaton）**と**チューリングマシン（Turing machine）**が知られている。有限オートマトンよりプッシュダウンオートマトンのほうが計算能力が高く、プッシュダウンオートマトンよりもチューリングマシンのほうが計算能力が高い。

Tips

計算能力については、言語学者のチョムスキーの提唱した**チョムスキー階層（Chomsky Hierarchy）**を調べると、より詳しく理解できるだろう。

ちなみに、我々が普段利用しているコンピュータの計算能力は、チューリングマシンと等価である。**チャーチ=チューリングの提唱（Church-Turing thesis）**によると、チューリングマシンで記述、計算できるような手続きのことを**アルゴリズム（algorithm）**と呼ぶ。これらの詳細については本書の範囲を大きく超えるため、詳細を知りたい場合は参考文献[7, 12)]を参照してほしい。

6.2 正規表現とレジスタマシン

次に、本節では正規表現について説明し、正規表現からNFAへ変換する方法を示す。その後、正規表現をレジスタマシンで表す方法を説明する。本章では、このレジスタマシンの実装を行う。

6.2.1 正規表現

正規表現とオートマトンの計算能力は同じであることが知られており、正規表現とはある種のパターンを表すための言語のことである。たとえば、`apple|orange`という表記も1つの正規表現であり、これは、「apple」か「orange」という文字列を受理する正規表現となる。正規表現には通常の文字の他にも特殊な文字が規定されており、それらの文字列は**限量子（quantifier）**と呼ばれている。なお、本書では限量子という呼び方を採用するが、他のドキュメントでは、量化子や量指定子などとも呼ばれる。限量子とは、あるモノがどのぐらいあるかという、数量についてを表現するための記号である。数学では、「すべての」を意味する「∀」や、「最低1つは存在する」を意味する「∃」がある。

表6.2は、正規表現の代表的な限量子・演算子と、表記例、およびその意味について示している。`?`は、高々1回を表す限量子である。高々n回とは、最大でもn回という意味であり、たとえば、`ab?c`という正規表現は、「ac」と「abc」という2つの文字列のどちらかにマッチする。`*`は、0回以上の繰り返しを表す限量子である。たとえば、`ab*c`という正規表現は、「abbbc」、「ac」、「abbc」という文字列にマッチする。`+`は、1回以上の繰り返しを表す限量子である。たとえば、`ab+c`という正規表現は、「abbbc」、「abbc」という文字列にはマッチするが、「ac」にはマッチしない。`|`は、OR演算

表 6.2　正規表現の限量子・演算子とその意味

限量子・演算子	表記例	意味
?	e?	e が高々 1 回
*	e*	e の 0 回以上の繰り返し
+	e+	e の 1 回以上の繰り返し
|	e_1|e_2	e_1 または e_2

子であり、これを用いると「A または B」といった記述ができる。正規表現は丸括弧でグループ化することもできる。たとえば、(abc|DE)+という正規表現は、「abc」または「DE」の 1 回以上の繰り返しとなる。つまりこれは、「abc」、「DE」、「DEabcabcDE」、「DEDEDEDE」、などの文字列にマッチする。

次に、正規表現から NFA へと変換する方法を示そう。図 6.4 は、正規表現から NFA への変換規則を示している。ここで、e_1 と e_2 は 1 つの正規表現の式を示している。たとえば、(abc)+という正規表現の場合、図 6.4 で示した e_1+規則を用いると、NFA へ変換できる。つまり、e_1+規則中にある e_1 と書かれた四角い箱に、abc という正規表現を代入して得られる。状態 s と e は、その正規表現の開始と終了であり、正規表現が連続した場合はそれぞれの s と e が結合される。

図 6.5 は、正規表現 ab(cd)+e を先に示した変換規則に従って変換した例を示している。この図中の点線で示した箇所 e_1 が、+限量子の変換規則中の e_1 となる。このように、図 6.4 で示した変換

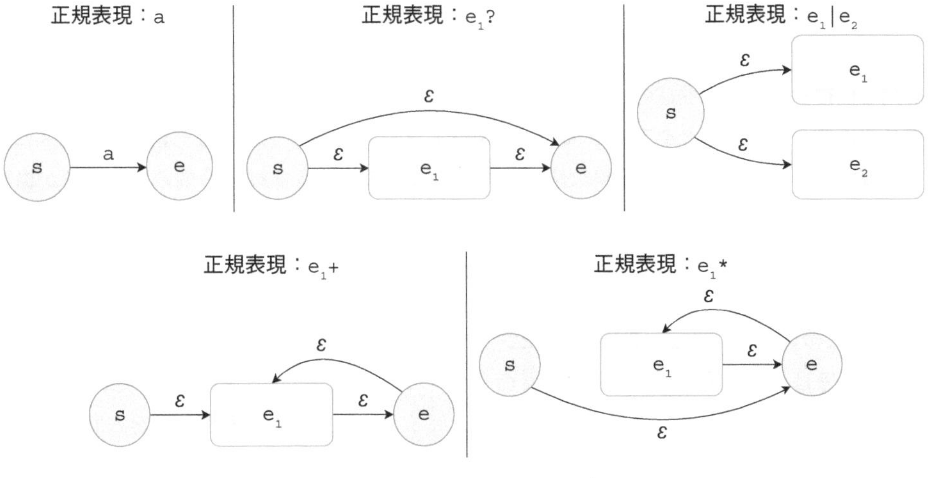

図 6.4　正規表現から NFA への変換規則

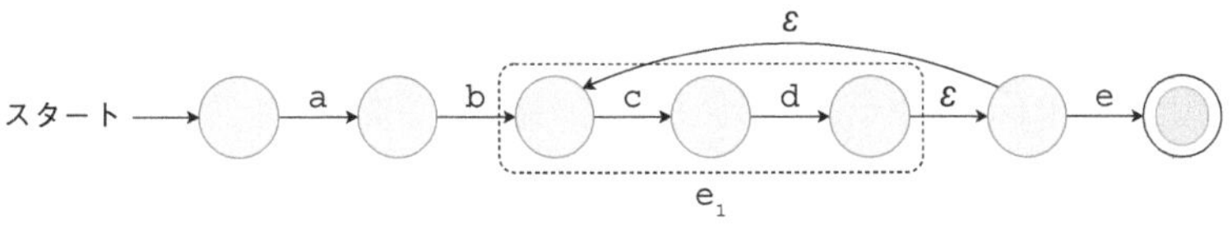

図 6.5　正規表現 ab(cd)+e と等価な NFA

規則中の e_1 と e_2 は、再帰的に変換規則が適用されて正規表現から NFA に変換される。

6.2.2　正規表現用レジスタマシン

先に示したように、正規表現をコンピュータでマッチングさせるには、正規表現から NFA へ変換して（もしくはそこからさらに DFA へ変換して）行う方法もあるが、本書では正規表現用のレジスタマシンを用いる方法[13]を実装する。レジスタマシンを用いることで、コンピュータサイエンスの基礎となる、正規表現、パーサ、抽象構文木、レジスタ、アセンブリ、擬似マシンなどの概念を一挙に習得できるため、筆者はこの手法を大変気に入っている。しかも、非常に高速に動作し実用性も高い。

まずはじめに、**レジスタマシン（register machine）**について説明しよう。レジスタとは要するにデータを記憶する装置のことであり、最もアクセス速度が速く容量が小さい記憶装置である。我々の利用しているコンピュータのほとんどはレジスタマシンであり、レジスタとそれを操作する命令によって計算を行う。レジスタ以外の記憶容量としては、メモリ、Solid State Drive（SSD）、Hard Disk Drive（HDD）などがあり、通常、レジスタ、メモリ、SSD、HDD の順にアクセス速度が速く、容量が小さい。

これから実装する正規表現用レジスタマシンは、記憶装置にレジスタしか持たず、しかも以下に示すように `PC` と `SP` の 2 つのレジスタのみを持つ。

- `PC` ：プログラムカウンタ（program counter）。次に実行すべき命令のアドレスを示す。
- `SP` ：ストリングポインタ（string pointer）。次に消費すべき入力を示す。

命令列とは複数の命令の並びのことであるが、それぞれの命令は n 番目の命令というように番号で指定できる。この番号のことを**アドレス（address）**と呼び、より正確には「n 番アドレスにある命令」と呼ばれる。`PC` レジスタには整数値が入り、ここに次に実行すべき命令のアドレスが格納される。なお、最初のアドレスは 0 とする。

`SP` レジスタは入力文字列に対するアドレスである。たとえば、「abcde」という入力があるとき、`SP` が 0 の場合は「a」が次に消費すべき入力で、2 の場合は「c」が次に消費すべき入力となる。

次に、命令について説明する。命令は、アセンブリ言語と呼ばれる形式で記述する。通常、コンピュータは機械語と呼ばれるバイナリ列で書かれた命令をメモリから読み込み実行するが、バイナリ列を人間が直接解釈するのは難しい。アセンブリ言語は、バイナリ列で表される機械語を人間の読みやすい形式で記述するための言語である。アセンブリ言語の命令は、**ニーモニック（mnemonic）**と**オペランド（operand）**と呼ばれる部分から成り立つ。ニーモニックは命令の種類（たとえば加算や乗算など）を表し、オペランドはデータなどを表す。ニーモニックが関数、オペランドが引数と考えるとわかりやすい。

表 6.3 は、正規表現用レジスタマシンのアセンブリ命令の一覧である。このように、正規表現用レジスタマシンでは、`char`、`match`、`jmp`、`split` の 4 命令しかない。`split` 命令は処理を並行に行うための命令である。NFA は非決定的な遷移を行うため、同じ入力でも複数の遷移先があり得ると説明したが、`split` 命令はそれを探索的に行うための命令となる。「プロセスのクローン」とは、現

表 6.3　正規表現用レジスタマシンのアセンブリ命令

ニーモニック	オペランド	説明
char	c	もし SP 番目の入力が c なら PC と SP をインクリメント。 そうでない場合はマッチ失敗。
match		マッチ成功。
jmp	x	PC の値を x に設定。
split	x, y	プロセスをクローンし、片方のプロセスの PC を x に、 もう一方のプロセスの PC を y に設定し、それぞれ実行。

在の処理を複製し、それぞれを並行に実行することであり、クローン自体については第 7 章で説明する。ただし、クローンはあくまで概念的な説明であり、実際にはプロセスをクローンするのではなく、その動作を模擬して実装する。

たとえば、abc という正規表現をこのレジスタマシンで表記すると以下のようになる。

abc の命令列

```
0: char a
1: char b
2: char c
3: match
```


ここで、行頭にある数字がアドレスを示しており、コロンより後ろが命令となる。この命令列は、「a」、「b」、「c」と入力を 1 つずつ消費して、最終的に match 命令によりマッチする。もし PC が 1 で、SP の指す入力が「F」の場合、char b の「b」とマッチしないため、マッチに失敗する。

次に、正規表現から命令列を生成する規則を示す。ある言語から命令列を生成することは、一般的に**コード生成（code generation）**と呼ばれる。表 6.4 は、正規表現から命令列を生成するためのコード生成規則を示している。正規表現から NFA へ変換する場合は、各パターンに対応するグラフ構造を生成したが、ここでは表に示すような命令列が生成される。なお、表中の L1、L2、L3 はアドレスを示している。NFA への変換と同じように、コード生成する場合でも正規表現のパターンを再帰的に生成する。

表 6.4　正規表現から命令列を生成するためのコード生成規則

正規表現：a	正規表現：e_1?	正規表現：e_1|e_2
char a	split L1, L2 L1: e_1 のコード L2:	split L1, L2 L1: e_1 のコード jmp L3 L2: e_2 のコード L3:

正規表現：e_1+	正規表現：e_1*

L1: e_1 のコード
    split L1, L2
L2:
	L1: split L2, L3
	L2: e_1 のコード
	    jump L1
	L3:

表 6.5 は、いくつかの正規表現に対するコード生成の例を示しており、// 以降の文はコメントとなる。この表のように、ある正規表現が与えられたとき、表 6.4 で示したコード生成規則を用いて、再帰的にコード生成することで、最終的な命令列が得られる。なお、命令列の最後には match 命令が置かれる。

表 6.5　コード生成の例

ab|de	ab(de)?	a(bc|e+)*
0: split 1, 4 1: char a 2: char b 3: jmp 6 4: char d 5: char e 6: match	0: char a 1: char b 2: split 3, 5 3: char d 4: char e 5: match	0: char a 1: split 2, 9 // *の split 2: split 3, 6 // |の split 3: char b 4: char c 5: jmp 8 // |の jmp 6: char e 7: split 6, 8 // +の split 8: jmp 1 // *の jmp 9: match

本節の最後に、これから実装する正規表現エンジンの設計概要を**データフロー図（data flow diagram）**で示そう。図 6.6 はデータフロー図で用いる記法である。データフロー図は、その名のとおり、特にデータの流れに注視して記述する方式である。図中の「システム」は、何らかの入力を行い何らかの出力を行うコンポーネントのことを指し、関数と呼ばれることもある。

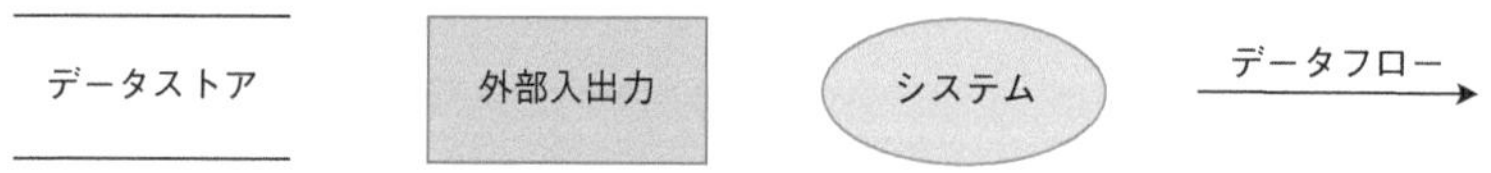

図 6.6　データフロー図の記法

図 6.7 は、正規表現エンジンの設計概要をデータフロー図で示したものである。この図で示すとおり、データ入力先に「コマンドライン引数」と「ファイル」があり、データ出力先に「標準出力」がある。標準出力とは、println!マクロなどで出力される先であり、通常はターミナルに出力される。また、サブシステムとして、「パーサ」、「コード生成器」、「評価器」がある。**パーサ（parser）**は構文

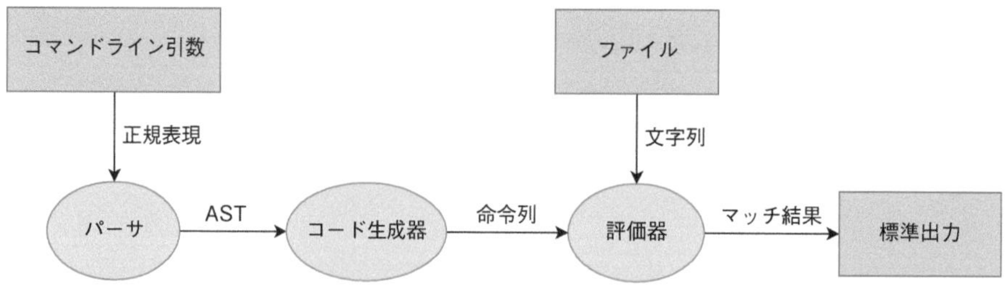

図 6.7　正規表現エンジンの設計概要

を解釈して、**抽象構文木（abstract syntax tree; AST）**に変換するコンポーネントである。AST、つまり木構造に変換することで、コンピュータで扱いやすいデータ構造になる。**コード生成器（code generator）**は AST を受け取り命令列を出力するコンポーネントであり、これは、本節で述べた規則に基づいてコード生成を行う。**評価器（evaluator）**は命令列とマッチ対象となる文字列を受け取って、マッチ結果を出力するコンポーネントであり、マッチ結果は標準出力へと出力される。

実は、この構成は、一般的なプログラミング言語処理系とまったく同じ構成となる。Rust などのコンパイラも、これと同じような手順でソースコードから実行可能なバイナリ列を出力する。現実的なコンパイラは実際にはこれよりも複雑な手順を踏んではいるものの、本構成はコンパイラ構成の基礎を押さえているため、本章で示す正規表現エンジンの実装を学ぶことは、コンパイラ学習の導入ともなる。

Tips

一般的にパーサは、さらに、**字句解析器（lexical analyzer）**と、**構文解析器（syntax analyzer）**というコンポーネントから成り立つ。字句解析器は、たとえば「私」を名詞、「走る」を動詞などと解析し、構文解析器は、たとえば「私は走る」という文について、「名詞–助詞–動詞」という正しい文法どおりの並びとなっているかの判定と解釈を行う。

6.3 正規表現エンジンの実装

本節では、レジスタマシンベースの正規表現エンジンの実装を示す。表 6.6 は、これから実装する正規表現エンジンのファイル一覧である。`main.rs` が `main` 関数用のファイルで、`lib.rs` がライブラリ用のファイルとなる。通常、`main.rs` がある場合は `lib.rs` は必要ないが、実行速度計測の際にライブラリを利用するため、両方用意する。`engine.rs` と、`./src/engine` 以下にあるファイルが正規表現エンジンモジュール用のファイルであり、パーサ、コード生成器、評価器はこのモジュール内に実装する。

表 6.6　正規表現エンジン実装のファイル一覧

ファイル	説明
`./Cargo.toml`	Cargo 用のファイル
`./src/main.rs`	`main` 関数用のファイル
`./src/lib.rs`	ライブラリ用のファイル。実行速度計測のために必要
`./src/helper.rs`	補助的なコード用のファイル
`./src/engine.rs`	正規表現エンジンモジュールのためのファイル
`./src/engine/parser.rs`	パーサ
`./src/engine/codegen.rs`	コード生成器
`./src/engine/evaluator.rs`	評価器
`./benches/benchmark.rs`	実行速度計測用のファイル

6.3.1　パーサ

本項では、パーサの実装について説明する。本項で実装するパーサは、正規表現を解釈し列挙型で表現される AST に変換する。AST の説明に入る前に、パーサ実装のインポートを説明する。次のコードは、parser.rs のインポートとなる。

./src/engine/parser.rs：インポート

```
//! 正規表現の式をパースし、抽象構文木に変換。
use std::{
    error::Error,
    fmt::{self, Display},
    mem::take,
};
```

1行目の//!から始まるコメント行は、parser.rs の説明を示しており、このコメントから始まる文章が、cargo doc でドキュメント化される。Error は、エラー用の型を規定するためのトレイトとなる。本実装では、不正な正規表現が入力された際などに独自のエラーを返すようにし、その独自のエラー型に Error を実装する。Display は、println!マクロなどで表示するためのトレイトとなる。つまり、Display を実装した型は、println!マクロなどで表示できる。take は、ある変数からの所有権の取得と、その変数の初期化を同時に行う関数である。次のコードは、take 関数の例となる。

take 関数の例

```
let mut n = Some(10);
let v = take(&mut n); // v = Some(10) と、n = None を同時に実行
println!("n = {:?}, v = {:?}", n, v);
```

コメントで示しているように、take 関数は、v に n の値を代入した後、n に初期値の None を代入している。Rust には所有権があるため、n から所有権を取得すると、それ以降は n にアクセスすることはできないが、take は所有権の取得と初期化を同時に行うため、所有権取得後もアクセス可能になる。

次に、AST について説明する。AST とは構文を木構造で表したものであり、木構造は列挙型を用いると表現することができる。次のコードに、正規表現の AST を表現するための型を示す。

./src/engine/parser.rs：AST 型

```
/// 抽象構文木を表現するための型。
#[derive(Debug)]
pub enum AST {
    Char(char),
    Plus(Box<AST>),
    Star(Box<AST>),
    Question(Box<AST>),
    Or(Box<AST>, Box<AST>),
    Seq(Vec<AST>),
```

```
}
```

Char は、a、J などの 1 文字のパターンを表現するために、Plus、Star、Question は、+、*、?の限量子を表現するために用いる。Or は、OR 演算子の | を表現するために用いる。Seq は正規表現の列を表現するために用い、たとえば abc という正規表現は、以下のように表す。

正規表現 abc の AST

```
AST::Seq(vec![AST::Char('a'), AST::Char('b'), AST::Char('c')])
```

図 6.8 に、いくつかの正規表現の AST の例を示す。この図のように、Seq は複数の子ノードを持ち、OR 演算子が連続する場合は、Or が入れ子になって連なる。また、?などの限量子は 1 つの子ノードのみを持つ。このように、パーサは正規表現を AST に変換する。

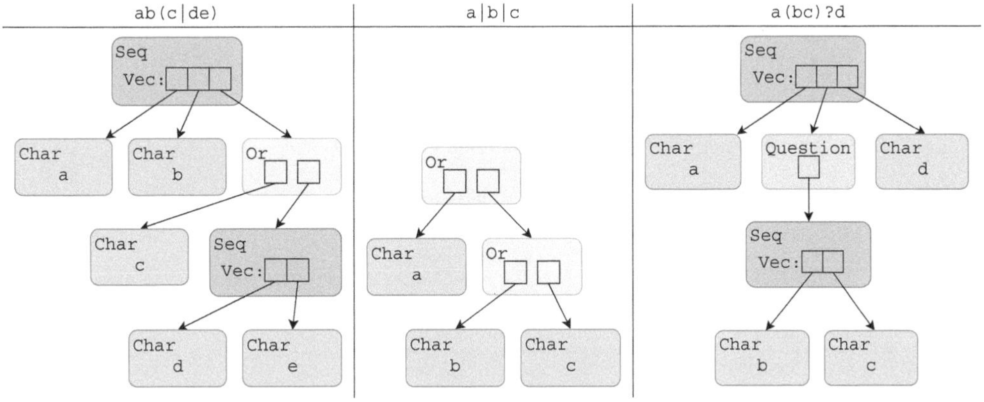

図 6.8　正規表現の AST の例

AST への変換コードを示す前に、エラー用の型について説明しよう。Rust では、独自のエラー型は std::error::Error トレイトを実装すると、エラーを汎用的に扱える。Error トレイトは、トレイト制約として Display と Debug トレイトの実装を要求しているため、それらについても実装する必要がある。次のコードは、パーサで用いるエラー型を示している。

./src/engine/parser.rs：ParseError 型

```
/// パースエラーを表すための型。
#[derive(Debug)]
pub enum ParseError {
    InvalidEscape(usize, char), // 誤ったエスケープシーケンス
    InvalidRightParen(usize),   // 開き括弧なし
    NoPrev(usize),              // +、|、*、?の前に式がない
    NoRightParen,               // 閉じ括弧なし
    Empty,                      // 空のパターン
}
```

このように、一般的にエラー型はどのようなエラーが起きたかがわかるような型となる。ここでは、はじめに、deriveでDebugトレイトを実装している。また、いくつかのエラーでは、パース時にどの位置でエラーが起きたかを判別するために、usize型の値を保持する。Displayトレイトの実装は、次のコードのようになる。

./src/engine/parser.rs：ParseError型のDisplayトレイト実装

```
/// パースエラーを表示するために、Display トレイトを実装。
impl Display for ParseError {
    fn fmt(&self, f: &mut fmt::Formatter<'_>) -> fmt::Result {
        match self {
            ParseError::InvalidEscape(pos, c) => {
                write!(f, "ParseError: invalid espace: pos = {pos}, char = '{c}'")
            }
            ParseError::InvalidRightParen(pos) => {
                write!(f, "ParseError: invalid right parenthesis: pos = {pos}")
            }
            ParseError::NoPrev(pos) => {
                write!(f, "ParseError: no previous expression: pos = {pos}")
            }
            ParseError::NoRightParen => {
                write!(f, "ParseError: no right parenthesis")
            }
            ParseError::Empty => write!(f, "ParseError: empty expression"),
        }
    }
}
```

Displayトレイトは、fmtメソッドを実装する必要がある。fmtでは、println!マクロなどで出力された場合に、どのように表示するかを定義する。Formatterは出力フォーマットオプションを規定するための型であり、write!マクロを利用すると、フォーマットオプションfと、続く引数に基づいた文字列を生成できる。DebugトレイトとDisplayトレイトを実装し、次のコードのようにErrorトレイトを実装する。

./src/engine/parser.rs：ParseError型のErrorトレイト実装

```
impl Error for ParseError {} // エラー用に、Error トレイトを実装
```

見てのとおり、Errorトレイトの実装は単純にimplで指定するだけでよい。Errorトレイトには、sourceなどのメソッドも定義されているが、ほとんどの場合はデフォルト実装で十分だと思われるため、詳細な説明は割愛する。エラー型の定義は定型処理であり、ここで示した作法を覚えておくと実際のアプリケーション実装の際にも役立つだろう。ここでは、Displayトレイトなどは自前で実装したが、thiserrorというクレートを利用すると、ここで述べたようなエラー型はより簡潔に定義できる。パーサで定義する関数の多くは、正しい値か、このエラー型の値のどちらかをResultで包んで返す。これについてはコードを見れば一目瞭然なので、逐一説明はしない。

いよいよ、ASTの生成について説明していこう。まずはじめに、**エスケープシーケンス（escape**

sequence）と、それ用の関数について説明する。正規表現では、*や?などは特殊な文字として扱われると説明したが、これらの文字を単なる文字として扱いたい場合がある。エスケープシーケンスは、*などの特殊文字を、単なる文字として表現するための方法である。エスケープシーケンスは、たとえば「*」のように、バックスラッシュに続けて特殊文字を書く。ちなみに、このバックスラッシュは**エスケープ文字（escape character）**と呼ばれ、エスケープシーケンスの処理を行うことは**エスケープ処理（escape processing）**と呼ばれる。次のコードは、エスケープ処理を行い、AST::Char を返す parse_escape 関数である。

./src/engine/parser.rs：parse_escape 関数

```
/// 特殊文字のエスケープ。
fn parse_escape(pos: usize, c: char) -> Result<AST, ParseError> {
    match c {
        '\\' | '(' | ')' | '|' | '+' | '*' | '?' => Ok(AST::Char(c)),
        _ => {
            let err = ParseError::InvalidEscape(pos, c);
            Err(err)
        }
    }
}
```

引数の pos が現在の文字の位置で、c がエスケープする特殊文字である。このコードで示すように、特殊文字の場合はエスケープ処理を行うが、そうでない場合は InvalidEscape を返す。Rust では、エラーは Box で返すことが多く、これは、動的ディスパッチを用いて汎用的に扱えるようにするためである。これについては P. 145 で別のコードでも示す。

続いて、+、*、?限量子の AST を生成するコードを示す。次のコードは、これらのうちどの限量子かを示す型であり、限量子の AST を生成する関数に渡される。

./src/engine/parser.rs：PSQ 型

```
/// parse_plus_star_question 関数で利用するための列挙型。
enum PSQ {
    Plus,
    Star,
    Question,
}
```

次のコードが実際に限量子の AST を生成するコードである。引数 seq が、限量子より前に出現する正規表現の並びである。たとえば (abc)+という正規表現の+を考えた場合、abc の AST が seq に渡される。ast_type が限量子の種類であり、pos が限量子の出現する位置となる。

./src/engine/parser.rs：parse_plus_star_question 関数

```
/// +、*、?を AST に変換。
///
/// 後置記法で、+、*、?の前にパターンがない場合はエラー。
///
```

第6章

```
/// 例 : *ab、 abc|+などはエラー。
fn parse_plus_star_question(
    seq: &mut Vec<AST>,
    ast_type: PSQ,
    pos: usize,
) -> Result<(), ParseError> {
    if let Some(prev) = seq.pop() { // (1)
        let ast = match ast_type {  // (2)
            PSQ::Plus => AST::Plus(Box::new(prev)),
            PSQ::Star => AST::Star(Box::new(prev)),
            PSQ::Question => AST::Question(Box::new(prev)),
        };
        seq.push(ast); // (3)
        Ok(())
    } else {
        Err(ParseError::NoPrev(pos)) // (4)
    }
}
```

(1) 正規表現の限量子は、直前に現れたパターンを限量するため、 `seq` の最後尾から 1 つポップする。

(2) 直前のパターンを取得できた場合、 `ast_type` で示された限量子に基づいて、適当な AST を生成する。

(3) (2) で新たに生成した AST を `seq` の最後尾にプッシュする。

(4) 不適切に限量子が用いられた場合はエラーとする。不適切な限量子の用い方とは、たとえば `*ab` や `abc|+` などのように、限量子の前に限量するパターンが現れないような用い方である。

たとえば、`ab(cd)+` という正規表現の `+` は、直前の `cd` というパターンが、`+` によって限量される。そのため、このコードで示すように、限量子が出現した場合、1 つ前のパターンを含めて 1 つの AST としなければならない。

次に、OR 演算子の AST を生成するコードを示す。OR 演算子は、`a|b|c` というように 2 つ以上のパターンを連結することができる。そこで、OR 演算子の AST を生成する次の関数では、複数のパターンを引数 `seq_or` に取る。

./src/engine/parser.rs : fold_or 関数

```
/// Or で結合された複数の式を AST に変換。
///
/// たとえば、abc|def|ghi は、AST::Or("abc", AST::Or("def", "ghi")) という AST となる。
fn fold_or(mut seq_or: Vec<AST>) -> Option<AST> {
    if seq_or.len() > 1 { // (1)
        // seq_or の要素が複数ある場合は、Or で式を結合
        let mut ast = seq_or.pop().unwrap();
        seq_or.reverse(); // (2)
        for s in seq_or {
            ast = AST::Or(Box::new(s), Box::new(ast));
        }
```

```
            Some(ast)
        } else {
            // seq_or の要素が 1 つのみの場合は、 Or ではなく、最初の値を返す
            seq_or.pop() // (3)
        }
    }
```

(1) seq_or の要素が 1 つの場合は AST::Or ではなく、その要素を返すのみとする。

(2) AST::Or の先頭の式を AST のルートとするため、 reverse で並び替えを反転させる。

(3) seq_or 中の唯一の要素を返す。

このコードは、seq_or から AST をポップして AST::Or で OR 演算子の AST を生成していく。このとき、AST の生成方法としてはいくつものパターンが考えられる。図 6.9 は、正規表現 a|b|c|d が取り得る AST を示している。このように、OR 演算子で結合された複数のパターンは、AST の生成方法も複数ある。このコードの reverse は、図 6.9 中の左のような AST を生成するためにある。OR 演算子は結合法則が成り立つため、図 6.9 のどの AST でも問題ないが、左の AST のほうがわかりやすいと考えたため、このようにしている。

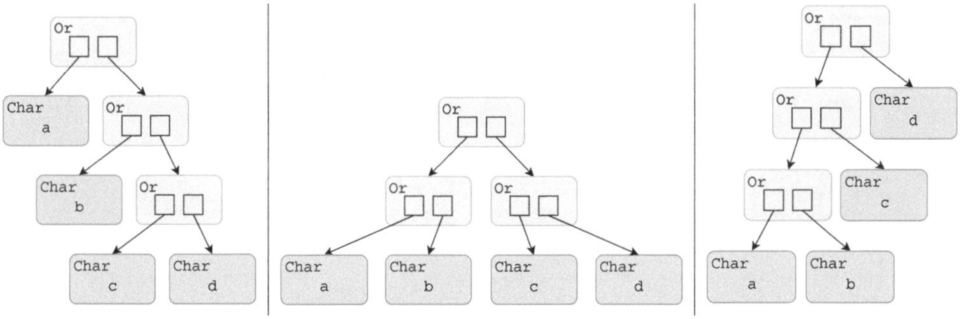

図 6.9 a|b|c|d の AST

以上で示した型・関数を用いてパーサ用の関数は実装される。パーサのコードを示す前に、**コンテキスト（context）**について説明しよう。コンテキストは、日本語では文脈と訳され、何らかの主題としている内容のことを意味する。コンピュータの分野では、コンテキストという用語はさまざまな場面で用いられる。図 6.10 は、日常におけるコンテキストの例である。この図では、ある人が洗濯を行っており、洗濯というコンテキストが主題であった。しかし、洗濯は多くの時間は洗濯機が行うため、洗濯機を回しているあいだに、その人は掃除をはじめている。もし、掃除している最中に宅配便が届いたら、さらに、掃除から宅配便へとコンテキストが変更される。このように、洗濯から掃除、宅配便へと文脈が変更することは、**コンテキストスイッチ（context switch）**と呼ばれる。

この例では、掃除、洗濯、宅配便といった日常的な作業であったが、これらをアプリケーション A、アプリケーション B、アプリケーション C と置き換えてみると、これは、複数のアプリケーションが

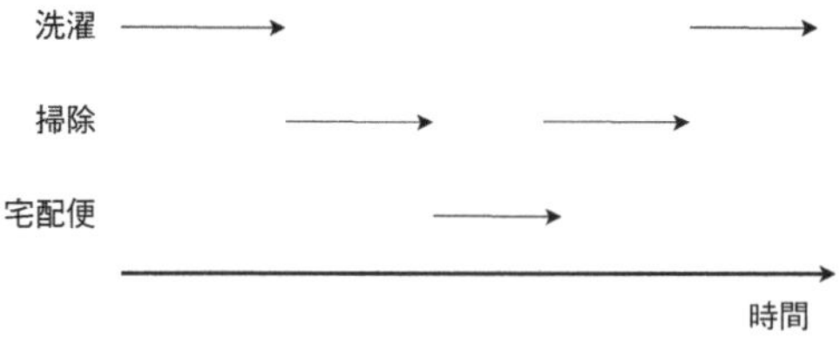

図 6.10　コンテキストの例

切り替わって実行されているものと考えることができる。実は、Linux や Windows などの OS は、複数のアプリケーションの実行を、ミリ、またはマイクロ秒単位で高速に切り替えており、これが OS におけるプロセスのコンテキストスイッチとなる。OS がコンテキストスイッチを行うおかげで、複数のプロセスを同時に実行できるようになる。コンテキストという用語は、OS とプロセスに限らず他の場所でも用いられるため、用語と抽象的な概念の両方を覚えておくとよいだろう。

次のコードは、正規表現の文字列 expr を受け取ってパースし、その AST を返す関数である。

./src/engine/parser.rs : parse 関数

```
/// 正規表現を抽象構文木に変換。
pub fn parse(expr: &str) -> Result<AST, ParseError> {
    // 内部状態を表現するための型 (1)
    // Char 状態 : 文字列処理中
    // Escape 状態 : エスケープシーケンス処理中
    enum ParseState {
        Char,
        Escape,
    }

    let mut seq = Vec::new(); // 現在の Seq のコンテキスト (2)
    let mut seq_or = Vec::new(); // 現在の Or のコンテキスト
    let mut stack = Vec::new(); // コンテキストのスタック
    let mut state = ParseState::Char; // 現在の状態

    for (i, c) in expr.chars().enumerate() { // (3)
        match &state {
            ParseState::Char => {
                match c {
                    '+' => parse_plus_star_question(&mut seq, PSQ::Plus, i)?, // (4)
                    '*' => parse_plus_star_question(&mut seq, PSQ::Star, i)?,
                    '?' => parse_plus_star_question(&mut seq, PSQ::Question, i)?,
                    '(' => {
                        // 現在のコンテキストをスタックに保存し、 (5)
                        // 現在のコンテキストを空の状態にする
                        let prev = take(&mut seq);
                        let prev_or = take(&mut seq_or);
                        stack.push((prev, prev_or));
                    }
                    ')' => {
                        // 現在のコンテキストをスタックからポップ (6)
                        if let Some((mut prev, prev_or)) = stack.pop() {
```

```
                            // "()"のように、式が空の場合は push しない
                            if !seq.is_empty() {
                                seq_or.push(AST::Seq(seq));
                            }

                            // Or を生成
                            if let Some(ast) = fold_or(seq_or) {
                                prev.push(ast);
                            }

                            // 以前のコンテキストを、現在のコンテキストにする
                            seq = prev;
                            seq_or = prev_or;
                        } else {
                            // "abc)"のように、開き括弧がないのに閉じ括弧がある場合はエラー
                            return Err(Box::new(ParseError::InvalidRightParen(i)));
                        }
                    }
                    '|' => {
                        if seq.is_empty() { // (7)
                            // "||", "(|abc)"などと、式が空の場合はエラー
                            return Err(Box::new(ParseError::NoPrev(i)));
                        } else {
                            let prev = take(&mut seq);
                            seq_or.push(AST::Seq(prev));
                        }
                    }
                    '\\' => state = ParseState::Escape, // (8)
                    _ => seq.push(AST::Char(c)),        // (9)
                };
            }
            ParseState::Escape => {
                // エスケープシーケンス処理 (10)
                let ast = parse_escape(i, c)?;
                seq.push(ast);
                state = ParseState::Char;
            }
        }
    }

    // 閉じ括弧が足りない場合はエラー
    if !stack.is_empty() {
        return Err(Box::new(ParseError::NoRightParen));
    }

    // "()"のように、式が空の場合は push しない
    if !seq.is_empty() {
        seq_or.push(AST::Seq(seq));
    }

    // Or を生成し、成功した場合はそれを返す
    if let Some(ast) = fold_or(seq_or) {
```

第6章

```
        Ok(ast)
    } else {
        Err(Box::new(ParseError::Empty))
    }
}
```

(1) この関数では、正規表現のパターン中かエスケープシーケンス処理中のどちらかの状態を取る。Rust では関数内でも型を宣言することができるため、この関数でのみ用いる型をこの位置で定義している。

(2) seq が現在のコンテキスト中のパターンであり、たとえば abc という正規表現の場合は seq にこれらの AST がプッシュされる。 seq_or が OR 演算子のパターンであり、たとえば a|b|c という正規表現の場合は seq_or にこれらの AST がプッシュされる。 stack はコンテキストの保存と復元を行うために、 state は (1) で述べた状態を保存するために用いる。

(3) chars で各文字へのイテレータを得ることができるが、イテレータの (enumerate) メソッドを呼び出すと、繰り返しの番号とイテレータのペアが返る。たとえば、

```
for (i, c) in ['a', 'b', 'c'].iter().enumerate() {
    println!("{} {}", i, *c);
}
```

とすると、

```
0, a
1, b
2, c
```

と表示される。番号を同時に計算する理由はエラーが起きた場所を把握するためである。

(4) +、*、?は parse_plus_star_question を呼び出して AST を生成する。

(5) 開き括弧の「(」が出現した場合は、現在のコンテキストをスタックに保存する。喩えるなら、洗濯から掃除にコンテキストスイッチするようなものである。

(6) 閉じ括弧の「)」が出現した場合は、逆に以前のコンテキストを復元する。このとき、 OR 演算子用の AST 生成も行う。

(7) OR 演算子が出現した場合は、現在の正規表現列 seq を seq_or にプッシュする。ただし、 OR 演算子の前に式がない場合はエラーとする。この際、先に説明した take を用いているため、 seq の初期化も同時に行われる。

(8) エスケープ文字が出現した場合は、状態をエスケープ処理中にする。

(9) それ以外の場合は通常の文字である。

(10) (4) から (9) は Char 状態中の処理であったが、ここは Escape 状態中の処理となる。エスケープ処理は parse_escape 関数で行える。

このように、parse 関数は引数として受け取った正規表現の文字列から 1 文字ずつ文字を取り出

し、それに相当するASTを生成する。ここで難しいのは括弧の扱いだと思われるが、括弧で別のサブパターンというコンテキストの処理を行うことを念頭に置いてコードを読むとよい。

6.3.2 コード生成器

次に、本項ではコード生成器のコードについて説明する。コード生成器のコードは./src/engine/codegen.rsに実装するが、./src/engine.rsで定義するInstruction型と、./src/helper.rsで定義するトレイトと関数も参照するため、その説明をはじめに行う。

1. Instruction型

先にも述べたとおり、コード生成器は、表6.4で示した規則に従ってASTからアセンブリを生成するコンポーネントとなる。一般的なコンパイラでは、アセンブリをさらに**アセンブラ（assembler）**によって機械語に変換するが、本実装ではRustの型を用いて、アセンブリから機械語に相当するRustの値に変換する。つまり、ASTから下記コードで示す型の値に変換する。なお、この型はコード生成器のみならず、評価器からも参照するため./src/engine.rsファイルに定義する。

./src/engine.rs：Instruction型

```
#[derive(Debug)]
pub enum Instruction {
    Char(char),
    Match,
    Jump(usize),
    Split(usize, usize),
}

impl Display for Instruction {
    fn fmt(&self, f: &mut fmt::Formatter<'_>) -> fmt::Result {
        match self {
            Instruction::Char(c) => write!(f, "char {}", c),
            Instruction::Match => write!(f, "match"),
            Instruction::Jump(addr) => write!(f, "jump {:>04}", addr),
            Instruction::Split(addr1, addr2) =>
                write!(f, "split {:>04}, {:>04}", addr1, addr2),
        }
    }
}
```

見てのとおり、このInstruction型はアセンブリ命令の表現と対応する型となる。この型にはDisplayを実装しており、println!マクロなどでアセンブリコードを表示できるようにしている。

Tips

Rustの場合、コードのパース後、マクロ展開や名前解決がされ、ASTから、高級中間表現[14]、型付き高級中間表現[15]、中級中間表現[16]へと順に変換される。その後、LLVM IR[17]と呼ばれる中間表現へ変換され、最後に実行可能なバイナリ列へと変換される。LLVMとは、マルチプラットフォーム対応のコンパイラ基盤であり、LLVMを用いてCやC++コンパイラなども実装されている。

2. 安全な加算

ヘルパモジュール./src/helper.rsでは、**オーバーフロー（overflow）**を考慮した加算を行えるようなトレイトの定義を行う。コンピュータ技術でいうところのオーバーフローとは、その型では表現できない大きな値を扱ったときに、上位桁の値が無視されることをいう。たとえば、u8型は0から255までの整数を表現可能だが、u8型の値255に1を足すと、256ではなく0となってしまう。オーバーフローが原因で起きた有名なバグにTherac-25[18]という放射線療法機器の例があり、そのバグの結果、人が亡くなっている。ゲームなどでのオーバーフローのバグは裏技として扱われるかもしれないが、人命や重要インフラに関わるようなソフトウェアでは、四則演算といった単純な機能であっても考慮が必要である。

Rustでは、checked_addというメソッドが組み込み型に定義されているが、本実装ではそれらを包むトレイトと関連関数を定義して利用する。次のコードは、安全に加算を行うためのトレイトである。

./src/helper.rs：SafeAdd トレイト

```
pub trait SafeAdd: Sized {
    fn safe_add(&self, n: &Self) -> Option<Self>;
}
```

このSafeAddトレイトは、トレイト制約としてSizedトレイトの実装を求めている。SizedトレイトはRustのコンパイラによって特別に扱われるトレイトであり、Sizedトレイトの実装される型は、同一の型であればすべて同じサイズでデータ以外の余分な情報を持たないような型である。Sizedを要求する理由は、checked_addが定義されるCheckedAddトレイトのトレイト制約であるからである。

次のコードは、usize型のSafeAddトレイトの実装である。SafeAddトレイトの実装は単純で、checked_addを呼び出すだけである。

./src/helper.rs：usize 型の SafeAdd トレイトの実装

```
impl SafeAdd for usize {
    fn safe_add(&self, n: &Self) -> Option<Self> {
        self.checked_add(*n)
    }
}
```

最後に、加算と代入を同時に行い、任意のエラーをResult型で返せるようなsafe_add関数を定義する。

./src/helper.rs：safe_add 関数

```
pub fn safe_add<T, F, E>(dst: &mut T, src: &T, f: F) -> Result<(), E> // (1)
where
    T: SafeAdd,
    F: Fn() -> E, // (2)
{
    if let Some(n) = dst.safe_add(src) { // (3)
        *dst = n;
        Ok(())
    } else {
        Err(f())
    }
}
```

(1) 型引数 T が加算する値の型、 F がエラーを返す関数の型、 E がエラーの型である。

(2) エラーを返す関数の型に Fn トレイト制約を指定することで、関数型であると示すことができる。こうすることで、クロージャなどを引数 f に渡すことができる。 Rust で関数を引数に取る関数を書く際の定石なので、覚えておくとよいだろう。

(3) safe_add 関数で安全に加算し、成功した場合は dst を更新する。失敗した場合は f() の返すエラーを返す。

このようにすることで、安全に加算を行えるようになる。ここでは、usize 型のみに SafeAdd トレイトを実装したが、他の型でも同じようにできる。

本書では、エラーを動的ディスパッチで返す方法を用いる。動的ディスパッチでエラーを返すためには、Box<dyn std::error::Error>を利用するとできる。しかし、Error トレイトのみを実装していた場合、エラーの値をマルチスレッド間で共有できない。そのため、Send と Sync トレイトの実装も要求したほうがよい。また、'static トレイト境界を指定すると、そのエラー値のライフタイムが'static であることを要求でき、'static なエラー値は std::error::downcast_ref() メソッドなどで、元のエラー値への参照を取得できるという利点がある。そのため、本書を通して以下のようなエラー型を用いる。

./src/helper.rs：DynError 型

```
pub type DynError = Box<dyn std::error::Error + Send + Sync + 'static>;
```

3. コード生成器の実装

続いて、コード生成器のコードである ./src/engine/codegen.rs について説明する。次のコードは、./src/engine/codegen.rs のインポート部分である。

./src/engine/codegen.rs：インポート部分

```
use super::{parser::AST, Instruction};
use crate::helper::safe_add;
```

```
use std::{
    error::Error,
    fmt::{self, Display},
};
```

ここで、super::は現在のコードの1つ上を、crate::は現在のクレートのトップを表す特殊なパスとなる。

次のコードは、コード生成エラーを表す型であり、先に説明したパースエラーの型と同様に、Debug、Display、Errorトレイトを実装する。

./src/engine/codegen.rs：CodeGenError型

```
/// コード生成エラーを表す型。
#[derive(Debug)]
pub enum CodeGenError {
    PCOverFlow,
    FailStar,
    FailOr,
    FailQuestion,
}

impl Display for CodeGenError {
    fn fmt(&self, f: &mut fmt::Formatter<’_>) -> fmt::Result {
        write!(f, "CodeGenError: {:?}", self)
    }
}

impl Error for CodeGenError {}
```

PCOverFlowは、コード生成中にオーバーフローが起きた場合のエラーで、FailStar、FailOr、FailQuestionが、*、|、?のコード生成エラーとなる。

続いて、実際にコード生成を行うコードを示そう。次のコードは、コード生成時に状態を保存する構造体であり、本実装ではこの型にコード生成用のメソッドを定義していく。

./src/engine/codegen.rs：Generator型

```
/// コード生成器。
#[derive(Default, Debug)]
struct Generator {
    pc: usize,
    insts: Vec<Instruction>,
}
```

pcが次に生成するアセンブリ命令のアドレスを示し、instsが生成された命令列を保持する。つまり、命令が1つ生成されると、pcの値がインクリメントされ、その命令がinstsにプッシュされる。これから説明するコードは、impl Generator内に実装される、Generatorのメソッドとなる。また、deriveにDefaultを指定しているため、Generator型の値はdefault関数を呼び出すだけで初期化できるようになる。

次のコードは、pc をインクリメントするメソッドである。インクリメントには safe_add 関数を用い、オーバーフローによる不正な動作を検知するようにしている。

./src/engine/codegen.rs：impl Generator 内の inc_pc メソッド

```
/// プログラムカウンタをインクリメント。
fn inc_pc(&mut self) -> Result<(), CodeGenError> {
    safe_add(&mut self.pc, &1, || CodeGenError::PCOverFlow)
}
```

このように、safe_add の第 2 引数には、オーバーフローが起きた場合のエラーを返すクロージャを渡す。値を直接渡すのではなくクロージャを渡すことで、Box によるメモリアロケーションを遅延させることができる。つまり、インクリメントに成功した場合はメモリアロケーションは行われず、オーバーフローが発生した場合にのみメモリアロケーションが行われる。このような、式の評価を必要となるまで遅らせる戦略は**遅延評価（lazy evaluation）**と呼ばれる。一般的にメモリアロケーションはコストの大きい操作であり、ほとんどの場合はインクリメントに成功するため、遅延評価を用いると実行時のコストを削減できる。

Tips

より正確にいうと、遅延評価は関数の引数にある式ではなく、関数適用を先に行う評価戦略である。関数の引数にある式を先に評価する評価戦略は、**正格評価（strict evaluation）**と呼ばれる。Rust をはじめ、ほとんどのプログラミング言語は正格評価を標準の評価戦略として採用しており、遅延評価は Haskell など一部の言語のみで採用されている。

次のコードは、AST 型の値を受け取り、コード生成を行うメソッドである。

./src/engine/codegen.rs：impl Generator 内の gen_expr メソッド

```
/// AST をパターン分けし、コード生成を行う関数。
fn gen_expr(&mut self, ast: &AST) -> Result<(), CodeGenError> {
    match ast {
        AST::Char(c) => self.gen_char(*c)?,
        AST::Or(e1, e2) => self.gen_or(e1, e2)?,
        AST::Plus(e) => self.gen_plus(e)?,
        AST::Star(e) => self.gen_star(e)?,
        AST::Question(e) => self.gen_question(e)?,
        AST::Seq(v) => self.gen_seq(v)?,
    }

    Ok(())
}
```

この関数は、引数 ast の値に応じて、適切なコード生成関数を呼び出すだけである。つまり、gen_

char などが実際のコード生成関数となる。このように、コード生成関数はそれぞれのノードの種類に応じた数だけ定義するが、本書では、gen_seq、gen_char、gen_or のみ解説する。なぜなら、コード生成の本質を理解するには、これらを理解するのみで十分であると考えるからである。ここで説明しないコードについては、Web で配布するソースコードを参照してほしい。

次のコードは、連続する AST のコードを生成するためのメソッドとなる。

./src/engine/codegen.rs：impl Generator 内の gen_seq メソッド

```
/// 連続する AST のコード生成。
fn gen_seq(&mut self, exprs: &[AST]) -> Result<(), CodeGenError> {
    for e in exprs {
        self.gen_expr(e)?;
    }

    Ok(())
}
```

このコードは単純に、for で引数 exprs をイテレートし、gen_expr でそれらの命令列を生成するのみである。

次のコードは、char 命令を生成するメソッドである。

./src/engine/codegen.rs：impl Generator 内の gen_char メソッド

```
/// char 命令生成関数。
fn gen_char(&mut self, c: char) -> Result<(), CodeGenError> {
    let inst = Instruction::Char(c);
    self.insts.push(inst);
    self.inc_pc()?;
    Ok(())
}
```

見てのとおり、このコードは対応する命令を生成して pc をインクリメントしているだけである。基本的には、他のコード生成もこの単純な操作を組み合わせているだけなので、このコードをしっかりと頭に入れておいてほしい。

次のコードは、OR 演算子のコード生成メソッドである。このコードが理解できれば、他のコード生成メソッドの実装も想像がつくだろう。

./src/engine/codegen.rs：impl Generator 内の gen_or メソッド

```
/// OR 演算子のコード生成器。 (1)
///
/// 以下のようなコードを生成。
///
/// ```text
///     split L1, L2
/// L1: e1 のコード
///     jmp L3
/// L2: e2 のコード
```

```
/// L3:
/// ```
fn gen_or(&mut self, e1: &AST, e2: &AST) -> Result<(), CodeGenError> {
    // split L1, L2 (2)
    let split_addr = self.pc;
    self.inc_pc()?;
    let split = Instruction::Split(self.pc, 0); // L1 = self.pc。 L2 は仮に 0 と設定
    self.insts.push(split);

    // L1: e1 のコード (3)
    self.gen_expr(e1)?;

    // jmp L3 (4)
    let jmp_addr = self.pc;
    self.insts.push(Instruction::Jump(0)); // L3 を仮に 0 と設定

    // L2 の値を設定 (5)
    self.inc_pc()?;
    if let Some(Instruction::Split(_, l2)) = self.insts.get_mut(split_addr) {
        *l2 = self.pc;
    } else {
        return Err(Box::new(CodeGenError::FailOr));
    }

    // L2: e2 のコード (6)
    self.gen_expr(e2)?;

    // L3 の値を設定 (7)
    if let Some(Instruction::Jump(l3)) = self.insts.get_mut(jmp_addr) {
        *l3 = self.pc;
    } else {
        return Err(Box::new(CodeGenError::FailOr));
    }

    Ok(())
}
```


(1) 「///」で始まる関数定義直前のコメント行は、マークダウン形式のドキュメントとして利用される。改行を挿入したい場合は、このように、空行を 1 行挿入する必要がある。また、3 つのクォーテーションで囲まれた行はコードブロックとなり、テスト時に実行される Rust のコードとされる。しかし、ここでは Rust のコードではなくアセンブリコードを記載したいため、`text` を指定している。

(2) まず、`split` 命令の生成を行う。`L1` は `split` 命令の次のアドレスであるため、`pc` をインクリメントした後の値となる。`L2` は e_1 と e_2 のコード生成後でないと決定できないため、ここでは仮に 0 と設定している。

(3) e_1 のコードを再帰的に生成。

(4) `jmp L3` 命令を生成。ここも同様に、`L3` は e_2 のコード生成後でないと決定できないため、仮に

0 と設定している。

(5) この時点の pc が L2 となるため、pc の値を split 命令中の L2 の値として設定する。

(6) e_2 のコードを再帰的に生成。

(7) この時点の pc が L3 となるため、pc の値を jmp 命令中の L3 の値として設定する。

ここが、コード生成の最も難しい部分となる。重要な点は、L2 の具体的な行番号は、L1 を処理している時点ではわからないということである。そのため、L1 を生成する時点では、L2 を仮に 0 と設定して、後で L2 の値が判明した時点で設定する。L3 についても同様である。ほかは基本的に char 命令のコード生成とそれほど変わらないため、小さく分解して理解することを念頭に置いてコードを読んでほしい。

次のコードは、AST を受け取ってコード生成を行い、match 命令を行うメソッドとなる。

./src/engine/codegen.rs：impl Generator 内の gen_code メソッド

```
/// コード生成を行う関数の入り口。
fn gen_code(&mut self, ast: &AST) -> Result<(), CodeGenError> {
    self.gen_expr(ast)?;
    self.inc_pc()?;
    self.insts.push(Instruction::Match);
    Ok(())
}
```

コード生成では、このコードがはじめに呼び出される。以上が、Generator のメソッド定義で、これらの関数が呼び出されてコード生成が行われる。

コード生成を行うためには、Generator の初期化を行って、上記の gen_code メソッドを呼び出す必要がある。次のコードに、それを行う関数を示す。

./src/engine/codegen.rs：get_code 関数

```
/// コード生成を行う関数。
pub fn get_code(ast: &AST) -> Result<Vec<Instruction>, CodeGenError> {
    let mut generator = Generator::default();
    generator.gen_code(ast)?;
    Ok(generator.insts)
}
```

Generator の初期化は default 関数を呼び出すだけで行える。この関数が、モジュール外部へ公開する **Application Programming Interface（API）** となる。API とは、このライブラリを利用するために規定されたインターフェースのことである。設計の簡潔さという観点からすると、極力単純化した関数のみをモジュール外部へ提供する API として定義したほうがよい。そうすることで、より抽象度の高いモジュールとなり、保守も容易になる。抽象度が高いということは、つまり、モジュール利用者が内部実装の詳細を知らなくても容易に利用可能になるということである。

6.3.3　評価器

本項では、評価器について説明する。その前に、**深さ優先探索（depth first search）**と、**幅優先探索（breadth first search）**について説明する。図 6.11 は深さ優先探索と幅優先探索の方法を表したものである。この図では、ある木構造があり、そのノードを破線で示す矢印の順でたどっていくとする。なお、図中の番号がノードをたどる順番である。深さ優先探索は、名前のとおり、縦方向、つまり深いノードを先に探索するが、幅優先探索では横方向に探索する。深さ優先探索は失敗した場合に来た道を後ろ向きにたどるようにも見えることから、**バックトラッキング（backtracking）**とも呼ばれる。このように、探索方法は基本的に 2 種類あるが、本書では深さ優先探索の実装について説明する。幅優先探索の実装については、Web で配布するソースコードを参照してほしい。

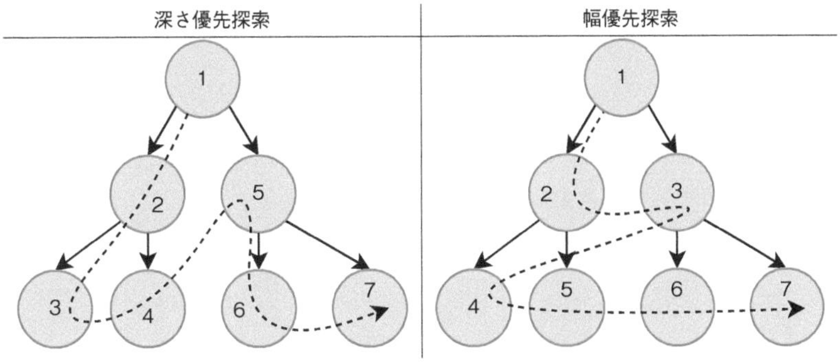

図 6.11　深さ優先探索と幅優先探索

評価器は、コード生成器によって生成された命令列と、マッチを行う文字列を受け取り結果を返す。まずはじめに、次のコードにインポートを示す。

./src/engine/evaluator.rs：インポート

```
use super::Instruction;
use crate::helper::safe_add;
use std::{
    collections::VecDeque,
    error::Error,
    fmt::{self, Display},
};
```

VecDeque はキューの先頭と最後尾の両方へデータの挿入と削除を行うことができるデータ構造であり、内部実装的にはベクタのリストで実装されるため、効率的に挿入と削除を行うことができる。ただし、この型は幅優先探索の実装で用いるため、本書では説明しない。

次のコードは評価時のエラー型のコードとなる。エラー型については、これまでとまったく同じように定義する。

./src/engine/evaluator.rs：EvalError 型

```
#[derive(Debug)]
pub enum EvalError {
    PCOverFlow,
    SPOverFlow,
    InvalidPC,
    InvalidContext,
}

impl Display for EvalError {
    fn fmt(&self, f: &mut fmt::Formatter<'_>) -> fmt::Result {
        write!(f, "CodeGenError: {:?}", self)
    }
}

impl Error for EvalError {}
```

PCOverFlow と SPOverFlow は、評価時に PC と SP がオーバーフローした際に発生するエラーとなり、InvalidPC と InvalidContext は評価器の実装に誤りがある場合に発生するエラーとなる。なお、InvalidContext は幅優先探索時のみに発生するエラーとなる。

次のコードは、深さ優先探索でマッチングを行う関数である。

./src/engine/evaluator.rs：eval_depth 関数

```
/// 深さ優先探索で再帰的にマッチングを行う関数。
fn eval_depth(
    inst: &[Instruction],
    line: &[char],
    mut pc: usize,
    mut sp: usize,
) -> Result<bool, EvalError> {
    loop {
        let next = if let Some(i) = inst.get(pc) {
            i
        } else {
            return Err(Box::new(EvalError::InvalidPC));
        };

        match next {
            Instruction::Char(c) => {
                if let Some(sp_c) = line.get(sp) {
                    if c == sp_c {
                        safe_add(&mut pc, &1, || Box::new(EvalError::PCOverFlow))?;
                        safe_add(&mut sp, &1, || Box::new(EvalError::SPOverFlow))?;
                    } else {
                        return Ok(false);
                    }
                } else {
                    return Ok(false);
                }
            }
```

```
            Instruction::Match => {
                return Ok(true);
            }
            Instruction::Jump(addr) => {
                pc = *addr;
            }
            Instruction::Split(addr1, addr2) => {
                if eval_depth(inst, line, *addr1, sp)? ||
                   eval_depth(inst, line, *addr2, sp)? {
                    return Ok(true);
                } else {
                    return Ok(false);
                }
            }
        }
    }
}
```

この関数は、基本的に表 6.3 のとおりの操作を行うのみで、非常に単純であり、一度表 6.3 を見てから、次にこのコードを見ると容易に理解できるはずである。ただし、`split` 命令はスレッドを生成するのではなく、再帰的にこの関数を呼び出すことで同等な機能を実現している。

Tips

このように擬似的な命令を実行するような機械は**擬似マシン（pseudo machine）**や、**抽象機械（abstract machine）**などと呼ばれる。Java や Erlang 言語の処理系も同様な機構を持っており、それらは**仮想マシン（virtual machine）**と呼ばれている。しかし、仮想マシンという用語は、現実に存在する機械をソフトウェアで再現したマシンのことを指すべきであると筆者は考えており、この命名についてはいささか疑問が残る。

次のコードは、評価器の提供する API を示している。

./src/engine/evaluator.rs：eval 関数

```
/// 命令列の評価を行う関数。
///
/// inst が命令列となり、その命令列を用いて入力文字列 line にマッチさせる。
/// is_depth が true の場合に深さ優先探索を、 false の場合に幅優先探索を行う。
///
/// 実行時にエラーが起きた場合は Err を返す。
/// マッチ成功時は Ok(true) を、失敗時は Ok(false) を返す。
pub fn eval(inst: &[Instruction], line: &[char], is_depth: bool)
    -> Result<bool, EvalError> {
    if is_depth {
        eval_depth(inst, line, 0, 0)
    } else {
        eval_width(inst, line)
```

```
    }
}
```

eval関数は、instに命令列を、lineにマッチを行う文字列を引数として取り、さらに、is_depthに深さ優先か幅優先のどちらでマッチングを行うかを示す引数も取る。この関数は基本的に、それぞれのマッチング関数を呼び出すのみとなる。

6.3.4　仕上げ

本項では、engine.rs、main.rs、lib.rsの実装について説明する。engine.rsはengineモジュール定義に、main.rsは実行ファイル生成に必要で、lib.rsはライブラリ用のファイルとなる。lib.rsを用意する理由は2つあり、外部クレートから正規表現エンジンを利用できるようにするためと、criterionで実行速度計測をできるようにするためである。なお、実行速度計測については次項で説明する。

1. engine.rs

./src/engine.rsでは、6.3.2項で説明したInstruction型、正規表現と文字列のマッチングを行うdo_matching関数、デバッグ用に正規表現のASTと命令列を表示するprint関数を定義する。ただし、print関数は単に表示するのみであるため、説明は省略する。

次のコードは、./src/engine.rsのモジュール定義とインポートである。

./src/engine.rs：モジュール定義とインポート

```
//! 正規表現エンジン。
mod codegen;
mod evaluator;
mod parser;

use crate::helper::DynError;
use std::fmt::{self, Display};
```

engineモジュールは、さらにサブモジュールとしてコード生成器、評価器、パーサのモジュールを持ち、それらを定義している。

次のコードは、マッチングを行う関数である。

./src/engine.rs：do_matching関数

```
/// 正規表現と文字列をマッチング。
///
/// # 利用例
///
/// ```
/// use regex;
/// regex::do_matching("abc|(de|cd)+", "decddede", true);
/// ```
```

```
///
/// # 引数
///
/// exprに正規表現、 lineにマッチ対象とする文字列を与える。
/// is_depthがtrueの場合は深さ優先探索を、 falseの場合は幅優先探索を利用。
///
///
/// # 返り値
///
/// エラーなく実行でき、かつマッチングに**成功**した場合はOk(true)を返し、
/// エラーなく実行でき、かつマッチングに**失敗**した場合はOk(false)を返す。
///
/// 入力された正規表現にエラーがあったり、内部的な実装エラーがある場合はErrを返す。
pub fn do_matching(expr: &str, line: &str, is_depth: bool)
    -> Result<bool, DynError> {
    let ast = parser::parse(expr)?;
    let code = codegen::get_code(&ast)?;
    let line = line.chars().collect::<Vec<char>>();
    Ok(evaluator::eval(&code, &line, is_depth)?)
}
```


この関数が外部に公開するAPIとなるため、ドキュメンテーションコメントをしっかり記載する。APIドキュメントには、利用例、引数、返り値、エラーについて説明するのが定石である。これらの説明さえあれば、正規表現エンジンの詳細実装がわからなくても利用することができる。インターフェース定義とそのドキュメントこそが、ソフトウェアのモジュール化のキモなので、手を抜かずに行おう。

2. main.rs

./src/main.rsでは、実行時に行う細々とした処理を実装する。

次のコードは、./src/main.rsのモジュール定義とインポートとなる。

./src/main.rs：モジュール定義とインポート

```
mod engine;
mod helper;

use helper::DynError;
use std::{
    env,
    fs::File,
    io::{BufRead, BufReader},
};
```

ここでは、engineとhelperモジュールを定義している。インポート部分にあるenvは環境変数やコマンドライン引数を扱うためのモジュールで、fs::Fileとio::BufReadなどはファイル読み込み時に必要なモジュールである。

マッチングのコードを説明する前に、**バッファ（buffer）**と文字列エンコードについて説明しよう。コンピュータでは、通常、ファイルの読み書きはOSの**システムコール（system call）**を介して、実

際にデータが格納されたディスクにアクセスして行う。しかし、システムコール呼び出しやディスクアクセスは**レイテンシ（latency）**の大きい、つまり、遅いアクセスである（システムコールはOSの提供するAPIで、レイテンシは遅延を意味する）。そこで、システムコールとディスクアクセスの回数を減らすため、一度に大量のデータを読み込んで、それをアクセス速度の速いメモリに保存し、小さな読み込みはそのメモリを介して行われるようにする。その一時保管先のメモリのことをバッファと呼び、バッファを用いることをバッファリングと呼ぶ。

図 6.12 は、バッファを用いない読み書きと、バッファを用いる読み書きを示している。プログラム A はバッファを用いないため、ファイルの読み書きを行うと、必ずシステムコール呼び出しが行われる。一方、プログラム B では、データが一時的にバッファに保管され、読み込みの場合はバッファにないデータを読み込んだときに、書き込みの場合はバッファがあふれたときにのみ、システムコールが呼び出される。

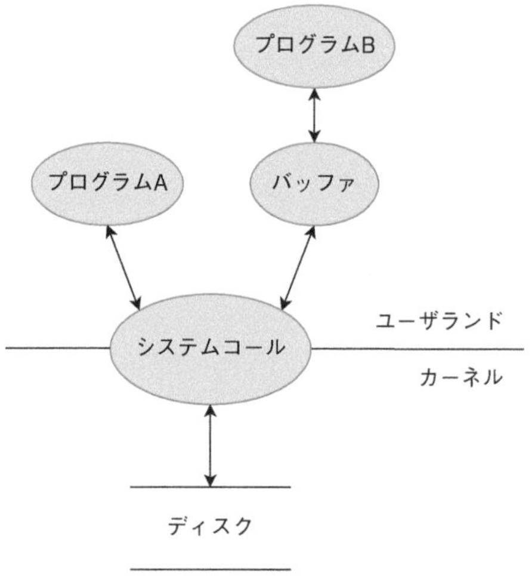

図 6.12　バッファを用いない読み書きと用いる読み書き

次に、文字列エンコードについて説明しよう。Rust では、文字列は内部的には UTF-8 と呼ばれる表現方式で扱う。UTF-8 は、**ユニコード（Unicode）**と呼ばれる文字列エンコード方式の 1 つであり、1 文字を 1〜4 バイトの可変長で表現する。たとえば、英語の「a」は 1 バイトで表現され、日本語の「あ」は 3 バイトで表現される。ユニコードは世界中のさまざまな文字をエンコードするための方式であり、多くの OS がユニコードを標準として利用している。ユニコードには、UTF-8 以外にも、UTF-16 や UTF-32 などの種類がある。UTF-16 は 1 文字を 2 か 4 バイトで、UTF-32 は 1 文字を 4 バイトで表現する。UTF-32 は 1 文字のバイト数が固定長であるため、必要なデータサイズは大きいが**ランダムアクセス（random access）**が速い。一方、UTF-8 は必要なデータサイズは小さいが、ランダムアクセスを行うには先頭から順に走査しなければならない。なお、ランダムアクセスとは、ある整列したデータがあるときに、任意の場所にアクセスするようなアクセス方法であり、先頭から順にアクセスする方法は**シーケンシャルアクセス（sequential access）**と呼ばれる。

文字	a	は			A	の			……
16進数値	0x61	0xe3	0x81	0xaf	0x41	0xe3	0x81	0xae	……
インデックス	0	1	2	3	4	5	6	7	

図 6.13 “a は A の小文字” の UTF-8 エンコード（先頭 8 バイト）

図 6.13 は、“a は A の小文字” という UTF-8 でエンコードされた文字列の、先頭 8 バイトを表したものとなる。この図のように、アルファベットの「a」や「A」は 1 バイトで表現されるが、ひらがなの「は」や「の」は 3 バイトで表現される。これは、次のコードのように文字列スライスを as_bytes で&[u8] に変換して表示すると確認できる。

文字列をバイナリで表示するコード

```
let s = "a は A の小文字".as_bytes();
for i in s {
    print!("{:x} ", i);
}
println!();
```


本章で作成するプログラムは、正規表現とファイルを読み込んで、正規表現にマッチするパターンが含まれる行を標準出力に出力する。この動作は実は、egrep という Unix プログラムとほぼ同じ挙動となるので、興味のある読者は調べてみるとよいだろう。egrep では、abc という正規表現は、abcde という文字列や ddabcef という文字列にもマッチすると判定する。これは、行中に abc というパターンが含まれるかを判定するからであり、これを行うには、次のコードに示すように、ファイルから 1 行取り出し、行頭から 1 文字ずつずらしながら正規表現にマッチングさせるとよい。

./src/main.rs：match_file 関数

```
/// ファイルをオープンし、行ごとにマッチングを行う。
///
/// マッチングはそれぞれの行頭から 1 文字ずつずらして行い、
/// いずれかにマッチした場合に、その行がマッチしたものとみなす。
///
/// たとえば、 abcd という文字列があった場合、以下の順にマッチが行われ、
/// このいずれかにマッチした場合、与えられた正規表現にマッチする行と判定する。
///
/// - abcd
/// - bcd
/// - cd
/// - d
fn match_file(expr: &str, file: &str) -> Result<(), DynError> {
    let f = File::open(file)?; // (1)
    let reader = BufReader::new(f); // (2)

    engine::print(expr)?;
    println!();
```

```
    for line in reader.lines() { // (3)
        let line = line?;
        for (i, _) in line.char_indices() { // (4)
            if engine::do_matching(expr, &line[i..], true)? { // (5)
                println!("{line}");
                break;
            }
        }
    }

    Ok(())
}
```

(1) File::open で read-only モードでファイルを開く。read-only モードでファイルを開いたファイルは、読み込みのみ可能で、書き込みはできない。ちなみに、write-only モードで開くには、File::create を利用する。
(2) open で作成した値から BufReader を生成して、バッファを用いた読み込みを可能にする。
(3) ファイルから 1 行ずつ読み込む。
(4) char_indices で、UTF-8 の文字単位でのインデックスを取得する。たとえば、図 6.13 の例だと、0、1、4、5 という値になる。
(5) 入力文字列のサブスライスを取得してマッチングを行う。

このようにすることで、egrep と同じようなマッチングが可能になる。

次に、main 関数を示そう。main では、コマンドライン引数を解析して、match_file を呼び出しているだけである。

./src/main.rs：main 関数

```
fn main() -> Result<(), DynError> {
    let args: Vec<String> = env::args().collect();
    if args.len() <= 2 {
        eprintln!("usage: {} regex file", args[0]);
        return Err("invalid arguments".into());
    } else {
        match_file(&args[1], &args[2])?;
    }

    Ok(())
}
```

コマンドライン引数とは、その名のとおりコマンドラインからの起動時にユーザから渡されるパラメータのことである。たとえば、egrep では、以下のようにするとファイル内にある文字列に対してマッチングできる。

egrep

```
$ egrep prog ch06.tex
expr: prog
    \item[\ttfamily PC] プログラムカウンタ (program counter) 。次に実行すべき命令のアドレスを示
す。
```

egrepがコマンド名であり、progが1つ目の引数、ch06.texが2つ目の引数となる。Rustではenv::args().collect()とすることで、コマンドライン引数のベクタを得られるが、そのベクタの0番目にegrep、1番目にprog、2番目にch06.texが格納される。このmain関数は、2つの引数が渡されているかをチェックし、渡されていた場合にのみmatch_fileを呼び出している。

引数の数が足りない場合は、使い方を標準エラー出力に表示してエラーを返す。文字列からエラーを生成するには、代入先の変数に型指定してintoを呼び出すとよい。

たとえば、これを実行すると以下のようになる。

実行結果

```
$ cargo run prog regex.tex
expr: prog
AST: Seq([Char('p'), Char('r'), Char('o'), Char('g')])

code:
0000: char p
0001: char r
0002: char o
0003: char g
0004: match

    \item[\ttfamily PC] プログラムカウンタ (program counter) 。次に実行すべき命令のアドレスを示
す。
```


はじめに、入力された正規表現の式と、そのASTとコードが表示され、マッチング結果が出力される。結果にはegrepと同じ行が表示されているのがわかるだろう。

3. lib.rs

次に、lib.rsを示そう。通常、このファイルはライブラリクレート時に用いるファイルであり、単体で実行可能なバイナリクレートの場合は必要ない。しかし、後ほど6.4節で述べるように、criterionでの実行速度計測のために必要とされるため、用意する。lib.rsの実装は単純で、do_matchingとprint関数を再エクスポートするだけである。次のコードは、lib.rsの実装となる。

./src/lib.rs

```
//! # 正規表現エンジン用クレート
//!
//! ## 利用例
//!
//! ```
```

```
//! use regex;
//! let expr = "a(bc)+|c(def)*"; // 正規表現
//! let line = "cdefdefdef"; // マッチ対象文字列
//! regex::do_matching(expr, line, true); // 深さ優先探索でマッチング
//! regex::print(expr); // 正規表現の AST と命令列を表示
//! ```
mod engine;
mod helper;

pub use engine::{do_matching, print};
```

pub use を利用することで、モジュール内の関数などを再エクスポートすることができる。

4. テスト

次に、テストについて説明する。テストには、正しい入力に対して正しく動作するかを検査する正常系テストと、間違った入力に対して正しくエラーとなるかを検査する異常系テストがある（5.4 節参照）。正常系と異常系が切り替わる境界となるような値を**境界値（boundary value）**といい、境界値についてテストすることを**境界値分析（boundary value analysis）**と呼ぶ。境界値は特にバグを埋め込みやすい箇所である。たとえば、＜と書くべきところを＜＝と書いてしまうのは、よくある境界値におけるバグとなる。

Rust では単体テストは各モジュールに記述できるが、今回は次のコードで示すように、main.rs に記述する。

./src/main.rs：単体テスト

```
// 単体テスト
#[cfg(test)]
mod tests {
    use crate::{
        engine::do_matching,
        helper::{safe_add, SafeAdd},
    };

    #[test]
    fn test_safe_add() {
        let n: usize = 10;
        assert_eq!(Some(30), n.safe_add(&20));

        let n: usize = !0; // 2^64 - 1 (64 bits CPU)
        assert_eq!(None, n.safe_add(&1));

        let mut n: usize = 10;
        assert!(safe_add(&mut n, &20, || ()).is_ok());

        let mut n: usize = !0;
        assert!(safe_add(&mut n, &1, || ()).is_err());
    }
```

```
    #[test]
    fn test_matching() {
        // パースエラー
        assert!(do_matching("+b", "bbb", true).is_err());
        assert!(do_matching("*b", "bbb", true).is_err());
        assert!(do_matching("|b", "bbb", true).is_err());
        assert!(do_matching("?b", "bbb", true).is_err());

        // パース成功、マッチ成功
        assert!(do_matching("abc|def", "def", true).unwrap());
        assert!(do_matching("(abc)*", "abcabc", true).unwrap());
        assert!(do_matching("(ab|cd)+", "abcdcd", true).unwrap());
        assert!(do_matching("abc?", "ab", true).unwrap());

        // パース成功、マッチ失敗
        assert!(!do_matching("abc|def", "efa", true).unwrap());
        assert!(!do_matching("(ab|cd)+", "", true).unwrap());
        assert!(!do_matching("abc?", "acb", true).unwrap());
    }
}
```


テストは、safe_addとdo_matchingの正しさを検査する。safe_addに対しては、正しく加算ができるかと、正しく失敗するかを検査する。失敗する値が今回の境界値となる。do_matchingに対しては、誤った正規表現を入力させた場合に正しくエラーとなるか、マッチが成功・失敗する正規表現と入力を与えると正しくマッチが成功・失敗するかについて検査する。上記コードをmain.rsに追加してcargo testを実行すると、テストが成功するはずである。assert_eq!マクロは、与えられた2つの値が同じかを検査し、異なる場合にパニックとし、assert!マクロは、与えられた値がtrueかを検査し、偽の場合にパニックとするようなマクロとなる。パニックが起きるとテストは失敗したとみなされる。なお、テストには、ドキュメンテーションコメント中のコードも実行されるため、ドキュメントの誤りも発見できる。

以下は、このテストの実行結果である。

./src/main.rs：単体テストの実行結果

```
$ cargo test
Running unittests (target/debug/deps/regex-129458d6d8358204)

running 2 tests
test tests::test_safe_add ... ok
test tests::test_matching ... ok

test result: ok. 2 passed; 0 failed; 0 ignored; 0 measured;
                 0 filtered out; finished in 0.00s

   Doc-tests regex

running 3 tests
test src/engine.rs - engine::do_matching (line 63) ... ok
```

```
test src/engine.rs - engine::print (line 36) ... ok
test src/lib.rs - (line 5) ... ok

test result: ok. 3 passed; 0 failed; 0 ignored; 0 measured;
                  0 filtered out; finished in 0.85s
```

このように、ここではすべてのテストが成功している。失敗した場合、つまりテストコード実行中にパニックが起きたりコンパイルエラーとなった場合は、その原因が表示される。

5. ドキュメント

以上で正規表現エンジンの実装は終了である。仕上げに、ドキュメントを生成しよう。ドキュメントの生成は以下のように行う。

ドキュメントの生成

```
$ cargo doc
```

また、プライベートモジュールのドキュメントも生成したい場合は、以下のように行う。

プライベートモジュールを含むドキュメントの生成

```
$ cargo doc --document-private-items
```

このコマンドを実行すると、`./target/doc/regex/`以下にドキュメントが生成され、その中の`index.html`を Web ブラウザで開くと、ドキュメントを閲覧できる。図 6.14 は、`index.html`を Web ブラウザで表示したものとなる。このように、Rust ではコード中に適切なコメントを書くことで、ドキュメントの作成も同時に行える。

図 6.14　生成されたドキュメント

6.4 実行速度計測

本節では、実行速度計測のコードを示す。Rustで実行速度計測を行う方法はいくつかあるが、ここではcriterionというライブラリを利用する。criterionを利用するためには、./Cargo.tomlの修正と、criterion自体のインストールが必要となる。

以下のコードは、criterionを利用するために、./Cargo.tomlへ追加した行である。

./Cargo.tomlの実行速度計測用修正

```
[dev-dependencies]
criterion = "0.3.5"

[[bench]]
name = "benchmark"
harness = false
```

これは、criterionを利用するための定型なので、このコードをそのまま利用すればよいだろう。

次に、criterionを以下のようにインストールする。

criterionのインストール

```
$ cargo install cargo-criterion
```

その後、以下のコードに示すように、実行速度計測用のコードを追加する。

./benches/benchmark.rs

```
use criterion::{criterion_group, criterion_main, Criterion};
use regex::do_matching;
use std::time::Duration;

/// (計測の id、 a?^n a^n という正規表現、文字列) というタプル。
const INPUTS: &[(&str, &str, &str)] = &[
    ("n = 2", "a?a?aa", "aa"),
    ("n = 4", "a?a?a?a?aaaa", "aaaa"),
    ("n = 6", "a?a?a?a?a?a?aaaaaa", "aaaaaa"),
    ("n = 8", "a?a?a?a?a?a?a?a?aaaaaaaa", "aaaaaaaa"),
    ("n = 10", "a?a?a?a?a?a?a?a?a?a?aaaaaaaaaa", "aaaaaaaaaa"),
];

fn depth_first(c: &mut Criterion) {
    let mut g = c.benchmark_group("Depth First");
    g.measurement_time(Duration::from_secs(12));

    for i in INPUTS {
        g.bench_with_input(i.0, &(i.1, i.2), |b, args| {
            b.iter(|| do_matching(args.0, args.1, true))
        });
    }
}
```

```
fn width_first(c: &mut Criterion) {
    let mut g = c.benchmark_group("Width First");
    g.measurement_time(Duration::from_secs(12));

    for i in INPUTS {
        g.bench_with_input(i.0, &(i.1, i.2), |b, args| {
            b.iter(|| do_matching(args.0, args.1, false))
        });
    }
}

criterion_group!(benches, width_first, depth_first);
criterion_main!(benches);
```

ここでは、$a?^n a^n$ という正規表現に対して、a^n という文字列をマッチさせたときの実行速度計測を行う。ただしこの式は、a?が n 回、a が n 回現れる正規表現となる。たとえば、n が 2 の場合は、a?a?aa という正規表現になる。これは、R. Cox が示した正規表現であり[19]、特定の正規表現実装では n が大きくなるとマッチングに必要な時間が非常に大きくなる。

このコード中の INPUTS が、そのような正規表現と文字列のタプルの配列となる。ただし、このタプルの 0 番目はラベルであり、1 番目と 2 番目が正規表現と入力文字列である。depth_first と width_first が計測用の関数であり、1 つの関数で実行された複数の計測がグループ化される。関数の名前は自由に決めてよい。bench_with_input が実際に計測を行う呼び出しである。このメソッドは、第 1 引数にラベルを、第 2 引数に計測対象に渡す引数のタプルを、第 3 引数に計測用のクロージャを渡す。

計測用クロージャの第 1 引数がベンチマーク用の値で、第 2 引数が bench_with_input の第 2 引数となる。計測は、b.iter にさらに別のクロージャを渡して、その中で計測したい関数を呼び出す。bench_with_input ではなく bench_function を代わりに用いることもできるが、bench_function はこのコードで示す args を渡すことができない。

以上を用意した後、以下のように実行すると、計測結果が得られる。なお、計測は何度か繰り返し関数を実行して行われる。

実行速度計測

```
$ cargo criterion
Depth First/n = 2       time:   [962.54 ns 979.34 ns 996.95 ns]
Depth First/n = 4       time:   [1.7295 us 1.7559 us 1.7841 us]
Depth First/n = 6       time:   [3.4062 us 3.4819 us 3.5675 us]
Depth First/n = 8       time:   [6.7443 us 6.8901 us 7.0427 us]
Depth First/n = 10      time:   [21.961 us 22.440 us 22.953 us]
```

出力結果は、95%信頼区間で表されており、左の値が下限値を、右の値が上限値を、真ん中の値が最良推定値を示す。信頼区間は指定可能である。

criterion は、さらに、./target/criterion/reports 以下に、詳細な実行速度計測のレポートを出力する。このディレクトリ以下にある index.html を開くと、図 6.15 のようなグラフを

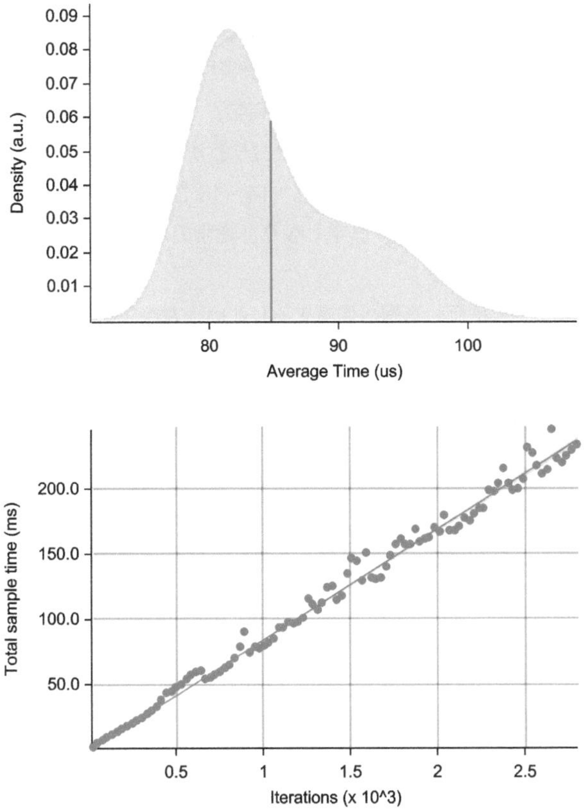

図 6.15　criterion による計測結果（Depth First/n = 10）

閲覧できる。上のグラフは、確率密度関数を推定したカーネル密度推定（KDE）と呼ばれるグラフで、横軸がマイクロ秒、縦軸が発生する確率である。下のグラフは、計測を繰り返したときの経過時間と、回帰直線を表している。このグラフより、計測結果のブレはそれほど大きくないことが読み取れる。

6.5 課題 演習問題

1. 一般的な正規表現には、任意の 1 文字を表す「.」、行頭を表す「^」、行末を表す「$」などがある。本実装にこれらを追加せよ。
2. 他の正規表現実装、あるいは他のプログラミング言語の正規表現と、本実装の実行速度を計測せよ。実行速度計測は必ずリリースバージョンで行うこと。
3. 幅優先探索でマッチングを行う関数を実装せよ。わからない場合は Web で配布するソースコードを参照せよ。
4. 深さ優先探索と幅優先探索の実行速度を計測せよ。また、どちらのほうが速くて、それはなぜかを考察せよ。

科学と真理

このコラムでは、科学と真理について考察する。科学、サイエンス（science）は、ラテン語のスキエンティア（scientia）が語源であるとされており、サイエンス、スキエンティアはもともとは単に知識（knowledge）という意味であった。14～16 世紀頃に、条件が同じなら再現可能な知識が重要視され、それがサイエンス、科学となり、通常の知識とは区別されるようになったそうだ。

科学には、「仮説を立てて検証し真理へ到達する」という大きな目標がある。ではここで、単位時間あたりに仮説が生まれる数と、単位時間あたりに検証可能な仮説の数、つまり、年間あたりに何個の仮説が生まれるかと、年間あたりに何個の仮説を検証できるかを考えてみよう。

仮説は基本的に、ある問題に対するアプローチを考案するということだが、このアプローチは複数の事実の組み合わせであることが多い。つまり、ある新しい事実が判明すると、事実の組み合わせの数もそれだけ増加する。ということは、仮説の数は現在判明している事実の組み合わせの数だけありそうに思え、新しい事実が増えるたびに、その組み合わせの数だけ新たな仮説が増えるように思える。

仮説を検証するには、人、金、時間などのさまざまなリソースが必要だが、科学技術の進歩とともに検証効率はどんどん増していくだろう。科学技術の進歩率は経済成長率とある程度合致していると仮定してみると、それは指数関数的に増えていくように思える。つまり、年間あたりに検証可能な仮説の数は、科学の発展とともに指数関数的に増えていくように思える。

指数関数的な増加は、ねずみ算とも呼ばれ、爆発的な増え方をすることで知られているが、一般的に、組み合わせの数はそれよりもさらに爆発的な増え方をする。何がいいたいかというと、年間あたりに検証できる仮説の数は指数関数的にしか増えないのに、仮説の数は年々組み合わせで増えていくことになり、永遠に仮説の検証は終わらないことになる。つまり、科学がどれほど進歩しても、仮説が増えるばかりで真理には一向に到達できないことになる。

もちろん、この議論は仮定に仮定を重ねていて正確とはいえない。当然、あるときパラダイムシフトが起きて、仮説の検証速度が一気に上がる可能性もあるだろう。はたして、我々は真理に到達できるのだろうか？

第7章 シェル

この章の概要

シェル（shell） とは、OS とユーザの橋渡しを行うソフトウェアのことであり、Linux や Windows などの OS にユーザがログインすると一番はじめに目にするソフトウェアのはずである。本章ではこのシェルについて説明し、ZeroSh と呼ばれる簡易なシェルを作成する。

シェルを作成する課題は、大学の情報系学部や大学院では伝統芸能のように行われている。その理由は、シェルはさまざまな OS の機能やプログラミング技法を利用した複合的なソフトウェアであり、OS やソフトウェアを学習するのにうってつけだからである。そのため、これを学習することは、情報系出身以外の IT 技術者や、あるいは高専、専門学校、工業高校の学生にとっても有用であるのは間違いない。そこで本章では、Rust でシェルを実装する方法を解説する。

本章では、まずはじめにシェルの基本的な使い方について説明する。その後、プログラムの実行単位であるプロセス、入出力をつかさどる端末、プロセスへのメッセージ送信手段であるシグナルについて解説する。シェルはこれらを利用して実装される。最後に、シェルの設計と Rust で実装する方法について説明する。

7.1 シェルの基本

本節では、シェルの基本について説明する。**カーネル（kernel）** とは、オペレーティングシステムの中核となるソフトウェアのことで、リソース管理と抽象化を仕事とする。シェルは英語で shell と綴り、日本語では殻という意味となり、殻のようにカーネルを覆うイメージからそう呼ばれる。

カーネルはハードウェアを抽象化して、プログラミング言語やプログラマに向けて抽象 API を提供する。シェルはそれらの API を利用して、エンドユーザ向けのインターフェースを提供する。シェルで有名なソフトウェアには `Bourne Shell (Bash)` や `Z Shell (Zsh)` がある。これらはコマンドを 1 行ずつ入力する文字列をベースとしたインターフェースであるため、**command line interface（CLI）** と呼ばれる。Mac や Windows では、グラフィカルで、マウスを用いて操作可能なシェルが標準で提供される。このようなインターフェースは **graphical user interface（GUI）** と呼ばれる。

`Bash` は Linux で標準的に用いられるシェルであり、`Zsh` は macOS のデフォルトシェルである。

ちなみに、筆者は Zsh を 20 年以上愛用している。一般的に、オペレーティングシステムとは、カーネル、シェル、いくつかの必須ソフトウェアを含むソフトウェア群のことを指す。本章では特に、Bash や Zsh など、Unix で動作する CLI 型のシェルについて説明する。

Unix では、プログラムを起動すると**標準入力（standard input）**、**標準出力（standard output）**、**標準エラー出力（standard error output）**と呼ばれる 3 つの入出力先がデフォルトで開かれる。標準出力と標準エラー出力は、Rust の場合 println! と eprintln! で出力される先で、通常は端末エミュレータに出力される。また、標準入力は通常はキーボード入力を受け取る先となる。

表 7.1 は、シェルの基本操作を示している。以下では、このうちいくつかについて、例を用いて説明する。

表 7.1　シェルの基本操作

<table>
<tr><th>コマンド</th><th>説明</th></tr>
<tr><td>cmd1 | cmd2</td><td>パイプ。cmd1 の標準出力を cmd2 の標準入力とする</td></tr>
<tr><td>cmd > file.txt</td><td>リダイレクト。cmd の標準出力を file.txt に出力</td></tr>
<tr><td>cmd >> file.txt</td><td>リダイレクト。cmd の標準出力を file.txt の末尾に出力</td></tr>
<tr><td>cmd < file.txt</td><td>リダイレクト。cmd の標準入力を file.txt から入力</td></tr>
<tr><td>cmd 2> file.txt</td><td>cmd の標準エラー出力を file.txt に出力</td></tr>
<tr><td>cmd 2>&1</td><td>cmd の標準エラー出力を標準出力に出力</td></tr>
<tr><td>cmd &</td><td>バックグラウンド実行</td></tr>
<tr><td>cmd1 && cmd2</td><td>cmd1 の実行が成功したら cmd2 を実行</td></tr>
<tr><td>cmd1 || cmd2</td><td>cmd1 の実行に失敗したら cmd2 を実行</td></tr>
<tr><td>cmd1 ; cmd2</td><td>cmd1 の実行後、cmd2 を実行</td></tr>
<tr><td>(cmd)</td><td>新たにシェルを起動し、そこで cmd を実行</td></tr>
</table>

パイプ（pipe）を用いると、前のコマンドの標準出力を、続くコマンドの標準入力とすることができる。たとえば、curl で Web サイトから情報を取得し、grep で指定した文字列を含む行を検索し、head で出力行を 3 行に絞るには以下のようにするとできる。

パイプ

```
$ curl https://www.kspub.co.jp/ | grep http | head -n 3
% Total    % Received % Xferd  Average Speed   Time    Time     Time  Current
                               Dload  Upload   Total   Spent    Left  Speed
100 66441  100 66441    0     0   366k      0 --:--:-- --:--:-- --:--:--  366k
<!DOCTYPE html PUBLIC "-//W3C//DTD XHTML 1.0 Transitional//EN" "http://www.w3.org/
<html xmlns="http://www.w3.org/1999/xhtml" xml:lang="ja" lang="ja">
<meta http-equiv="Content-Type" content="text/html; charset=UTF-8" />
```

なお、curl は指定した Web の情報を標準出力へ出力するコマンドであり、それをパイプで grep の標準入力へ入力している。その後同じくパイプで grep の標準出力を head の標準入力としている。

リダイレクト（redirect）を用いると、標準出力をファイルに保存することができる。次はリダイレクトの例である。ここでは、curl の出力を kspub.html というファイルに保存している。その後、kspub.html の内容を grep の標準入力へリダイレクトしている。

リダイレクト

```
$ curl https://www.kspub.co.jp/ > kspub.html
  % Total    % Received % Xferd  Average Speed   Time    Time     Time  Current
                                 Dload  Upload   Total   Spent    Left  Speed
100 66441  100 66441    0     0   487k      0 --:--:-- --:--:-- --:--:--  487k
$ ls kspub.html
kspub.html
$ grep http < kspub.html
<!DOCTYPE html PUBLIC "-//W3C//DTD XHTML 1.0 Transitional//EN" "http://www.w3.org/
<html xmlns="http://www.w3.org/1999/xhtml" xml:lang="ja" lang="ja">
<meta http-equiv="Content-Type" content="text/html; charset=UTF-8" />
以下省略
```

標準エラー出力をリダイレクトする場合は 2>を用いる。2 は標準エラー出力を表す番号である。標準エラー出力を標準出力へ出力するには 2>&1 を用いる。1 は標準出力を表す番号である。

コマンドの最後に&を付けて実行すると、**バックグラウンド（background）**で実行される。バックグラウンド実行は、以下のように時間のかかるコマンドを実行する際に用いることが多い。

バックグラウンド実行

```
$ curl -O -s http://ftp.jaist.ac.jp/pub/Linux/debian-cd/\
current-live/amd64/iso-hybrid/debian-live-11.1.0-amd64-standard.iso &
```


curl の-O はファイルを保存するオプションで、-s は操作メッセージを表示しないオプション（silent の略）である。ふつう、.iso ファイルは容量が多くダウンロードに時間がかかるが、こうすることで、プログラムを裏側で実行させることができる。なお、\はコマンドが複数行に続くことを指定する特殊な文字である。

&&は条件実行で、直前のコマンドが成功した場合のみ、次のコマンドを実行する。たとえば、圧縮されたファイルをダウンロードして、ダウンロードに成功したら tar コマンドで解凍するには、以下のようにする。

条件実行

```
$ curl -O http://example.com/file.tar.bz2 && tar xjfv file.tar.bz2
```

Tips

tar コマンドは標準入力からもデータを入力することができるため、この例ではパイプを用いてもよい。ただし、パイプを用いる場合は解凍済みのファイルのみしかディスクに保存されない。

コマンドが成功するまで実行するには||を、成否にかかわらず続けて実行するには; を使う。

サブシェル（subshell）は、シェルを新たに実行して、その中でコマンドを実行する。たとえば、以下のようにする。

サブシェル

```
$ (sleep 3600; echo そろそろ休憩しませんか) &
```

これは、シェルを新たに起動して、その中で sleep を実行し、3,600 秒経ったら echo を実行する。このコマンドを実行すると、1 時間後に「そろそろ休憩しませんか」というメッセージが表示される。

7.2 プロセスと端末

プロセス（process）や**端末（terminal）**は、一般的な用語であるとともに、システムソフトウェア分野では、プロセスはプログラムの実行単位を、端末はコンピュータを操作する機械を指す特別な用語でもある。本節では、プロセスと端末、およびそれらに関連する諸概念について説明する。

7.2.1 プロセスの基本

上記のとおり、プロセスとは、プログラムの実行単位のことである。通常、CLI からコマンドを入力してプログラムを実行すると、そのプログラムを実行するプロセスが 1 つ生成される。**プロセスグループ（process group）**はプロセスの集合であり、パイプなどを用いると複数のプロセスが生成され、それらは 1 つのプロセスグループになる。

セッション（session）はプロセスグループの集合であり、1 つのセッション内の全プロセスが 1 つの**制御端末（control terminal）**を共有する。制御端末とは、行入力などを行うための特殊なデバイスのことであり、制御端末を通して文字列の入出力が行われる。

セッション中には、唯一の**フォアグラウンドプロセスグループ（foreground process group）**と、複数の**バックグラウンドプロセスグループ（background process group）**がある。フォアグラウンドプロセスグループは、制御端末からの入力や後述する**シグナル（signal）**を受け取るプロセスグループであり、バックグラウンドプロセスグループは、その名のとおり裏側で実行しているプロセスグループのことである。つまり、シェルの行末に&を付けて実行した場合、そのプロセスはバックグラウンドプロセスグループとなる。

図 7.1 は、プロセスと端末の関係を表したものとなる。この図のように、制御端末は、プロセスと入出力の橋渡しを行う特殊なデバイスのことである。端末ソフトウェアは、端末エミュレータや ssh サーバなどが相当し、これらは、キーボードから入力を受け取った文字列を制御端末に送信し、制御端末から受け取った文字列を画面に出力する（ssh サーバの場合は TCP での送受信となる）。

Tips

シェルから tty コマンドを実行すると、現在のシェルが利用している制御端末がわかる（シェル A とする）。新たな端末エミュレータや ssh コネクションを開き（シェル B とする）、先ほど tty コマンドで出力された制御端末に対してリダイレクトで出力すると、シェル A 側でリダイレクトされたメッセージが表示される。つまり、シェル B 側で echo Hello > /dev/pts/0 とする。ただし、

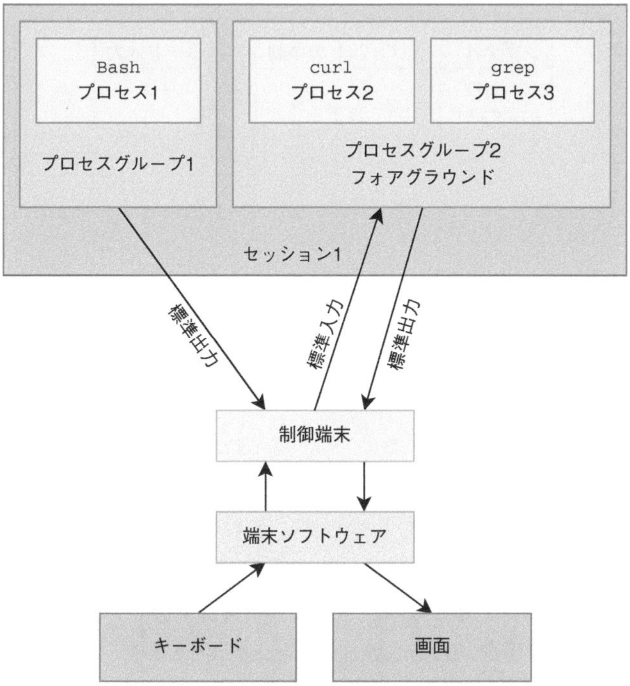

図 7.1　プロセスと端末

/dev/pts/0 は環境依存となるため、適当に置き換えてほしい。

7.2.2　シグナル

シグナルとは、あるプロセスや OS が、あるプロセスに対して送信可能なメッセージのことである。シグナルは、自分以外のプロセスと自分自身へも送信可能である。シグナルにはいくつかの事前に決められた種類があり、それらは man 7 signal コマンドで確認できる。

Tips

man はマニュアルを表示するコマンドであり、7 はセクション番号を表し、1 がユーザコマンド、2 がシステムコール、3 が C のライブラリ関数、7 がその他となる。man man とすると、man のマニュアルが表示される。

表 7.2 は、本章で利用するシグナルと、特に重要なシグナルを抜粋して記載したものである。SIGINT、SIGKILL、SIGTERM は、プロセスを終了させる場合に用いられる。プロセスは、シグナルを受信した際のデフォルトの挙動を変更できるが、SIGKILL の挙動は変更できず、SIGKILL を受信したプロセスは必ず終了する。そのため、SIGKILL はプロセスの強制終了に用いられる。SIGINT は、端末

表7.2　シグナルの種類

シグナル	デフォルトの挙動	キーボード入力
SIGINT	終了	Ctrl+c
SIGKILL	終了	
SIGSEGV	コア	
SIGTERM	終了	
SIGCHLD	無視	
SIGCONT	再開	
SIGTSTP	停止	Ctrl+z
SIGTTOU	停止	

ソフトウェアからCtrl+cを入力した際に、フォアグラウンドプロセスグループに送信されるシグナルである。

SIGSEGVもプロセスを終了させるシグナルだが、終了時に**コアファイル（core file）**と呼ばれる特殊なファイルを生成する。SIGSEGVは、OSなどが許可しない処理をプロセスが行ったときに送信されるシグナルで、C等で実装したソフトウェアでは、たびたびSIGSEGVによりプロセスが終了していたが、RustではSIGSEGVで終了するのはまれである。コアファイルは、デバッグに必要な情報が書き込まれたファイルであるが、最近では、デフォルトではコアファイルを出力しない設定になっている。Bashを利用している場合、`ulimit -c unlimited`とするとコアファイルが出力されるようになる。

SIGCHLDは、子プロセスの状態が変化したときに、親プロセスに向けて送信されるシグナルである。このシグナルを用いて、シェルやデバッガは子プロセスを制御する。SIGTSTPとSIGTTOUは、プロセスを停止させるシグナルである。SIGTSTPは、キーボードからCtrl+zを押した場合に、SIGTTOUは、バックグラウンドプロセスが標準出力へ出力した場合に送信されるシグナルである。また、SIGCONTは、停止中のプロセスを再開させるために送信されるシグナルである。

表7.3は、Linuxのプロセスの状態を示している。プロセスの状態は、`ps -o pid,state,command`で表示できる。このコマンドを実行すると、プロセスID、状態、実行コマンドが表示される。なお、状態は表7.3の略記が用いられる。プロセスが終了すると**ゾンビ（zombie）**状態となり、親プロセスはwait関数で終了した子プロセスのリソースを解放する必要がある。ゾンビ状態が存在することで、プロセスが終了した理由を取得することができる。

シグナルは、killコマンドで送信することができる。たとえば、プロセスIDが1234のプロセスにSIGKILLを送信するには、`kill -SIGKILL 1234`とする。シグナルの種類を指定しない場合

表7.3　プロセスの状態

略記	意味	
R	running or runnable	実行中または実行可能
D	uninterruptible sleep	スリープ中（割り込み不可能）
S	interruptible sleep	スリープ中（割り込み可能）
T	stopped	停止中
Z	zombie	ゾンビ（終了したが親に wait されていない）

は、SIGTERM が送信される。

以上がプロセス、端末、シグナルの簡単な説明となる。シェルとは、これらを操作してプロセス管理を行うソフトウェアのことである。以下の節では、シェルの実装を行うが、本節での説明と実装を対比することで、その概念がより明確になるだろう。

7.3 ZeroSh の実装

本節では、ZeroSh と名付ける、基本機能のみ備えた簡易なシェルを実装する。ZeroSh は、基本的なジョブ管理、プロセスのフォアグラウンドとバックグラウンド実行、パイプといくつかの組み込みコマンドをサポートする。

表 7.4 は、ZeroSh の実装で用いるファイルであるが、詳細は割愛する。以下のコードは、./Cargo.toml ファイルとなる。ここでは、ZeroSh はいくつかの外部ライブラリを利用し、パニックした際にはプログラムを終了するように指定する。

表 7.4　ZeroSh の実装で用いるファイル一覧

ファイル	説明
./Cargo.toml	Cargo 用のファイル
./src/main.rs	main 関数用のファイル
./src/shell.rs	シェル実装用のファイル
./src/helper.rs	補助的なコード用のファイル

./Cargo.toml

```
[dependencies]
dirs = "4.0.0"
rustyline = "10.0"
nix = "0.25"
signal-hook = "0.3.14"

[profile.release]
panic = "abort"

[profile.dev]
panic = "abort"
```

利用するライブラリは、ディレクトリ操作を行うための dirs、行読み込みを行うための rustyline、Unix API のラッパ（後述）である nix、シグナルを扱うための signal-hook の 4 つである。

また、panic = "abort" とすることで、パニックの際にプログラムを終了するようにする。Rust では、パニックが発生したスレッドのみに限定して、異常停止させることができる。しかし、本実装ではパニックは致命的なエラーや、実装上のミスでのみ発生させるようにするため、パニックした際には終了させるようにする。ただし、サーバなど、常時動作させておく必要があるソフトウェアの場合は、パニックを検知して適切に処理する必要がある。

次のコードは、ZeroSh のインポート部分である。関数などのインポート元を知りたい場合は、このコードを参照してほしい。

./src/shell.rs：インポート

```
use crate::helper::DynError;
use nix::{
    libc,
    sys::{
        signal::{killpg, signal, SigHandler, Signal},
        wait::{waitpid, WaitPidFlag, WaitStatus},
    },
    unistd::{self, dup2, execvp, fork, pipe, setpgid, tcgetpgrp, tcsetpgrp,
             ForkResult, Pid},
};
use rustyline::{error::ReadlineError, Editor};
use signal_hook::{consts::*, iterator::Signals};
use std::{
    collections::{BTreeMap, HashMap, HashSet},
    ffi::CString,
    mem::replace,
    path::PathBuf,
    process::exit,
    sync::mpsc::{channel, sync_channel, Receiver, Sender, SyncSender},
    thread,
};
```

次のコードは、システムコール呼び出しの**ラッパ（wrapper）**である。ラッパとは「薄く包むもの」という意味であり、その名のとおり、ある関数や型などを使いやすくするために包んだ関数や型のことを指す。システムコールは、EINTR が原因で失敗する場合がある。EINTR はシステムコール中に**割り込み（interrupt）**が発生したことを示しており、再度システムコールを呼び出す必要があるが、それを自動で行う。割り込みとは、あるプログラムの実行中に他のコードの実行を行う要請の通知であり、CPU が発行したり、キーボードやネットワークインターフェースなどの入出力が原因で発行される。つまり、システムコール中に割り込みが発生すると、システムコールが中断され割り込み処理が行われる場合がある。

./src/shell.rs：syscall 関数

```
/// システムコール呼び出しのラッパ。EINTR ならリトライ。
fn syscall<F, T>(f: F) -> Result<T, nix::Error>
where
    F: Fn() -> Result<T, nix::Error>,
{
    loop {
        match f() {
            Err(nix::Error::EINTR) => (), // リトライ
            result => return result,
        }
    }
```

```
}
```

この関数は、引数 f にシステムコールを呼び出す関数を受け取り、その結果が EINTR なら再度実行する。システムコールがどのようなエラーを返すかは、man の ERRORS エントリからわかり、エラーに応じた適切な処理を行う必要がある。

./src/helper.rs には、6.3.2 項で説明した DynError 型が定義されているのみである。

7.3.1 スレッドとプロトコル設計

ZeroSh は、main、worker、signal_handler と名付ける、3 つのスレッドを用いて実装する。main スレッドは main 関数のスレッドであり、標準入力から 1 行読み込み、それを worker スレッドに転送する。signal_handler スレッドは、シグナルを受信するスレッドであり、受信したシグナルを worker スレッドに転送する。worker スレッドは、主要な処理を行うスレッドであり、プロセスの生成・管理を行う。次のコードは、上記スレッド間で送信するメッセージである。

./src/shell.rs：スレッド間のメッセージ

```
/// worker スレッドが受信するメッセージ。
enum WorkerMsg {
    Signal(i32), // シグナルを受信
    Cmd(String), // コマンド入力
}

/// main スレッドが受信するメッセージ。
enum ShellMsg {
    Continue(i32), // シェルの読み込みを再開。i32 は最後の終了コード
    Quit(i32),     // シェルを終了。i32 はシェルの終了コード
}
```

WorkerMsg は、worker スレッドが受信するメッセージの型で、ShellMsg は、main スレッドが受信するメッセージの型である。これらスレッド間のメッセージ送受信を図で表したのが、図 7.2 である。

図 7.2 は、**シーケンス図（sequence diagram）**と呼ばれる記法に基づく図である。シーケンス図は、上から下に向かう方向で時間の流れを表し、横向きの矢印でメッセージの送受信を表す。上の長方形は**オブジェクト（object）**と呼ばれ、ここでは各スレッドを示している。縦の破線は**ライフライン（lifeline）**と呼ばれ、時間の流れを表し、縦向きの長方形が、そのオブジェクト（スレッド）が有効である期間を表す。実線の横矢印は**同期的（synchronous）**、破線の横矢印は**非同期的（asynchronous）**なメッセージの送受信を表す。同期的な送受信では、送受信が見かけ上同時に実行され、非同期的な送受信では、送受信は必ずしも同時には実行されない。

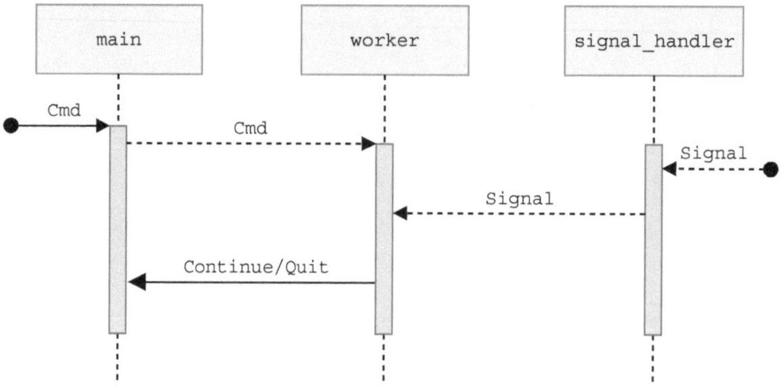

図 7.2　ZeroSh のスレッドとメッセージの仕様（シーケンス図）

Tips

カタカナで書くと、asynchronous の発音はエイシンクロナウスであり、await の発音はアウェイトである。同じ a+子音から始まる単語でも、発音が違うため紛らわしい。

基本的なプログラムの実行は次のようになる。

(1) main スレッドでコマンドを受け取り、それが worker スレッドに転送される。
(2) worker スレッドは、子プロセスを生成して待機する。
(3) signal_handler スレッドが、子プロセスの状態が変化した際に発行される SIGCHLD シグナルを受信し、それを worker スレッドに転送する。
(4) そのメッセージを受け取った worker スレッドは、子プロセスの終了処理を行い、ShellMsg::Continue を main スレッドに送信する。

シェルは上記を繰り返して、コマンド入力、プログラム実行、終了処理を繰り返す。ただし、Ctrl+z が入力された場合は、フォアグラウンドプロセスが停止するため、worker スレッドは終了処理ではなく、プロセスの停止処理を行うが、これについては後述する。なお、ShellMsg::Exit は、終了コマンドが main スレッドから入力された場合に、worker スレッドから送信されるメッセージである。このような通信に関する規格は**プロトコル（protocol）**と呼ばれ、スレッド間でメッセージ送受信を行うソフトウェアは、しばしばシーケンス図を用いて設計される。

7.3.2　main スレッド

次に、main スレッドの説明を行う。main スレッドは、他のスレッドの起動などの初期設定、標準入力からのコマンド読み込み、worker スレッドへのメッセージ送信、worker スレッドからのメッセージ受信、コマンドのヒストリファイルへの書き込みを行う。次のコードは、main スレッド用の Shell 型と、run メソッドの実装である。Shell 型は、ログファイルの保存先を示す logfile フィールドのみを持つ。

./src/shell.rs：main スレッド

```
#[derive(Debug)]
pub struct Shell {
    logfile: String, // ログファイル
}

impl Shell {
    pub fn new(logfile: &str) -> Self {
        Shell {
            logfile: logfile.to_string(),
        }
    }

    /// main スレッド。
    pub fn run(&self) -> Result<(), DynError> {
        // SIGTTOU を無視に設定しないと、 SIGTSTP が配送される (1)
        unsafe { signal(Signal::SIGTTOU, SigHandler::SigIgn).unwrap() };

        let mut rl = Editor::<()>::new()?; // (2)
        if let Err(e) = rl.load_history(&self.logfile) {
            eprintln!("ZeroSh: ヒストリファイルの読み込みに失敗: {e}");
        }

        // チャネルを生成し、 signal_handler と worker スレッドを生成 (3)
        let (worker_tx, worker_rx) = channel();
        let (shell_tx, shell_rx) = sync_channel(0);
        spawn_sig_handler(worker_tx.clone())?;
        Worker::new().spawn(worker_rx, shell_tx);

        let exit_val; // 終了コード (4)
        let mut prev = 0; // 直前の終了コード
        loop {
            // 1 行読み込んで、その行を worker スレッドに送信 (5)
            let face = if prev == 0 { '\u{1F642}' } else { '\u{1F480}' };
            match rl.readline(&format!("ZeroSh {face} %> ")) {
                Ok(line) => { // (6)
                    let line_trimed = line.trim(); // 行頭と行末の空白文字を削除
                    if line_trimed.is_empty() {
                        continue; // 空のコマンドの場合は再読み込み
                    } else {
                        rl.add_history_entry(line_trimed); // ヒストリファイルに追加
                    }

                    // worker スレッドに送信
                    worker_tx.send(WorkerMsg::Cmd(line)).unwrap();
                    match shell_rx.recv().unwrap() {
                        ShellMsg::Continue(n) => prev = n, // 読み込み再開
                        ShellMsg::Quit(n) => {
```

```
                        // シェルを終了
                        exit_val = n;
                        break;
                    }
                }
            }
            Err(ReadlineError::Interrupted) =>
                eprintln!("ZeroSh: 終了は Ctrl+d"), // (7)
            Err(ReadlineError::Eof) => {
                worker_tx.send(
                    WorkerMsg::Cmd("exit".to_string())).unwrap(); // (8)
                match shell_rx.recv().unwrap() {
                    ShellMsg::Quit(n) => {
                        // シェルを終了
                        exit_val = n;
                        break;
                    }
                    _ => panic!("exit に失敗"),
                }
            }
            Err(e) => {
                eprintln!("ZeroSh: 読み込みエラー\n{e}"); // (9)
                exit_val = 1;
                break;
            }
        }
    }

    if let Err(e) = rl.save_history(&self.logfile) { // (10)
        eprintln!("ZeroSh: ヒストリファイルへの書き込みに失敗: {e}");
    }
    exit(exit_val);
  }
}
```

(1) SIGTTOU シグナルを受信する。デフォルトの挙動だと、標準出力への書き込み時に SIGTSTP が配送されて、シェルが停止してしまう。そこで、SIGTTOU シグナルを無視するために SigIgn と設定する。シグナルの挙動の変更は signal 関数で行える。これと同名の関数が C のライブラリに存在し、man 3 signal とすると確認できる。

(2) rustyline の Editor を利用すると、標準入力からの読み込みが容易に行え、矢印キーを使った操作などをサポートできる。Editor の生成後、まずはじめに、load_history でヒストリファイルを読み込む。

(3) スレッド間で通信を行うためのチャネルを生成し、spawn_sig_handler と Worker::new().spawn で、signal_handler スレッドと worker スレッドを起動する。sync_channel(0) とすることで、同期的な通信を行うチャネルを生成可能である。

(4) exit_val は、シェルの終了時に exit 関数に渡すための変数で、prev は、直前に終了したプロセスの終了コードを保存する変数となる。

(5) ここの無限ループが、メインの処理である。ここでは、readline で 1 行読み込んで、その値に応じた処理を行う。

(6) ここが主たる処理を行う箇所である。コマンドの読み込みに成功した場合、まず、行頭と行末の空白文字を trim で削除し、それを add_history_entry でヒストリファイルに追加する。その後、worker スレッドへコマンドを送信し、worker スレッドの処理が完了するまで recv で待機する。

(7) コマンド読み込み時に割り込みが発生した場合は、再実行する。これは、主に Ctrl+c が入力された場合に発生し、誤ってシェルを終了させてしまうことを防ぐために、このようにしている。

(8) Ctrl+d を入力すると、**End of File**（**EOF**）と呼ばれる入力終了を意味する特殊な文字を入力できる。EOF が入力されると exit コマンドを worker スレッドに送信し、worker スレッドからの返答を受信後、終了する。exit コマンド実行後は、必ず Quit を受信するはずなので、それ以外を受信した場合にはパニックさせてプログラムを終了させる。

(9) 何らかの原因で標準入力からの読み込みが失敗した場合にも、シェルを終了させる。

(10) ヒストリファイルへコマンドヒストリを保存し、exit でプログラムを終了させる。

若干コードが長いが、主要な処理は上記の (5) と (6) だけであり、それ以外は、初期化か終了のための処理である。(5) と (6) で、コマンドの読み込み、worker スレッドへの送信と受信を繰り返す。これが main スレッドの主な動作である。

ShellMsg::Continue を受信した場合、コマンドの読み込みを再開し、ShellMsg::Continue には、最後に終了したプロセスの終了コードが渡される。exit 関数の引数がプログラム終了時の終了コードを示しており、Bash などの場合、echo $?とコマンドを実行すると、直前に終了したプロセスの終了コードを取得できる。

ShellMsg::Quit を受信した場合は、シェルを終了させる。ShellMsg::Continue には、シェルの終了コードが渡され、この値に exit を適用して終了させる。

7.3.3 signal_handler スレッド

signal_handler スレッドは、signal_hook ライブラリの iterator::Signals を用いてシグナルを受信し、それを worker スレッドに転送するのみである。実際のコードは以下のようになる。

./src/shell.rs：signal_handler スレッド

```
/// signal_handler スレッド
fn spawn_sig_handler(tx: Sender<WorkerMsg>) -> Result<(), DynError> {
    let mut signals = Signals::new(&[SIGINT, SIGTSTP, SIGCHLD])?;
    thread::spawn(move || {
        for sig in signals.forever() {
            // シグナルを受信し worker スレッドに転送
            tx.send(WorkerMsg::Signal(sig)).unwrap();
```

```
            }
        });

        Ok(())
    }
```

ここでは、SIGINT、SIGTSTP、SIGCHLD シグナルを受信するように、Signals のインスタンス生成時に指定している。重要なのは、子プロセスの状態変化時に通知される SIGCHLD である。SIGINT と SIGTSTP は、Ctrl+c や Ctrl+z が入力されて、シェルが終了・停止するのを防ぐために受信している。

7.3.4　worker スレッド

一般的に、シェルによって管理されるプロセスグループは**ジョブ（job）**と呼ばれる。worker スレッドは、コマンドの実行とジョブの管理を行う。worker スレッド用の型とジョブ管理用の型は以下のとおりとなる。

./src/shell.rs：プロセス情報と worker スレッド

```
#[derive(Debug, PartialEq, Eq, Clone)]
enum ProcState {
    Run,  // 実行中
    Stop, // 停止中
}

#[derive(Debug, Clone)]
struct ProcInfo {
    state: ProcState, // 実行状態
    pgid: Pid,        // プロセスグループ ID
}

#[derive(Debug)]
struct Worker {
    exit_val: i32,   // 終了コード
    fg: Option<Pid>, // フォアグラウンドのプロセスグループ ID

    // ジョブ ID から (プロセスグループ ID, 実行コマンド) へのマップ
    jobs: BTreeMap<usize, (Pid, String)>,

    // プロセスグループ ID から (ジョブ ID, プロセス ID) へのマップ
    pgid_to_pids: HashMap<Pid, (usize, HashSet<Pid>)>,

    pid_to_info: HashMap<Pid, ProcInfo>, // プロセス ID からプロセスグループ ID へのマップ
    shell_pgid: Pid,                     // シェルのプロセスグループ ID
}
```

Worker 型が worker スレッド用の型で、ProcState と ProcInfo 型がジョブ管理用の型となる。Worker の fg、jobs、pgid_to_pids、pid_to_info、shell_pgid フィールドはジョブ管理で用いる。ジョブ管理については P. 195 で説明する。exit_val は、最後に終了したプロセ

スの終了コードを保存するフィールドである。Worker 型の生成は以下のように実装する。

./src/shell.rs：impl Worker

```
impl Worker {
    fn new() -> Self {
        Worker {
            exit_val: 0,
            fg: None, // フォアグラウンドはシェル
            jobs: BTreeMap::new(),
            pgid_to_pids: HashMap::new(),
            pid_to_info: HashMap::new(),

            // シェルのプロセスグループ ID を取得
            shell_pgid: tcgetpgrp(libc::STDIN_FILENO).unwrap(),
        }
    }

    // 省略。以下で説明
}
```

tcgetpgrp という、同名の C のライブラリ関数が存在し、libc::STDIN_FILENO という**ファイルディスクリプタ（file descriptor）**に関連付けられた、フォアグラウンドのプロセスグループ ID を取得する。ここでは、つまりシェルのプロセスグループ ID を取得している。

Linux などの Unix 系 OS では、OS 内部ではプロセスに関連付けられたファイルは整数値で管理されている。たとえば、test.txt というファイルをプロセス A が開いている場合、ある整数値 fd と test.txt が関連付けられており、この値がファイルディスクリプタと呼ばれる。

当然、プロセスが異なると、同じ値のファイルディスクリプタでも異なるファイルを指す。実は、標準入力、標準出力、標準エラー出力は特定のファイルディスクリプタのことを指し、多くの場合、0 が標準入力、1 が標準出力、2 が標準エラー出力となる。通常、プロセス起動時には、これら 0〜2 までのファイルディスクリプタは、図 7.1 で示したように制御端末の入出力と関連付けられている。ちなみに、先の libc::STDIN_FILENO は標準入力を表す。

自身のプロセスグループ ID を取得するために、getpgid システムコールも利用できるが、tcgetpgrp を利用すると、シェルがフォアグラウンドであるかも検査できるため、これを利用している。簡単のため、ZeroSh は制御端末を通した実行のみサポートする。

図 7.3 は、worker スレッドの関数呼び出しをデータフロー図で表したものとなる。ただし、一部の関数は省略している。worker スレッドは、WorkerMsg::Cmd か WorkerMsg::Signal を受信し、Cmd の場合はコマンド実行を、Signal の場合は子プロセスの状態変化を行う。図 7.3 の parse_cmd がコマンド行のパース、built_in_cmd は組み込みコマンド実行、spawn_child は子プロセスの生成を行う。また、wait_child は子プロセスの状態変化管理を行う関数となる。これらの詳細は後の項で述べる。

worker スレッドの実装は次のようになる。worker スレッドは、worker_rx からメッセージを受信して、それに応じた管理を行う。つまり、コマンド実行か子プロセスの状態変化管理のどちらか

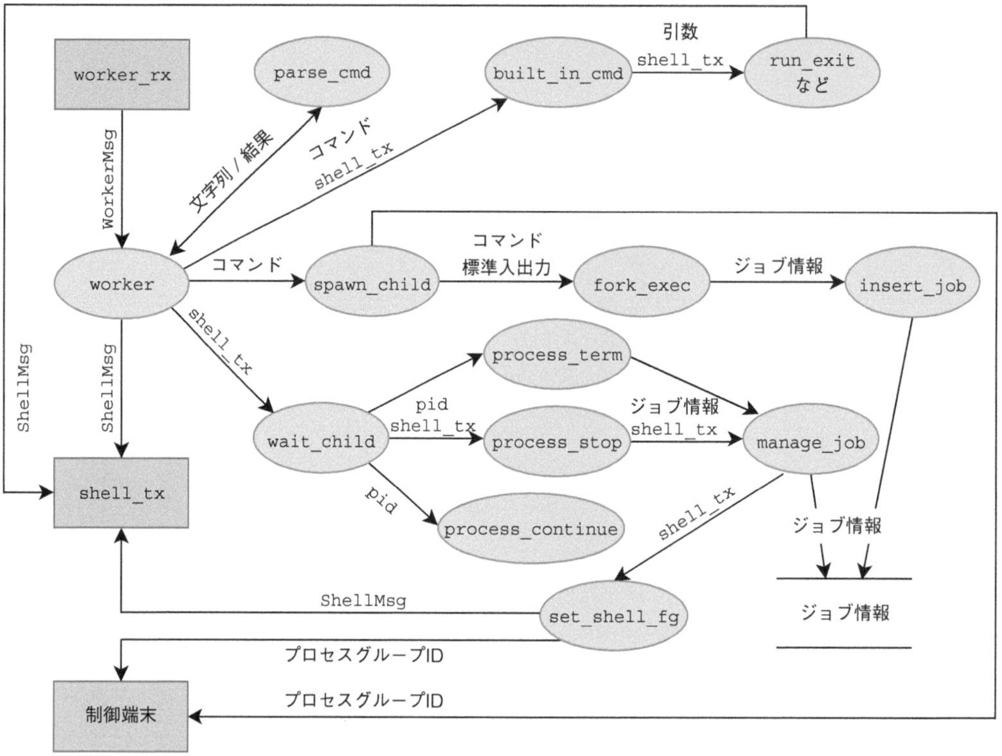

図 7.3　worker スレッドの処理概要

を行う。

./src/shell.rs：impl Worker 内の spawn メソッド

```
/// worker スレッドを起動。
fn spawn(mut self, worker_rx: Receiver<WorkerMsg>, shell_tx: SyncSender<ShellMsg>) {
    thread::spawn(move || {
        for msg in worker_rx.iter() { // (1)
            match msg {
                WorkerMsg::Cmd(line) => {
                    match parse_cmd(&line) { // (2)
                        Ok(cmd) => {
                            if self.built_in_cmd(&cmd, &shell_tx) { // (3)
                                // 組み込みコマンドなら worker_rx から受信
                                continue;
                            }

                            if !self.spawn_child(&line, &cmd) { // (4)
                                // 子プロセス生成に失敗した場合、シェルからの入力を再開
                                shell_tx.send(
                                    ShellMsg::Continue(self.exit_val)).unwrap();
                            }
                        }
```

```
                    Err(e) => {
                        eprintln!("ZeroSh: {e}");
                        shell_tx.send( // (5)
                            ShellMsg::Continue(self.exit_val)).unwrap();
                    }
                }
            }
            WorkerMsg::Signal(SIGCHLD) => {
                self.wait_child(&shell_tx); // 子プロセスの状態変化管理 (6)
            }
            _ => (), // 無視
        }
    }
});
}
```

(1) worker_rx からメッセージを受信。
(2) コマンド実行メッセージの場合、parse_cmd でメッセージをパース。
(3) built_in_cmd を呼び出し、**組み込みコマンド（built-in command）** を実行。組み込みコマンドとは、シェルの内部コマンドのことである。
(4) 組み込みコマンドでない場合は、spawn_child を呼び出し、外部プログラムを実行。
(5) コマンドのパースに失敗した場合は入力を再開するため、main スレッドに通知。
(6) SIGCHLD シグナルを受信した場合は、wait_child を呼び出し、子プロセスの状態変化を管理。

重要なのは、(3) の組み込みコマンド実行、(4) の子プロセス生成、(6) の子プロセスの状態変化管理である。上記でも説明したが、組み込みコマンドとはシェルの内部に組み込まれているコマンドのことである。たとえば、Bash の場合、cd や exit が組み込みコマンドとなる。以降では、これら関数の詳細を説明する。

Tips

Bash では help コマンドで、Zsh では man zshbuiltins コマンドで組み込みコマンド一覧を取得できる。

1. コマンドのパーサ

ここではコマンドのパーサを split を用いて実装する。split は、ある区切り文字で文字列を分割するメソッドである。たとえば、"ls -l".split(' '); とすると、"ls"と"-l"へのイテレータが返る。これを用いて、以下の parse_cmd を実装するが、実装の詳細は割愛し、章末の演習問題とする。模範解答は Web で配布するソースコードに含まれる。

./src/shell.rs：パーサ

```
type CmdResult<'a> = Result<Vec<(&'a str, Vec<&'a str>)>, DynError>;

/// コマンドをパース。
fn parse_cmd(line: &str) -> CmdResult { /* 省略 */ }
```

たとえば、"echo hello | less"を引数としてparse_cmdを呼び出すと、vec![("echo", vec!["hello"]), ("less", vec![])] というベクタが返される。ベクタの要素（タプル）がパイプで区切られたコマンドを表し、各タプルの第 0 要素がコマンドで、第 1 要素が引数となる。

ZeroSh はパイプのみをサポートするため、まずはじめに'|' で split して、その後得られた各要素に対して' ' で split するとよい。ただし、空白文字列の要素の場合は無視するか、もしくは、echo hello | | less のようにパイプの先のコマンドが指定されていない場合はエラーとする必要がある。ちなみに、split で得られたイテレータからベクタにするには、let cmd: Vec<&str> = line.split(' ').collect(); とするとよい。

2. 組み込みコマンド

次に、組み込みコマンドについて説明しよう。組み込みコマンドの実行は、以下の built_in_cmd メソッドで行う。このメソッドは、先の parse_cmd で得られた結果と、main スレッドへ通知するためのチャネル shell_tx を受け取り、組み込みコマンドを実行した場合は true を返す。

./src/shell.rs：impl Worker 内の built_in_cmd メソッド

```
/// 組み込みコマンドの場合は true を返す。
fn built_in_cmd(&mut self, cmd: &[(&str, Vec<&str>)],
                shell_tx: &SyncSender<ShellMsg>) -> bool {
    if cmd.len() > 1 {
        return false; // 組み込みコマンドのパイプは非対応なのでエラー
    }

    match cmd[0].0 {
        "exit" => self.run_exit(&cmd[0].1, shell_tx),
        "jobs" => self.run_jobs(shell_tx),
        "fg" => self.run_fg(&cmd[0].1, shell_tx),
        "cd" => self.run_cd(&cmd[0].1, shell_tx),
        _ => false,
    }
}
```

ZeroSh では、組み込みコマンドのパイプはサポート外であるため、その場合は false を返す（Bash などでは可能）。その後、コマンドに応じて適切なメソッドを呼び出す。ZeroSh でサポートする組み込みコマンドは、exit、jobs、fg、cd の 4 つであるが、ここでは exit と fg のみの実装を示す。jobs と fg コマンドの両方を実装しないと、バックグラウンド実行が正しく処理されないため、これを実装する前に、コマンド末尾の&や実行中に Ctrl+z を用いてはならない。

exit を実行する run_exit メソッドは以下のようになる。exit コマンドは、引数に数値を受け取った場合はその値でシェルを終了させ、引数がない場合は、最後に終了したプロセスの終了コードを示す self.exit_val でシェルを終了させる。

./src/shell.rs：impl Worker 内の run_exit メソッド

```
/// exit コマンドを実行。
fn run_exit(&mut self, args: &[&str], shell_tx: &SyncSender<ShellMsg>) -> bool {
    // 実行中のジョブがある場合は終了しない
    if !self.jobs.is_empty() {
        eprintln!("ジョブが実行中なので終了できません");
        self.exit_val = 1; // 失敗
        shell_tx.send(ShellMsg::Continue(self.exit_val)).unwrap(); // シェルを再開
        return true;
    }

    // 終了コードを取得
    let exit_val = if let Some(s) = args.get(1) {
        if let Ok(n) = (*s).parse::<i32>() {
            n
        } else {
            // 終了コードか整数ではない
            eprintln!("{s}は不正な引数です");
            self.exit_val = 1; // 失敗
            shell_tx.send(ShellMsg::Continue(self.exit_val)).unwrap(); // シェルを再開
            return true;
        }
    } else {
        self.exit_val
    };

    shell_tx.send(ShellMsg::Quit(exit_val)).unwrap(); // シェルを終了
    true
}
```

run_exit は、まずはじめにバックエンドで実行中のジョブがある場合はシェルを終了しないようにしている。その後、引数を調べて、引数がある場合はその値を用い、ない場合は self.exit_val を用いてシェルを終了させる。シェルを終了するには shell_tx に ShellMsg::Quit を送信すると終了する。

fg コマンドは、バックグラウンドで実行中のジョブをフォアグラウンドにする。たとえば、fg 1 と入力すると、1 番目のジョブがフォアグラウンドとなる。指定されたジョブをフォアグラウンドにすることができた場合は、シェルの読み込みは再開しないため、shell_tx には何も送信しない。失敗した場合は、shell_tx へ ShellMsg::Continue を送信して、シェルの読み込みを再開する必要がある。fg コマンドを実行する run_fg メソッドは以下のようになる。

./src/shell.rs：impl Worker 内の run_fg メソッド

```
/// fg コマンドを実行。
fn run_fg(&mut self, args: &[&str], shell_tx: &SyncSender<ShellMsg>) -> bool {
    self.exit_val = 1; // とりあえず失敗に設定
```

```
    // 引数をチェック
    if args.len() < 2 {
        eprintln!("usage: fg 数字");
        shell_tx.send(ShellMsg::Continue(self.exit_val)).unwrap(); // シェルを再開
        return true;
    }

    // ジョブ ID を取得
    if let Ok(n) = args[1].parse::<usize>() {
        if let Some((pgid, cmd)) = self.jobs.get(&n) {
            eprintln!("[{n}] 再開\t{cmd}");

            // フォアグラウンドプロセスに設定
            self.fg = Some(*pgid);
            tcsetpgrp(libc::STDIN_FILENO, *pgid).unwrap();

            // ジョブの実行を再開
            killpg(*pgid, Signal::SIGCONT).unwrap();
            return true;
        }
    }

    // 失敗
    eprintln!("{}というジョブは見つかりませんでした", args[1]);
    shell_tx.send(ShellMsg::Continue(self.exit_val)).unwrap(); // シェルを再開
    true
}
```

run_fg は、まずはじめに引数をチェックし数値に変換する。その後、引数で指定されたジョブを、tcsetpgrp 関数を用いてフォアグラウンドにする。tcsetpgrp はファイルディスクリプタとプロセスグループ ID を受け取り、そのファイルディスクリプタに関連付けられたセッションのフォアグラウンドプロセスグループを、指定されたプロセスグループとする。フォアグラウンドプロセスの変更後は、killpg で、引数で指定したプロセスグループに対して SIGCONT シグナルを送信する。停止中のプロセスが SIGCONT を受信すると、実行が再開される。先にも述べたが、フォアグラウンドプロセスを変更した場合は、シェルの読み込みは再開しない。引数に誤りがあったりした場合は、shell_tx へ ShellMsg::Continue を送信して、シェルの読み込みを再開させる。

tcsetpgrp は C のライブラリ関数で、killpg はシステムコールである。そのため、man コマンドでもこれらの詳細を知ることができる。

jobs と cd コマンドの説明は省略し、章末の演習問題とするが、以下に簡単な実装方針を示そう。こちらも、Web で配布するソースコードに解答例がある。

jobs コマンドは、現在シェルが管理して実行しているジョブ一覧を表示する組み込みコマンドである。ZeroSh では、Worker::jobs を表示するだけでよい。ただし、表示後は shell_tx に ShellMsg::Continue(Worker::exit_val) を送信してシェルの読み込みを再開させ、true を返す必要がある。

cd コマンドは、現在のワーキングディレクトリを変更するコマンドである。Rust の場合、std::env::set_current_dir でワーキングディレクトリを変更可能である。こちらも同様に、shell_tx に ShellMsg::Continue(self.exit_val) を送信してシェルの読み込みを再開させ、true を返す必要がある。

3. プロセスの生成

ここでは、プロセスの生成とパイプについて説明する。

Unix 系 OS では、プロセスの生成は fork 系と exec 系のシステムコールを用いる。図 7.4 は、プロセスの生成を示したものである。fork は、fork を呼び出したプロセス（スレッド）とまったく同じプロセスを複製するシステムコールである。図 7.4 中では、ステップ 1 で親プロセスが fork を呼び出し、親プロセスとまったく同じ子プロセスを生成している。その後、子プロセスがステップ 2 で exec を呼び出して、別のプロセスとなっている。生物に喩えるならば、プロセスの生成は、自分自身の複製と変態を連続して行うことで達成される。

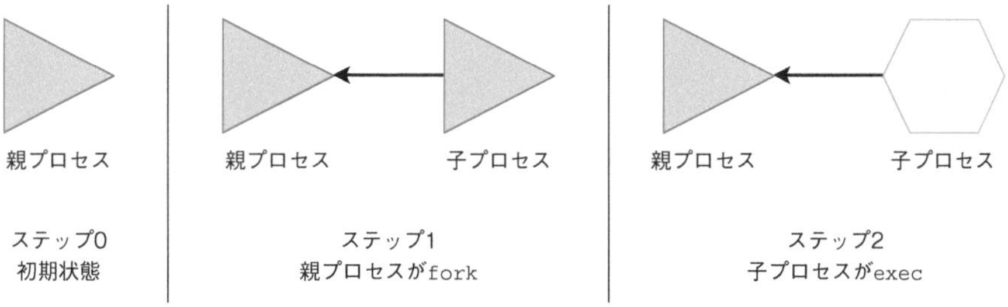

図 7.4 fork と exec

Tips

fork は、概念的に**クローン（clone）**とも呼ばれ、実際 Linux は clone という類似のシステムコールを提供している。clone はスレッド自体の実装に使われる。

次に、パイプについて説明しよう。ファイルディスクリプタは OS によって管理されるファイル管理番号で、プロセス固有の情報である。先にも述べたように、通常、0、1、2 が、それぞれ標準入力、標準出力、標準エラー出力となり、これらは制御端末の入出力と紐付いている。パイプは、たとえばシェルから**プログラム** 1 | **プログラム** 2 と実行したとき、**プログラム** 1 の標準出力と**プログラム** 2 の標準入力を結び付ける。図 7.5 は、これを図で表したものである。このように、パイプを実現するには、プロセス生成時にシェルがファイルディスクリプタを操作する必要がある。ちなみに、リダイレクトは標準出力の先がファイルとなる。

以下では、これらについて説明しよう。その前に、値のドロップ時に指定されたクロージャを実行する CleanUp 型の定義を以下に示そう。

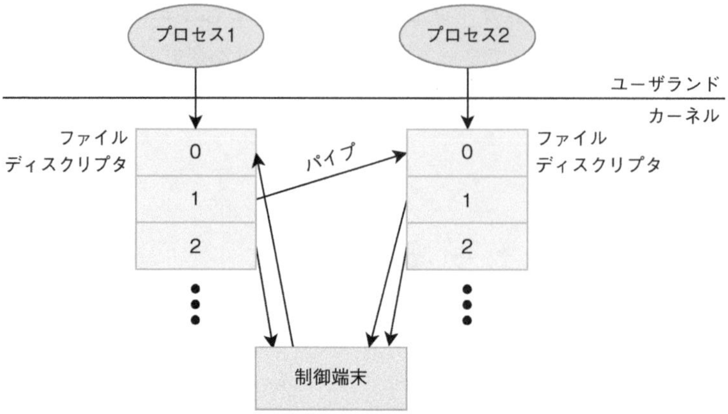

図 7.5　パイプ

./src/shell.rs：CleanUp 型

```
/// ドロップ時にクロージャ f を呼び出す型。
struct CleanUp<F>
where
    F: Fn(),
{
    f: F,
}

impl<F> Drop for CleanUp<F>
where
    F: Fn(),
{
    fn drop(&mut self) {
        (self.f)()
    }
}
```

このコードは単純に、フィールド f で示されるクロージャをドロップ時に実行するのみである。これは、ファイルディスクリプタのクローズ処理に用いる。Rust は、メモリなどのリソース解放は、ライブラリやコンパイラが自動で行ってくれるが、自前でシステムコールを用いてパイプを作成した際には、プログラマ自らが行う必要がある。CleanUp 型はそれを容易に行えるようにする。

次のコードは、子プロセスの生成を行う spawn_child メソッドの実装となる。引数 line は、コマンド実行時の行を示しており、これは実行時のコマンドを参照するためのもので、ロジック上は重要ではない。引数 cmd はコマンドのパース結果であり、この内容に応じて適切に処理を行う。cmd 中に 1 つのプログラムのみが含まれていた場合は、後述する fork_exec メソッドを呼び出して子プロセスを生成する。2 つのプログラムが含まれていた場合は、パイプを作成し、図 7.5 で示したように子プロセスを生成する。3 つ以上のプログラムが含まれていた場合は、現在のバージョンではエラーとし、これは章末の演習問題とする。子プロセスの生成後は、ジョブ情報を追加してフォアグラウンドプロセスグループを変更する。

./src/shell.rs：impl Worker 内の spawn_child メソッド

```
/// 子プロセスを生成。失敗した場合はシェルからの入力を再開させる必要あり。
fn spawn_child(&mut self, line: &str, cmd: &[(&str, Vec<&str>)]) -> bool {
    assert_ne!(cmd.len(), 0); // コマンドが空でないか検査

    // ジョブ ID を取得 (1)
    let job_id = if let Some(id) = self.get_new_job_id() {
        id
    } else {
        eprintln!("ZeroSh: 管理可能なジョブの最大値に到達");
        return false;
    };

    if cmd.len() > 2 {
        eprintln!("ZeroSh: 3 つ以上のコマンドによるパイプはサポートしていません");
        return false;
    }

    let mut input = None; // 2 つ目のプロセスの標準入力 (2)
    let mut output = None; // 1 つ目のプロセスの標準出力
    if cmd.len() == 2 {
        // パイプを作成
        let p = pipe().unwrap();
        input = Some(p.0);
        output = Some(p.1);
    }

    // パイプを閉じる関数を定義 (3)
    let cleanup_pipe = CleanUp {
        f: || {
            if let Some(fd) = input {
                syscall(|| unistd::close(fd)).unwrap();
            }
            if let Some(fd) = output {
                syscall(|| unistd::close(fd)).unwrap();
            }
        },
    };

    let pgid;
    // 1 つ目のプロセスを生成 (4)
    match fork_exec(Pid::from_raw(0), cmd[0].0, &cmd[0].1, None, output) {
        Ok(child) => {
            pgid = child;
        }
        Err(e) => {
            eprintln!("ZeroSh: プロセス生成エラー: {e}");
            return false;
        }
```

第7章

```
    }

    // プロセス、ジョブの情報を追加 (5)
    let info = ProcInfo {
        state: ProcState::Run,
        pgid,
    };
    let mut pids = HashMap::new();
    pids.insert(pgid, info.clone()); // 1つ目のプロセスの情報

    // 2つ目のプロセスを生成 (6)
    if cmd.len() == 2 {
        match fork_exec(pgid, cmd[1].0, &cmd[1].1, input, None) {
            Ok(child) => {
                pids.insert(child, info);
            }
            Err(e) => {
                eprintln!("ZeroSh: プロセス生成エラー: {e}");
                return false;
            }
        }
    }

    std::mem::drop(cleanup_pipe); // パイプをクローズ (7)

    // ジョブ情報を追加して子プロセスをフォアグラウンドプロセスグループにする (8)
    self.fg = Some(pgid);
    self.insert_job(job_id, pgid, pids, line);
    tcsetpgrp(libc::STDIN_FILENO, pgid).unwrap();

    true
}
```

(1) ジョブIDを新たに取得し、cmdで示されるプログラムの数が2以下かをチェック。

(2) cmdに2つのプログラムが示されていた場合は、パイプを作成する。パイプはnix::unistd::pipe関数で作成可能であり、これは同名のシステムコールのラッパである。pipe関数は、Rustのチャネルと同じく送信端と受信端を生成する。

(3) パイプを生成した場合、プログラマが自前でクローズしなければならない。メソッド終了時に自動的にクローズするため、CleanUp型を用いる。パイプのクローズはnix::unistd::closeで行え、これも同名のシステムコールのラッパである。

(4) fork_exec関数を呼び出して、1つ目のプロセスを生成する。第1引数はプロセスグループIDを指定する引数であり、0を渡すとプロセスグループIDが自動で決定され、この値は生成したプロセスIDと同じとなる。2つ目のプロセスグループIDには、ここで生成されたものを用いる。また、このメソッドにはコマンドと標準入出力先も渡す。

(5) 1つ目のプロセスIDを、プロセスグループIDからプロセスIDへのHashMapに追加。

(6) 2つ目のプロセスを生成し、成功した場合はそのプロセスの情報を(5)と同じHashMapに追加。

(7) パイプをクローズ。ここでクローズしても、子プロセスでは残っている。
(8) ジョブ情報を追加して、子プロセスをフォアグラウンドプロセスグループとする。フォアグラウンドプロセスグループの変更は tcsetpgrp で行う。

この実装は2プロセスの場合のみであるが、当然これは2以上のプロセスへも拡張できる。また、パイプの代わりにファイルを用いるとリダイレクトとなり、フォアグラウンドプロセスグループを変更しない場合はバックグラウンド実行となる。

次に、実際に fork と exec を行う、fork_exec 関数を示そう。この関数は、第1引数の pgid に生成する子プロセスのプロセスグループ ID を、第2と第3引数の filename と args に実行ファイルと引数を、第4と第5引数の input と output に標準入出力のファイルディスクリプタを指定する。

./src/shell.rs：fork_exec 関数

```
/// プロセスグループ ID を指定して fork & exec。
/// pgid が 0 の場合は子プロセスのプロセス ID が、プロセスグループ ID となる。
///
/// - input が Some(fd) の場合は、標準入力を fd と設定。
/// - output が Some(fd) の場合は、標準出力を fd と設定。
fn fork_exec(
    pgid: Pid,
    filename: &str,
    args: &[&str],
    input: Option<i32>,
    output: Option<i32>,
) -> Result<Pid, DynError> {
    let filename = CString::new(filename).unwrap();
    let args: Vec<CString> = args.
        iter().map(|s| CString::new(*s).unwrap()).collect();

    match syscall(|| unsafe { fork() })? { // (1)
        ForkResult::Parent { child, .. } => {
            // 子プロセスのプロセスグループ ID を pgid に設定 (2)
            setpgid(child, pgid).unwrap();
            Ok(child)
        }
        ForkResult::Child => {
            // 子プロセスのプロセスグループ ID を pgid に設定 (3)
            setpgid(Pid::from_raw(0), pgid).unwrap();

            // 標準入出力を設定 // (4)
            if let Some(infd) = input {
                syscall(|| dup2(infd, libc::STDIN_FILENO)).unwrap();
            }
            if let Some(outfd) = output {
                syscall(|| dup2(outfd, libc::STDOUT_FILENO)).unwrap();
            }
```

```
                // signal_hook で利用される Unix ドメインソケットと pipe をクローズ (5)
                for i in 3..=6 {
                    let _ = syscall(|| unistd::close(i));
                }

                // 実行ファイルをメモリに読み込み (6)
                match execvp(&filename, &args) {
                    Err(_) => {
                        unistd::write(libc::STDERR_FILENO,
                                      "不明なコマンドを実行\n".as_bytes()).ok();
                        exit(1);
                    }
                    Ok(_) => unreachable!(), // (7)
                }
            }
        }
    }
```

(1) fork を呼び出し子プロセスを生成。

(2) 子プロセスを生成後、子プロセスのプロセスグループ ID を pgid に設定。子プロセスのプロセス ID は、fork の返り値より取得可能で、nix::unistd::setpgid 関数でプロセスグループ ID を設定可能。この関数は同名のシステムコールのラッパである。

(3) 子プロセス側でも setpgid を呼び出してプロセスグループ ID を pgid に設定。pgid の第 1 引数を 0 とすると、自プロセスのプロセスグループ ID が設定される。親と子の両方で setpgid を呼び出している理由は、どちらが先に実行されるかが決定不能であり、確実にプロセスグループ ID を設定するためである。

(4) 標準入出力を引数で与えられたものに置き換える。nix::unistd::dup2 はシステムコールのラッパで、第 1 引数に元となるファイルディスクリプタを、第 2 引数に置き換え先のファイルディスクリプタを指定する。第 2 引数で示すファイルディスクリプタがすでに使われていた場合はクローズする。

(5) 標準入出力と標準エラー出力以外のファイルディスクリプタは不要なのでクローズ。

(6) nix::unistd::execvp 関数を呼び出し、実行ファイルを実行。execvp も同名のシステムコールのラッパであり、第 1 引数に実行ファイルへのパスを、第 2 引数にコマンドライン引数を指定する。標準出力への書き込みに println! ではなく write を利用しているのは、fork 後に安全に利用可能なシステムコールは限定されており、内部でメモリ確保を行う println! の利用は避けるべきだからである。詳細は man signal-safety コマンドで確認されたい。

(7) このコードへは到達しないことを unreachable! マクロで明示。

fork は親と子プロセスで合計 2 回返る。つまり、成功すると ForkResult::Parent のコードが親プロセスで実行され、ForkResult::Child のコードが子プロセスで実行される。これは重要な点なので、ぜひ理解してほしい。

forkなどはEINTRのエラーが返り、その場合はリトライする必要があるため、syscall関数を用いている。exec系はいろいろな種類があり、これはman 3 execとすると確認できる。基本的な動作は同じだが、引数の渡し方や環境変数の指定など、細かい点が異なる。

4. 子プロセスの状態変化管理

workerスレッドがWorkerMsg::SignalでSIGCHLDを受け取ると、子プロセスの状態変化を管理するwait_childメソッドを呼び出す。SIGCHLDは、子プロセスの終了、停止時に親プロセスへ通知されるシグナルである。子プロセスの状態取得はnix::sys::wait::waitpid関数で行え、これは同名のシステムコールのラッパである。子プロセスの状態変化処理はprocess_term、process_stop、process_continueの各メソッドで行う。wait_childメソッドの実装は次のとおりとなる。

./src/shell.rs：impl Worker内のwait_childメソッド

```
/// 子プロセスの状態変化を管理。
fn wait_child(&mut self, shell_tx: &SyncSender<ShellMsg>) {
    // WUNTRACED: 子プロセスの停止 (1)
    // WNOHANG: ブロックしない
    // WCONTINUED: 実行再開
    let flag = Some(WaitPidFlag::WUNTRACED | WaitPidFlag::WNOHANG |
                    WaitPidFlag::WCONTINUED);

    loop {
        match syscall(|| waitpid(Pid::from_raw(-1), flag)) { // (2)
            Ok(WaitStatus::Exited(pid, status)) => {
                // プロセスが終了 (3)
                self.exit_val = status; // 終了コードを保存
                self.process_term(pid, shell_tx);
            }
            Ok(WaitStatus::Signaled(pid, sig, core)) => {
                // プロセスがシグナルにより終了 (4)
                eprintln!(
                    "\nZeroSh: 子プロセスがシグナルにより終了{}: pid = {pid}, signal = {sig}",
                    if core { "（コアダンプ）" } else { "" }
                );
                self.exit_val = sig as i32 + 128; // 終了コードを保存
                self.process_term(pid, shell_tx);
            }
            // プロセスが停止 (5)
            Ok(WaitStatus::Stopped(pid, _sig)) => self.process_stop(pid, shell_tx),
            // プロセスが実行再開 (6)
            Ok(WaitStatus::Continued(pid)) => self.process_continue(pid),
            Ok(WaitStatus::StillAlive) => return, // waitすべき子プロセスはいない (7)
            Err(nix::Error::ECHILD) => return,    // 子プロセスはいない
            Err(e) => {
                eprintln!("\nZeroSh: waitが失敗: {e}"); // (8)
                exit(1);
            }
```

```
                #[cfg(any(target_os = "linux", target_os = "android"))] // (9)
                Ok(WaitStatus::PtraceEvent(pid, _, _) |
                WaitStatus::PtraceSyscall(pid)) => {
                    self.process_stop(pid, shell_tx)
                }
            }
        }
}
```

(1) waitpid で検知する状態を設定。WUNTRACED を指定すると停止を、WCONTINUED を指定すると実行再開を検知可能になる。WNOHANG を指定すると、waitpid 呼び出しが**ノンブロッキング（non-blocking）**となる。ノンブロッキングについてはこのページの後半で説明する。
(2) waitpid で子プロセスの状態変化を検知。第1引数にプロセスIDを指定すると特定の子プロセスのみ指定可能で、−1を指定した場合は任意の子プロセスの状態変化を検知する。
(3) 子プロセスが終了した場合は子プロセスの終了コードを示す status を保存し、process_term を呼び出す。
(4) 子プロセスがシグナルにより終了した場合は、エラーメッセージを出力して、上記と同様の処理を行う。
(5) 子プロセスが停止した場合は、process_stop を呼び出して停止処理を行う。
(6) 停止中の子プロセスの実行が再開した場合は、process_continue を呼び出して再開処理を行う。
(7) wait すべき子プロセスがいない場合や、そもそも子プロセスがいない場合は関数を終了させる。
(8) wait が失敗した場合は致命的なエラーとしてシェルを終了させる。
(9) cfg アトリビュートを使うと、特定の feature が指定された場合のみコンパイルすることができる。ptrace は Unix 系 OS で提供されるシステムコールではあるが、nix では Linux か Android のみに対応しているため、それらでコンパイルした場合にこのコードが有効となる。ptrace については第8章で説明する。

ここで重要な関数は waitpid である。waitpid で子プロセスの状態を取得し、それに応じた処理を行う。waitpid は終了したプロセスのリソース解放も行い、これを忘れるとゾンビプロセスとなり無駄にリソースを消費してしまう。

WNOHANG フラグは waitpid をノンブロッキングに呼び出すためのフラグである。ノンブロッキングではない**ブロッキング（blocking）**呼び出しを行うと、子プロセスに状態変化がない場合 waitpid の呼び出しは停止し、それを呼び出したスレッドも子プロセスの状態変化が起きるまで待機状態となり（これをブロックするという）、ノンブロッキングとすると、waitpid の呼び出し時点で子プロセスの状態変化がない場合は即座に返る。こうすることで、worker スレッドはシグナルとコマンドライン実行の両方を並行に処理できる。

次に、子プロセスの終了、停止、再開を行う関数を以下に示す。これらの関数は、プロセスIDの削除や状態変化を設定して、実際に処理を行う manage_job メソッドを呼び出すのみである。

./src/shell.rs：impl Worker 内のプロセスの終了、停止、再開処理を行うメソッド

```
/// プロセスの終了処理。
fn process_term(&mut self, pid: Pid, shell_tx: &SyncSender<ShellMsg>) {
    // プロセスの ID を削除し、必要ならフォアグラウンドプロセスをシェルに設定
    if let Some((job_id, pgid)) = self.remove_pid(pid) {
        self.manage_job(job_id, pgid, shell_tx);
    }
}

/// プロセスの停止処理。
fn process_stop(&mut self, pid: Pid, shell_tx: &SyncSender<ShellMsg>) {
    self.set_pid_state(pid, ProcState::Stop); // プロセスを停止中に設定
    let pgid = self.pid_to_info.get(&pid).unwrap().pgid; // プロセスグループ ID を取得
    let job_id = self.pgid_to_pids.get(&pgid).unwrap().0; // ジョブ ID を取得
    self.manage_job(job_id, pgid, shell_tx); // 必要ならフォアグラウンドプロセスをシェルに設定
}

/// プロセスの再開処理。
fn process_continue(&mut self, pid: Pid) {
    self.set_pid_state(pid, ProcState::Run);
}
```

process_term は、終了した子プロセスの ID を削除し manage_job を呼び出す。process_stop は、停止した子プロセスの状態を停止中に設定し、manage_job を呼び出す。manage_job には、変化した子プロセスのプロセスグループ ID とジョブ ID を渡す必要があるため、上記関数ではこれらを取得している。ジョブ情報の管理については後ほど説明する。

process_continue は、実行が再開した子プロセスの状態を実行中に設定する。子プロセスが実行再開したのみでは、フォアグラウンドプロセスグループの変更やジョブ情報の削除などは必要ないため、ここでは状態の設定のみでよい。

5. ジョブ管理

続いて、ジョブ管理について説明する。ジョブとはシェルが管理するプロセスグループのことであり、ジョブを管理するためには、ジョブに対応するプロセスグループ ID、そのグループに所属するプロセス ID、そのプロセスの状態を管理しなければならない。

ジョブ管理の詳細を説明する前に、まず manage_job メソッドの実装を説明しよう。manage_job は、状態が変化したジョブ ID とプロセスグループ ID である job_id と pgid 、および、main スレッドへのチャネルの端点である shell_tx を引数として受け取る。manage_job は引数で指定されたジョブの状態を確認して、以下の処理を行う。

- フォアグラウンドのジョブが終了した場合は、ジョブ情報を削除してシェルをフォアグラウンドプロセスグループに設定。
- フォアグラウンドのジョブが停止した場合は、シェルをフォアグラウンドプロセスグループに設定。
- バックグラウンドのジョブが終了した場合は、ジョブ情報を削除。

./src/shell.rs：impl Worker 内の manage_job メソッド

```
/// ジョブの管理。引数には変化のあったジョブとプロセスグループを指定。
///
/// - フォアグラウンドプロセスが空の場合、シェルをフォアグラウンドに設定。
/// - フォアグラウンドプロセスがすべて停止中の場合、シェルをフォアグラウンドに設定。
fn manage_job(&mut self, job_id: usize, pgid: Pid, shell_tx: &SyncSender<ShellMsg>) {
    let is_fg = self.fg.map_or(false, |x| pgid == x); // フォアグラウンドのプロセスか？
    let line = &self.jobs.get(&job_id).unwrap().1;
    if is_fg {
        // 状態が変化したプロセスはフォアグラウンドに設定
        if self.is_group_empty(pgid).unwrap() {
            // フォアグラウンドプロセスが空の場合、
            // ジョブ情報を削除してシェルをフォアグラウンドに設定
            eprintln!("[{job_id}] 終了\t{line}");
            self.remove_job(job_id);
            self.set_shell_fg(shell_tx);
        } else if self.is_group_stop(pgid).unwrap() {
            // フォアグラウンドプロセスがすべて停止中の場合、シェルをフォアグラウンドに設定
            eprintln!("\n[{job_id}] 停止\t{line}");
            self.set_shell_fg(shell_tx);
        }
    } else {
        // プロセスグループが空の場合、ジョブ情報を削除
        if self.is_group_empty(pgid).unwrap() {
            eprintln!("\n[{job_id}] 終了\t{line}");
            self.remove_job(job_id);
        }
    }
}
```

fg フィールドから、引数 pgid がフォアグラウンドプロセスグループ ID かどうかを判定でき、jobs フィールドから、ジョブ実行時に指定されたコマンド実行の文字列を取得できる。また、remove_job はジョブ情報を削除するメソッドで、set_shell_fg はシェルをフォアグラウンドにして、シェルの入力を再開させるメソッドである。これらのフィールドとメソッドの詳細を説明する。

図 7.6 はジョブ情報のデータ構造を**オントロジーログ（ontology log; olog）**[20] で示したものである。olog を用いると、ある集合から別の集合への変換を、数学の一分野である**圏論（category theory）**的に表現できる。HashMap などのマップやフィールドアクセスを関数として考えて olog で表現すると、これらの変換とつながりが明確になる。

図 7.6 の四角で囲まれたものが集合で、矢印と矢印上の文字が関数である。ただし、「プロセス ID の集合」は、集合の集合を表していることに注意されたい。矢印上の jobs、pgid_to_pids、pid_to_info は HashMap 値で、ある集合から別の集合への関数とみなせる。矢印上の 0 番目、1 番目、pgid、state はフィールドアクセスの関数を表し、「__は__である」は関数というより関係を表す。

ジョブ ID とプロセスグループ ID は一対一対応している。そのため、ジョブ ID がわかれば、それを元に矢印をたどっていくと対応するプロセスグループ ID がわかり、さらに矢印をたどってジョブ

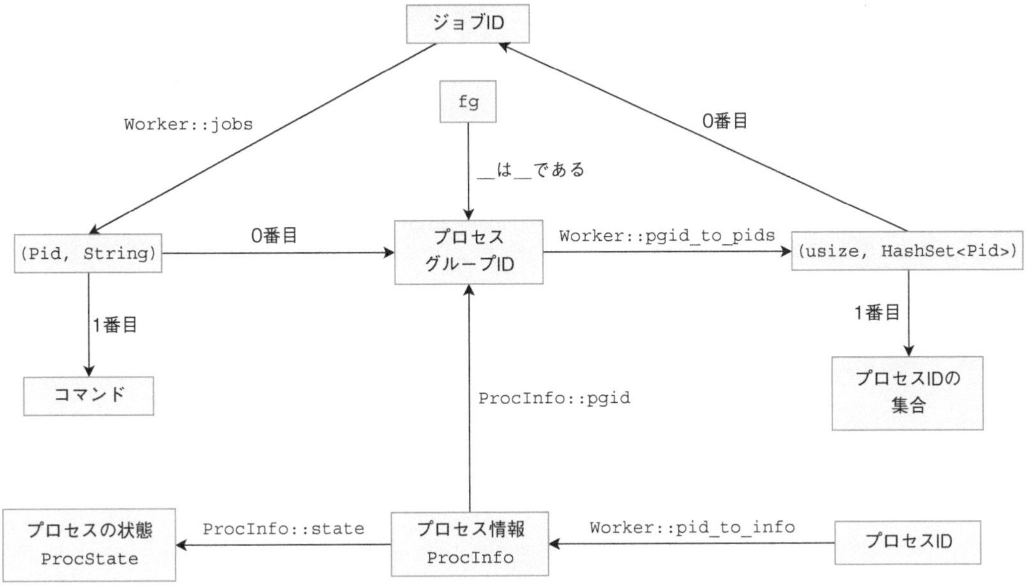

図 7.6 ジョブ情報のデータ構造

ID に戻ると、はじめのジョブ ID が得られる。これは、プロセスグループ ID からはじめてジョブ ID を得て、そのジョブ ID から再びプロセスグループ ID を得ても同じである。プロセスグループ ID やジョブ ID が得られると、矢印をたどっていけばそれに所属するプロセス ID の集合や、実行する際に入力されたコマンド行が得られる。ジョブ管理の大部分の仕事は、この図 7.6 で示したデータ構造を誤りなく実装することに他ならない。各フィールドの型と図 7.6 を見比べてみると、より明確になるだろう。

Tips

数学的にいうと、ジョブ ID とプロセスグループ ID は**同型（isomorphic）**であり、jobs の矢印と 0 番目の矢印の合成と、pgid_to_pids の矢印と 0 番目の矢印の合成はそれぞれの**逆関数（inverse function）**となっている。また、このような関数は**同型写像（isomorphism）**と呼ばれる。

図 7.6 が理解できれば、実装は自ずと想像がつく。まず、新たなジョブ情報を追加する insert_job メソッドを以下に示す。このメソッドは、図 7.6 の jobs、pid_to_info、pgid_to_pids を適切に更新しなければならない。引数には、新たに追加するジョブのジョブ ID とプロセスグループ ID を示す job_id と pgid、各プロセスの ID と状態を示す pids、実行時のコマンド行 line を取る。

./src/shell.rs：impl Worker 内の insert_job メソッド

```
/// 新たなジョブ情報を追加。
fn insert_job(&mut self, job_id: usize, pgid: Pid,
              pids: HashMap<Pid, ProcInfo>, line: &str) {
    assert!(!self.jobs.contains_key(&job_id));
    self.jobs.insert(job_id, (pgid, line.to_string())); // ジョブ情報を追加 (1)

    let mut procs = HashSet::new(); // pgid_to_pids へ追加するプロセス
    for (pid, info) in pids {
        procs.insert(pid);

        assert!(!self.pid_to_info.contains_key(&pid));
        self.pid_to_info.insert(pid, info); // プロセスの情報を追加 (2)
    }

    assert!(!self.pgid_to_pids.contains_key(&pgid));
    self.pgid_to_pids.insert(pgid, (job_id, procs)); // プロセスグループの情報を追加 (3)
}
```

(1) 図 7.6 で示すように、jobs に、ジョブ ID からプロセスグループ ID と実行時のコマンドへマップを追加する。
(2) 同様に、図 7.6 で示すように、pid_to_info に、プロセス ID からプロセス情報へのマップを追加する。
(3) 同様に、図 7.6 で示すように、pgid_to_pids に、プロセスグループ ID からジョブ ID とプロセス ID の集合へのマップを追加する。

おそらく、ソースコードを読んだだけでは、このコードが何を意図しているかを理解するのは難しい。しかし、olog でデータ構造とそれらのあいだにある関数や関係を明らかにすることで、意図が明確になる。

次に、プロセスの状態設定と削除、ジョブ情報の削除を行う、set_pid_state、remove_pid、remove_job メソッドの実装を以下に示す。これらのメソッドは、これまでと同様に、図 7.6 で示したデータ構造を反映させるためなので、解説は割愛する。

./src/shell.rs：impl Worker 内のプロセスやジョブの情報を操作するメソッド

```
/// プロセスの実行状態を設定し、以前の状態を返す。
/// pid が存在しないプロセスの場合は None を返す。
fn set_pid_state(&mut self, pid: Pid, state: ProcState) -> Option<ProcState> {
    let info = self.pid_to_info.get_mut(&pid)?;
    Some(replace(&mut info.state, state))
}

/// プロセスの情報を削除し、削除できた場合はプロセスの所属する
/// (ジョブ ID, プロセスグループ ID) を返す。
/// 存在しないプロセスの場合は None を返す。
fn remove_pid(&mut self, pid: Pid) -> Option<(usize, Pid)> {
```

```
        let pgid = self.pid_to_info.get(&pid)?.pgid; // プロセスグループ ID を取得
        let it = self.pgid_to_pids.get_mut(&pgid)?;
        it.1.remove(&pid); // プロセスグループから pid を削除
        let job_id = it.0; // ジョブ ID を取得
        Some((job_id, pgid))
    }

    /// ジョブ情報を削除し、関連するプロセスグループの情報も削除。
    fn remove_job(&mut self, job_id: usize) {
        if let Some((pgid, _)) = self.jobs.remove(&job_id) {
            if let Some((_, pids)) = self.pgid_to_pids.remove(&pgid) {
                assert!(pids.is_empty()); // ジョブを削除するときはプロセスグループは空のはず
            }
        }
    }
```

先に説明した manage_job メソッドで示したように、ジョブ中のプロセスがすべて終了（ジョブ中にプロセスがいない）か停止した場合には、シェルはそれを検出して適切な処理を行う。以下の is_group_empty と is_group_stop は、これらを判定するためのメソッドである。図 7.6 からもわかるように、これらはプロセスグループ ID を得ると判定できる。

./src/shell.rs：impl Worker 内のプロセスグループの情報を取得するメソッド

```
    /// 空のプロセスグループなら真。
    fn is_group_empty(&self, pgid: Pid) -> bool {
        self.pgid_to_pids.get(&pgid).unwrap().1.is_empty()
    }

    /// プロセスグループのプロセスすべてが停止中なら真。
    fn is_group_stop(&self, pgid: Pid) -> Option<bool> {
        for pid in self.pgid_to_pids.get(&pgid)?.1.iter() {
            if self.pid_to_info.get(pid).unwrap().state == ProcState::Run {
                return Some(false);
            }
        }
        Some(true)
    }
```

次に、シェルをフォアグラウンドに設定する set_shell_fg メソッドの実装を以下に示す。

./src/shell.rs：impl Worker 内の set_shell_fg メソッド

```
    /// シェルをフォアグラウンドに設定。
    fn set_shell_fg(&mut self, shell_tx: &SyncSender<ShellMsg>) {
        self.fg = None;
        tcsetpgrp(libc::STDIN_FILENO, self.shell_pgid).unwrap();
        shell_tx.send(ShellMsg::Continue(self.exit_val)).unwrap();
    }
```

このメソッドでは、シェルがフォアグラウンドであることを示すために、fg を None に設定する。

その後、tcsetpgrp でシェルを設定し、shell_tx に ShellMsg::Continue を送信してシェルの入力を再開させる。

最後に、既存の使われていない新たなジョブ ID を取得するための get_new_job_id メソッドの実装を示そう。この実装は簡単で、jobs に使われていない最小値を返すのみである。

./src/shell.rs：impl Worker 内の get_new_job_id メソッド

```
/// 新たなジョブ ID を取得。
fn get_new_job_id(&self) -> Option<usize> {
    for i in 0..=usize::MAX {
        if !self.jobs.contains_key(&i) {
            return Some(i);
        }
    }
    None
}
```

7.3.5　仕上げ

最後に、./src/main.rs の実装を以下に示そう。main 関数では、ヒストリファイルの場所をユーザのホームディレクトリ直下に設定し、shell::Shell を生成して、その run メソッドでシェルを実行しているのみとなる。

./src/main.rs

```
mod helper;
mod shell;

use helper::DynError;

const HISTORY_FILE: &str = ".zerosh_history";

fn main() -> Result<(), DynError> {
    let mut logfile = HISTORY_FILE;
    let mut home = dirs::home_dir();
    if let Some(h) = &mut home {
        h.push(HISTORY_FILE);
        logfile = h.to_str().unwrap_or(HISTORY_FILE);
    }

    let sh = shell::Shell::new(logfile);
    sh.run()?;

    Ok(())
}
```

これを実行すると、以下のようにシェルとして利用できる。

実行結果

```
ZeroSh %> ls
Cargo.lock  Cargo.toml  src  target
[0] 終了        ls
ZeroSh %> echo Hello!
Hello!
[0] 終了        echo Hello!
ZeroSh %> cat Cargo.toml | grep 3.
nix = "0.23.0"
signal-hook = "0.3.10"
[0] 終了 cat Cargo.toml | grep 3.
ZeroSh %>
```

以上がZeroShの実装である。機能的にはまだまだ足りないが、システムコール、シグナル、ファイルディスクリプタ、パイプ、制御端末など、Unixシステムプログラミングの基本的なことは網羅しているはずである。興味のある読者は、これを発展させて、自前シェルの実装にチャレンジしてほしい。ただし、お気づきだろうが、本書では、システムコールや制御端末などの仕様については簡単にしか説明していない。これらの詳細について知りたい読者は、『詳解UNIXプログラミング第3版』[21] などを参考にするとよいだろう。

7.4 課題 演習問題

❶ parse_cmdメソッドを実装し、コマンド行のパーサを完成させよ。わからない場合はWebで配布するソースコードを参照せよ。

❷ 組み込みコマンドを実行するrun_jobsとrun_cdメソッドを実装せよ。実装後は、Ctrl+zでフォアグラウンドのジョブを停止させることができ、fgコマンドで停止中のジョブをフォアグラウンドで再実行させることができることを確認せよ。わからない場合はWebで配布するソースコードを参照せよ。

❸ リダイレクトを実装せよ。リダイレクトを実装するためには、パイプではなくファイルオープンが必要だが、これは、openシステムコールのラッパであるnix::unistd::openを用いるとできる。

❹ 本章で示した実装では、2つのプログラム間でしかパイプが利用できなかった。これを2つ以上のプログラム間で利用可能なように修正せよ。

Coffee Break

停止問題

計算にまつわる有名な問題の 1 つとして、停止問題が知られている。このコラムでは、この停止問題について簡単に説明しよう。ちなみに、停止問題は第 8 章のコラムの伏線でもある。

停止問題とは、「ある関数を計算したとき、その計算は将来のいずれかの時点で停止するか、もしくは無限に実行が続き停止しないかを一般的に判定可能か？」という問題である。この問題はつまり、次のような is_halt 関数が存在するか、という問題となる。is_halt 関数は引数として関数 f と、その関数に渡す引数 arg を取り、f(arg) が停止するかどうかを判定する。

擬似コード：停止判定関数

```
fn is_halt(f, arg) -> bool { // f(arg) が停止するなら真
    if f(arg) が停止する { true } else { false }
}
```

このような関数の実装方法はわからないが、とりあえず実装可能と仮定してみよう（背理法の仮定）。次に、以下のような関数 m を考える。

擬似コード：関数 m

```
fn m(arg) {
    if is_halt(m, arg) {
        loop { } // m(arg) が停止すると判定されたら無限ループ
    } else {
        return;  // m(arg) が停止しないと判定されたらリターン
    }
}
```

ここで、m(m) という計算が停止するかを考察する。もし、m(m) が停止するなら、is_halt(m, m) は true を返すはずである。しかし、is_halt(m, m) が true の場合、関数 m は無限ループに陥るのでこれは矛盾である。逆に、もし m(m) が停止しないなら、is_halt(m, m) は false を返すはずである。そうすると、今度は関数 m は即座に返るためこれも矛盾である。これより、is_halt を実装可能という仮定が間違いで、背理法より、任意の関数の停止を判定する関数は実装できないと証明できる。

現代に生きる我々にとっては、コンピュータやプログラミング言語は身近であるため、この証明も比較的容易に納得できる。しかし、これを証明したアラン・チューリング（1912—1954）の生きた時代には、プログラミング言語はおろかコンピュータすら存在しなかった。それにもかかわらず、これを理論のみ、想像のみで証明したというのは驚嘆すべき事実である。

第8章 デバッガ

この章の概要

デバッグ（debug）とは、プログラムの誤り、つまりバグを修正することであり、**デバッガ（debugger）**とはその名のとおり、バグを発見、修正するためのソフトウェアのことである。デバッガには、プログラムの実行時にソフトウェアを解析するデバッガと、ソースコードレベルで静的に解析するデバッガの2種類があるが、一般的にデバッガというと実行時に解析するほうを指す。本章では、非常に簡素なデバッガを実装しその動作原理を学ぶ。

Rustは優れた言語であるため、実行時のエラーが起きにくく、デバッガの必要性は低くなっている。実際、`println!`で表示するだけでもかなりのバグを修正できる。そのため、個人レベルのプロジェクトだと、デバッガの必要性が理解しにくいかもしれない。

しかし、デバッガがまったく必要ないかといわれるとそうではなく、依然として重要である。筆者の経験上、デバッガの真価が発揮されるのは、他人の実装した巨大なソフトウェアの解析を行い、挙動を把握するときである。Rustは比較的新しいプログラミング言語ではあるが、Rustで実装された巨大なソフトウェアが登場しはじめている。そのようなソフトウェアを相手にする必要に駆られたとき、本章で述べるようなデバッガに関する知識は大いに役立つだろう。

本章では、まずはじめに既存のデバッガであるGDBを用い、デバッガ自体について解説する。その後、デバッガを実現するために必要な知識である、割り込みとシグナルについて解説する。割り込みとは、プログラム実行中に他の処理を割り込んで実行させる機構のことである。最後に、デバッガの設計とRustによる実装を解説する。本章で実装するデバッガには、契約プログラミングと呼ばれる手法を適用し、設計上の制約を型で表現する手法を解説する。

8.1 GDB

GDBはGNUプロジェクトによって、**LLDB**はコンパイラ基盤であるLLVMを開発しているグループによって開発されているデバッガである。Linuxでは多くの場合はGDBが、macOSでは通常はLLDBが、開発環境とともにインストールされる。Rustをインストールすると、Rust用のGDB、LLDBフロントエンドである`rust-gdb`と`rust-lldb`がデフォルトでインストールされ、Rust

で実装されたプログラムはこれらを利用する。本節では、GDB を用いたデバッガ利用について簡単に説明する。

まずはじめに、デバッガの最も基本的な機能であるブレークポイント、ステップ実行、バックトレース、変数表示について、例を用いて説明しよう。デバッグ対象は、以下の**アッカーマン関数（Ackermann function）**を実装したプログラムとする。アッカーマン関数は以下の式で表される関数で、初期値の増加が小さくても、返り値が急激に増加する関数として知られている。

$$
A(m,n) = \begin{cases} n+1 & m=0 \\ A(m-1,1) & n=0 \\ A(m-1,A(m,n-1)) & \text{その他} \end{cases}
$$

アッカーマン関数の実装では、多倍長整数を利用するため、次のように num クレートをインポートする。

アッカーマン関数の Cargo.toml

```
[dependencies]
num = "0.4.0"
```

実装は、以下のようになる。

アッカーマン関数

```
use num::{BigUint, FromPrimitive, One, Zero};

const M: usize = 4;
const N: usize = 4;

fn main() {
    let m = M;
    let n = BigUint::from_usize(N).unwrap();
    let a = ackerman(m, n.clone());
    println!("ackerman({M}, {N}) = {a}");
}

fn ackerman(m: usize, n: BigUint) -> BigUint {
    let one: BigUint = One::one();
    let zero: BigUint = Zero::zero();
    if m == 0 {
        n + one
    } else if n == zero {
        ackerman(m - 1, one)
    } else {
        ackerman(m - 1, ackerman(m, n - one))
    }
}
```

非常に単純である。これまでと異なっている点は、BigUint という多倍長整数を利用しているのみである。一般的な x86_64 や AArch64 などの CPU では、32 ビットや、64 ビット整数以上を扱うのは難しいが、多倍長整数ライブラリを利用すると、メモリが許す限りの整数値を扱える。まず、アッカーマン関数をデバッガ上で実行してみよう。その際、ackerman 関数にブレークポイントを設定する。ブレークポイントとは、プログラム実行時に停止するポイントである。コンパイル、デバッガの起動、ブレークポイントの設定、実行は以下のようになる。

GDB の起動から実行まで

```
$ cargo build
$ rust-gdb ./target/debug/ackerman
GNU gdb (Ubuntu 9.2-0ubuntu1~20.04) 9.2
省略

For help, type "help".
Type "apropos word" to search for commands related to "word"...
Reading symbols from ./target/debug/ackerman...
(gdb) b ackerman
Breakpoint 1 at 0xc143: file src/main.rs, line 14.
(gdb) r
Starting program: ./target/debug/ackerman
[Thread debugging using libthread_db enabled]
Using host libthread_db library "/lib/x86_64-linux-gnu/libthread_db.so.1".

Breakpoint 1, ackerman::ackerman (m=4, n=...) at src/main.rs:19
19          let one: BigUint = One::one();
(gdb)
```


Cargo で--release を指定せずにコンパイルすると、実行速度は遅いがデバッガに最適なバイナリが出力される。デバッガは、生成されたバイナリを引数にして起動する。「b ackerman」が ackerman 関数にブレークポイントを設定するという意味であり、これは「break ackerman」の省略記法である。ブレークポイントはファイル名と行数でも指定することができ、たとえば、「b main.rs:19」としたとする。「r」でプログラミングを実行し、これは「run」の省略記法である。すると、指定したブレークポイントでプログラムが停止して、デバッガに処理が戻る。

続いて、ステップ実行と変数の保持している値の取得を試してみよう。ステップ実行には、現在行にある関数内部に入らない**ステップオーバー（step over）**と、現在行にある関数内部に入る**ステップイン（step in）**がある。ステップオーバーは**ステップネクスト（step next）**とも呼ばれる。GDB の場合はステップオーバーが「n」か「next」で、ステップインが「s」か「step」となる。変数の値は「p 変数名」とすると表示でき、これは「print 変数名」の省略記法となる。

まずはじめに、上記のようにブレークポイントを設定して実行後、ackerman 関数を再帰呼び出しする行までステップオーバーで実行してみよう。実行結果は以下のようになる。

ステップオーバー

```
(gdb) n
20          let zero: BigUint = Zero::zero();
(gdb) n
```

```
21          if m == 0 {
(gdb) n
23          } else if n == zero {
(gdb) n
26              ackerman(m - 1, ackerman(m, n - one))
```

このように、nを4回入力すると26行目のackerman関数の再帰呼び出しまで到達する。この状態で、変数mとnの値を表示してみよう。

プリント

```
(gdb) p m
$1 = 4
(gdb) p n
$2 = num_bigint::biguint::BigUint {data: Vec(size=1) = {4}}
```

mの値が4で、nの値がnum_bigint::biguint::BigUint {data: Vec(size=1) = {4}}だとわかる。nの値は、Rustの内部表現がそのまま表示されているが、よく読むと、data: Vec(size=1) = {4}より、dataフィールドはベクタ型でその値は4であることがわかる。

次は、ステップインでackerman関数の中にまで踏み入ってみよう。実行結果は次のようになる。

ステップイン

```
(gdb) s
26              ackerman(m - 1, ackerman(m, n - one))
(gdb) s
省略
    at /省略/num-bigint-0.4.3/src/macros.rs:11
11                  $imp::$method(self, &other)
(gdb)
```

sを2回入力すると、num-bigint-0.4.3/src/macros.rs:11で停止する。おっと、予想外のことが起きてしまった。我々はackerman関数に入りたかったのだが、別な関数に迷い込んでしまった。これは、BigUintのSubトレイトの実装だ。ここには用はないので、finishで現在の関数を抜け、その後に再びステップ実行する。なお、関数を抜ける操作は**ステップアウト（step out）**と呼ばれる。実行結果は以下のようになる。

ステップアウト

```
(gdb) finish
省略
    other=...) at /省略/num-bigint-0.4.3/src/macros.rs:11
0x0000555555560374 in ackerman::ackerman (m=4, n=...) at src/main.rs:26
26              ackerman(m - 1, ackerman(m, n - one))
Value returned is $1 = num_bigint::biguint::BigUint {data: Vec(size=1) = {3}}
(gdb) s
Breakpoint 1, ackerman::ackerman (m=4, n=...) at src/main.rs:19
19          let one: BigUint = One::one();
(gdb) p m
```

```
$4 = 4
(gdb) p n
$5 = num_bigint::biguint::BigUint {data: Vec(size=1) = {3}}
(gdb)
```

すると、再びackerman関数の中に入り、その後変数を確認するとnの値が更新されていることがわかる。

次に、設定したブレークポイントを削除して、ブレークポイントなしで実行を再開してみよう。ブレークポイントの一覧表示は「info breakpoints」で行い、ブレークポイントの削除は「delete 番号」で行う。

ブレークポイントの表示と削除

```
(gdb) info breakpoints
Num     Type           Disp Enb Address            What
1       breakpoint     keep y   0x555555560133 in ackerman::ackerman at src/main.rs:19
        breakpoint already hit 2 times
(gdb) delete 1
(gdb)
```

実行再開は「c」または「continue」だ。再開すると、しばらく時間がかかるが、以下のように停止する。

実行再開

```
(gdb) c
Continuing.

Program received signal SIGSEGV, Segmentation fault.
core::slice::raw::from_raw_parts_mut (data=0x5555555d5ad0, len=1)
    at /省略/core/src/slice/raw.rs:136
136     /省略/core/src/slice/raw.rs: そのようなファイルやディレクトリはありません.
(gdb)
```

プログラミングがスタックを使いつくした結果、エラーが起きている。しかし、スタックを使いつくしたのかはこのエラーだけでは判別ができない。わかるのは、SIGSEGVシグナルを受信して停止したことだけだ。そこで、「bt」あるいは「backtrace」コマンドで、関数の呼び出し履歴を表示してみよう。

バックトレース

```
(gdb) bt
#0  core::slice::raw::from_raw_parts_mut (data=0x5555555d5ad0, len=1)
    at /省略/core/src/slice/raw.rs:136
省略
#7  0x0000555555560224 in ackerman::ackerman (m=0, n=...) at src/main.rs:22
#8  0x00005555555602da in ackerman::ackerman (m=1, n=...) at src/main.rs:24
#9  0x00005555555603b1 in ackerman::ackerman (m=1, n=...) at src/main.rs:26
```

```
#10 0x00005555555603b1 in ackerman::ackerman (m=1, n=...) at src/main.rs:26
省略
#23824 0x00005555555603b1 in ackerman::ackerman (m=4, n=...) at src/main.rs:26
#23825 0x000055555555ff17 in ackerman::main () at src/main.rs:11
```

先頭のシャープから始まる数字が関数呼び出しの深さで、これを見ると、23,825 回もネストして関数呼び出しがされている。スタックメモリを使いつくしてしまうようなエラーは、**スタックオーバーフロー（stack overflow）** と呼ばれている。これは明らかにスタックオーバーフローだ。

先述のコードの番号で示されるものは**スタックフレーム（stack frame）** と呼ばれ、「`f`」または「`frame`」で移動できる。スタックフレームを変更すると、その関数呼び出し時点での変数などを参照できる。たとえば、以下のようにすると、7 番目のスタックフレームに移動した後、変数 `n` の値を表示できる。

スタックフレームの変更

```
(gdb) f 7
#7  0x0000555555560224 in ackerman::ackerman (m=0, n=...) at src/main.rs:22
22              n + one
(gdb) p n
$6 = num_bigint::biguint::BigUint {data: Vec(size=1) = {1}}
(gdb)
```

なんということだろう。これだけの深さの関数呼び出しがあるのに、`n` の値は 1 でしかない。実際、スタックフレームを移動して `m` や `n` の値を調べてみると、小さな値をうろうろしているだけなのがわかる。アッカーマン関数、恐るべし。ちなみに、`m` と `n` を 4 としてアッカーマン関数を計算すると、$2^{2^{2^{65536}}} - 3$ となることが知られている。これは、観測可能な宇宙に存在する原子の数である 10^{80} よりもはるかに大きい。

8.2 割り込みとシグナル

本節では、割り込みとシグナルについて説明し、デバッガの挙動を観察する。割り込みとは、周辺機器の入出力や実行中のプログラムが原因で発生する。喩えるなら、読書中に届く宅配便のようなものだ。キーボードやネットワークインターフェースからデータが入力されると割り込みが発生し、いったん現在実行中の処理を中断して、OS のキーボードやネットワークインターフェースの入力処理用のプログラムが実行される。また、実行中のプログラムがシステムコールを呼び出したり、ゼロ除算などの不正な操作を行った場合にも、OS 側のコードが呼び出される。このような、ある処理を中断して実行される、割り込み専用のプログラムは**割り込みハンドラ（interrupt handler）** と呼ばれる。

割り込みは、大きく分けてハードウェアが発生させるハードウェア割り込みと、ソフトウェアが発生させるソフトウェア割り込みに分類される。ハードウェア割り込みは、先に説明したとおり、キーボードなどの周辺機器の入出力によって発生する。ソフトウェア割り込みは、x86_64 では `int` 命令を用いると発生させることができる。デバッガの実装ではこの `int` 命令を用いる。

割り込みと似た概念として、**例外（exception）**がある。例外もソフトウェア割り込みと同じく、実行中のプログラムによって発生するが、例外が発生するのは何かしらエラーが起きた場合である。OS がそのエラーに対処できれば、実行中のプログラムは再開して実行されるが、そうでない場合はプログラムは終了させられる。例外については本書の範囲を大きく超えるため、他の文献[22]などを参考されたい。

図 8.1 は、割り込みをデータフロー図で表したものとなる。実際のハードウェアはもう少し込み入っているが、抽象化するとこのように考えられる。キーボードなどの外部機器は割り込みコントローラと呼ばれる機器につながっており、入出力があると割り込みコントローラ経由で CPU へ割り込みを発生させる。先に述べたように、CPU 自身からも割り込み、あるいは例外を発生させることができる。割り込みや例外が発生すると、OS の用意した割り込みハンドラが実行される。ハードウェアからの割り込み要求は **Interrupt Request（IRQ）**と呼ばれる。

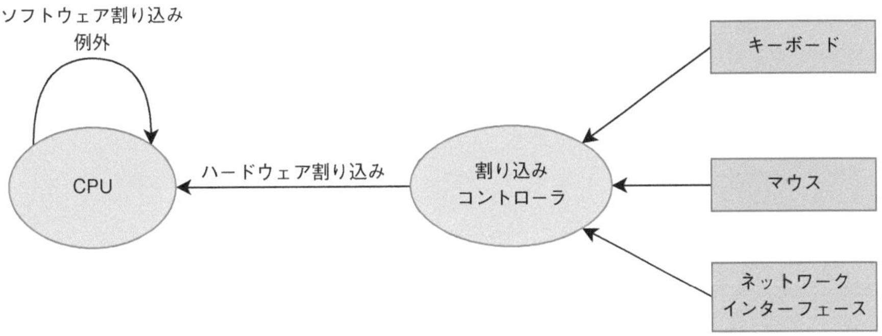

図 8.1 割り込み

次に、実際にソフトウェア割り込みを用いてみよう。用いるのは `int 3` という x86_64 の命令だ。この命令はブレークポイントに用いられ、`int 3` を発行したプロセスへは、OS から `SIGTRAP` シグナルが送信される。実験用のコード（`dbg_target`）は以下のようになる。

実験用コード

```
use std::arch::asm; // (1)

use nix::{
    sys::signal::{kill, Signal},
    unistd::getpid,
};

fn main() {
    println!("int 3");
    unsafe { asm!("int 3") }; // (2)

    println!("kill -SIGTRAP");
    let pid = getpid();
    kill(pid, Signal::SIGTRAP).unwrap(); // (3)
```

```
    for i in 0..3 {
        unsafe { asm!("nop") }; // (4)
        println!("i = {i}");
    }
}
```

(1) インラインアセンブリを用いるために std::arch::asm をインポート。

(2) インラインアセンブリで x86_64 の int 3 命令を実行。

(3) SIGTRAP シグナルを自身に発行。

(4) 後ほど自作デバッガで用いるための目印となる nop 命令。nop 命令は何もしない命令である。

これをデバッガで実行すると、以下のようになる。

デバッガを用いた実験用コードの実行

```
$ rust-gdb ./target/debug/dbg_target
(gdb) r
Starting program: /省略/dbg_target/target/debug/dbg_target
[Thread debugging using libthread_db enabled]
Using host libthread_db library "/lib/x86_64-linux-gnu/libthread_db.so.1".
int 3

Program received signal SIGTRAP, Trace/breakpoint trap.
dbg_target::main () at src/main.rs:12
12          println!("kill -SIGTRAP");
(gdb) c
Continuing.
kill -SIGTRAP

Program received signal SIGTRAP, Trace/breakpoint trap.
省略
(gdb) c
Continuing.
i = 0
i = 1
i = 2
[Inferior 1 (process 1727181) exited normally]
(gdb)
```

まずはじめに、int 3 命令の箇所で SIGTRAP シグナルが発行されてプロセスが停止する。その後、「c」で再開させると、次は SIGTRAP を自身に発行した箇所でプロセスが停止する。その後再開させると、最後まで実行して終了する。

このように、プログラム中に int 3 命令があると、この命令の実行後に割り込みハンドラが起動され、その後に SIGTRAP が発行されてプロセスが停止する。同じように、自ら SIGTRAP を発行してもプロセスは停止する。これがブレークポイントの正体だ。ブレークポイントを設定するためには、停止したいアドレスを特定して int 3 に書き換えればよい。ブレークポイントは、デバッグレジスタと呼ばれる特殊なレジスタを用いて実現する方法もあるが、本書では `int 3` を用いる方法のみを説明する。デバッグレジスタや、その他のデバッグ技術の詳細は『リバースエンジニアリング』[23)] が参考になる。

8.3 ZDbg の実装

本節では、簡易なデバッガである ZDbg の実装を行う。Z は『ゼロから学ぶ Rust』の Z である。ZDbg は最小限の機能しか実装しないが、それでもデバッガの基本的なことは理解できるだろう。

表 8.1 は、ZDbg の実装で用いるファイル一覧であるが、もはや解説は不要だろう。`helper.rs` には、6.3.2 項で説明した `DynError` 型を定義している。ZDbg で利用するライブラリは、シェルと同じく `rustyline` と `nix` となる。`./Cargo.toml` には依存ライブラリを以下のように設定する。

表 8.1 ZDbg 実装のファイル一覧

ファイル	説明
./Cargo.toml	Cargo 用のファイル
./src/main.rs	main 関数用のファイル
./src/dbg.rs	デバッガ実装用のファイル
./src/helper.rs	補助的なコード用のファイル

./Cargo.toml

```
[dependencies]
rustyline = "10.0.0"
nix = "0.25"
```

`./src/dbg.rs` のインポート部は以下のようになる。不明な型や関数が出てきたら、こちらを参照されたい。

./src/dbg.rs：インポート

```
use crate::helper::DynError;
use nix::{
    libc::user_regs_struct,
    sys::{
        personality::{self, Persona},
        ptrace,
        wait::{waitpid, WaitStatus},
    },
    unistd::{execvp, fork, ForkResult, Pid},
};
use std::ffi::{c_void, CString}
```

ZDbg では、型システムを用いた**契約プログラミング（contract programming）**を適用する。契約プログラミングは、**契約による設計（design by contract）**とも呼ばれる。ソフトウェアにおける契約とは、ある種の条件のことである。ある処理が呼び出される前に成り立っていなければならない条件は**事前条件（precondition）**と呼ばれ、ある処理の実行後に必ず成り立っていなければならない条件は**事後条件（postcondition）**と呼ばれる。また、常に成り立っていなければならない条件は、**不変条件（invariant）**と呼ばれる。

これらの条件は、assert マクロを用いて記述されることもあるが、Rust では型システムを用いるとこれらの一部を表現することができる。assert マクロではなく、型システムを用いる利点として、実行時のオーバーヘッドが小さいという点と、コンパイル時に不正な処理を発見できるという点がある。実行時にチェックを行うと、発見が遅れたり、余分なメモリや処理が増加する可能性があるが、型システムでチェックを行うと、これらのデメリットは解消できる。ただし、型システムで記述できる制約は限られているというデメリットもある。

それでは、具体的な実装をみていこう。まずはじめに、デバッガ用の型を以下のように定義する。重要なのは、デバッガの状態を Running と NotRunning という型で表しているという点だ。

./src/dbg.rs：デバッガ用の型

```
/// デバッガ内の情報。
pub struct DbgInfo {
    pid: Pid,
    brk_addr: Option<*mut c_void>, // ブレークポイントのアドレス
    brk_val: i64,                  // ブレークポイントを設定したメモリの元の値
    filename: String,              // 実行ファイル
}

/// デバッガ。
/// ZDbg<Running>は子プロセスを実行中。
/// ZDbg<NotRunning>は子プロセスは実行していない。
pub struct ZDbg<T> {
    info: Box<DbgInfo>,
    _state: T,
}

/// デバッガの状態。
pub struct Running; // 実行中
pub struct NotRunning; // 実行していない

/// デバッガの状態の列挙型表現。 Exit の場合、終了。
pub enum State {
    Running(ZDbg<Running>),
    NotRunning(ZDbg<NotRunning>),
    Exit,
}
```

ZDbg<T>がデバッガの持つ情報であるが、これは、ブレークポイント、実行ファイル、プロセス ID などの情報を含む DbgInfo 型のフィールドと、現在の状態を表す _state フィールドを持つ。デバッガの状態は Running と NotRunning 型で表現され、子プロセスを実行中のデバッガは ZDbg<Running>型で、子プロセスを実行していない状態のデバッガは ZDbg<NotRunning>型で表すことができる。列挙型の State 型は、コマンドを実行し状態遷移する際に利用する。

ZDbg 型の型引数 T に与える、Running と NotRunning のサイズはゼロであるため、実行中はメモリを消費しない。このような、実行時には現れないが、型検査時に現れ、制約を表現するために用いられるような型は**幽霊型（phantom type）**と呼ばれる。u8 といった実際にサイズのあるような型を用いて幽霊型を適用したい場合は、標準ライブラリの std::marker::PhantomData を用いるのが一般的である。今回は、Running と NotRunning のサイズがゼロであるとわかっているため、PhantomData は用いない。

ZDbg の実装は以下のようになる。

./src/dbg.rs：ZDbg の実装

```
/// Running と NotRunning で共通の実装。
impl<T> ZDbg<T> { /* 省略 */ }

/// NotRunning 時に呼び出し可能なメソッド。
impl ZDbg<NotRunning> { /* 省略 */ }

/// Running 時に呼び出し可能なメソッド。
impl ZDbg<Running> {
    fn do_stepi(self) -> Result<State, DynError> { /* 省略 */ }
    /* 省略 */
}
```

ZDbg<T>には、子プロセスが実行中か、非実行中かにかかわらず呼び出し可能なメソッドを定義する。また、ZDbg<Running>には、子プロセスが実行中のみに呼び出し可能なメソッドを、ZDbg<NotRunning>には、子プロセスが非実行中のみに呼び出し可能なメソッドを定義する。このように、特定の型引数に対してメソッドを定義する方法は**特殊化（specialization）**と呼ばれる。こうすると、Running や NotRunning 状態のみに呼び出し可能なメソッドが定義できる。

たとえば、do_stepi は機械語レベルでステップ実行を行うメソッドで、ZDbg<Running> という特殊化された実装のみに定義されるメソッドである。そのため、以下のようにするとコンパイルエラーとなる。

特殊化された型のメソッド呼び出し

```
let r = ZDbg<NotRunning>::new("../dbg_target/target/debug/dbg_target".to_string());
r.do_stepi(); // コンパイルエラー。do_stepi は Running 状態でのみ呼び出し可能
```

1 行目で NotRunning 状態の ZDbg 型の値を生成している。しかし、do_stepi は Running 状態でのみ呼び出し可能なので、このように書くとコンパイルエラーとなる。ステップ実行は子プロセスの実行中にのみ可能な処理なので、契約に反するのだ。

8.3.1　ZDbg の設計と契約

ZDbg についての設計と守るべき契約をもう少し詳細に議論しよう。その前に、ZDbg の受け付けるコマンドを説明する。次のコードは、「help」コマンドが入力されたときに実行される do_help 関数だ。

./src/dbg.rs：do_help 関数

```
/// ヘルプを表示。
fn do_help() {
    println!(
        r#"コマンド一覧 (括弧内は省略記法)
break 0x8000 : ブレークポイントを 0x8000 番地に設定 (b 0x8000)
run          : プログラムを実行 (r)
continue     : プログラムを再開 (c)
stepi        : 機械語レベルで 1 ステップ実行 (s)
registers    : レジスタを表示 (regs)
exit         : 終了
help         : このヘルプを表示 (h)"#
    );
}
```

「help」は子プロセスの実行中と非実行中のどちらでも受付可能で、しかも同じ動作をするコマンドである。

「run」は子プロセスの非実行中にのみ受付可能なコマンドである。GDB などでは、実行中に「run」すると子プロセスが再実行されるが、ZDbg ではそうしない。

「continue」、「stepi」、「registers」は、子プロセスの実行中にのみ受付可能なコマンドである。これらは子プロセスが実行されていない場合は意味がないので、当然の契約といえる。

「break」と「exit」は、子プロセスの実行中と非実行中のどちらでも受付可能ではあるが、それぞれの状態に応じて異なった処理が必要である。子プロセスが実行中でなければブレークポイントをメモリ上に設定できないが、実行前であっても実行時に設定すべきブレークポイントは指定したい。また、子プロセスの非実行中に「exit」が呼ばれた場合は単純に ZDbg を終了させればよいが、子プロセスが実行中の場合、子プロセスを終了させてから行儀よく ZDbg を終了させるほうがよいだろう。

図 8.2 は、ZDbg の処理とその契約をデータフロー図で示したものである。図でも示されているように、ZDbg<NotRunning>からは「run」と「break」、および共通コマンドのみが実行可能で、ZDbg<Running>からは、「run」以外のコマンドが実行可能である。NotRunning 時の「exit」は明記していないが、本実装では、NotRunning 時の「exit」は run_dbg で処理する。以下では、これらの設計と契約に基づいて実装していく。

8.3.2　共通メソッドの実装

本項では、共通メソッド、つまり ZDbg<T>のメソッド定義を説明する。図 8.2 で示したように、ZDbg<T>には、set_break_addr と do_cmd_common という 2 つのメソッドを実装する。

次のコードは、set_break_addr の実装となる。set_break_addr は、デバッガの内部情報にブレークポイントを設定するのみで、子プロセスには設定しない。また ZDbg では、簡単のため、ブレークポイントは 1 つのみ設定可能で、かつ削除、上書きはできない仕様とする。

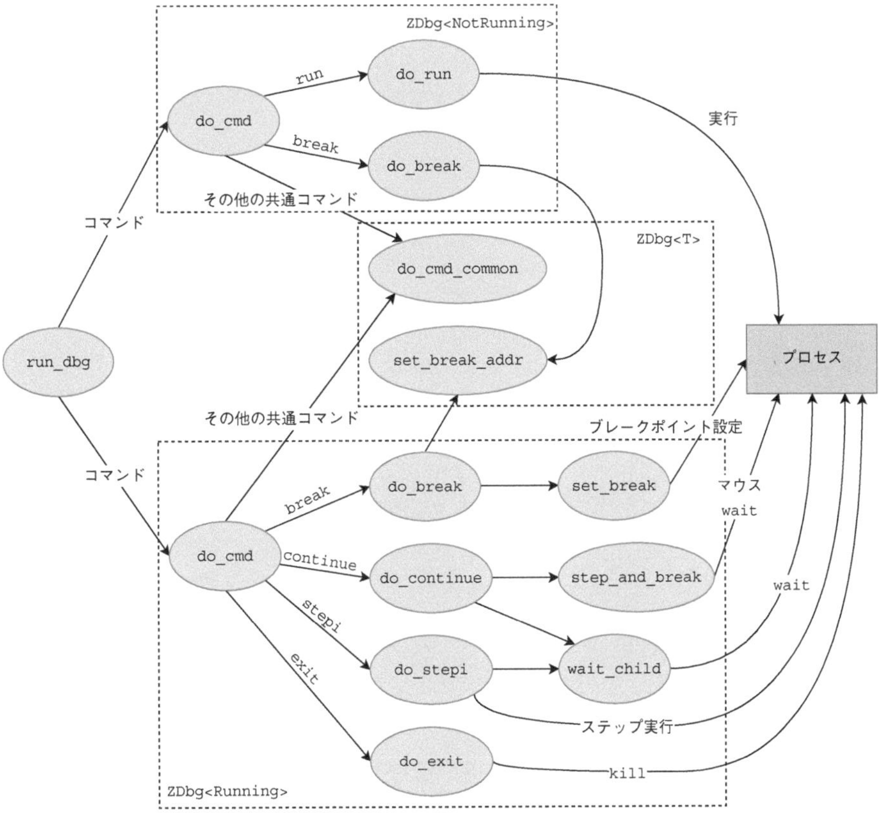

図 8.2　ZDbg の処理と契約

./src/dbg.rs : impl<T> ZDbg<T>内の set_break_addr メソッド

```
/// ブレークポイントのアドレスを設定する関数。子プロセスのメモリ上には反映しない。
/// アドレス設定に成功した場合は true を返す。
fn set_break_addr(&mut self, cmd: &[&str]) -> bool {
    if self.info.brk_addr.is_some() {
        eprintln!(
            "<<ブレークポイントは設定済みです : Addr = {:p}>>", self.info.brk_addr.unwrap()
        );
        false
    } else if let Some(addr) = get_break_addr(cmd) {
        self.info.brk_addr = Some(addr); // ブレークポイントのアドレスを保存
        true
    } else {
        false
    }
}
```

ブレークポイントを設定済みの場合はエラーを表示して終了させる。get_break_addr はコマンドをパースして数値に変換する補助関数であり、アドレスが正しく変換できた場合は brk_addr

フィールドを更新する。

次のコードは、do_cmd_common メソッドの実装である。このメソッドは単純に、do_help を呼び出しているのみである。将来的に共通コマンドを追加したくなった場合は、このメソッドに追加していくとよい。

./src/dbg.rs：impl<T> ZDbg<T>内の do_cmd_common メソッド

```
/// 共通のコマンドを実行。
fn do_cmd_common(&self, cmd: &[&str]) {
    match cmd[0] {
        "help" | "h" => do_help(),
        _ => (),
    }
}
```

8.3.3 NotRunning 状態のメソッド実装

本項では、子プロセスが非実行中に利用可能なメソッド、つまり ZDbg<NotRunning>のメソッド定義を説明する。図 8.2 で示したように、do_cmd、do_run、do_break が ZDbg<NotRunning>に実装するメソッドとなる。また、これらに加えて new 関数も定義する。デバッガは必ず NotRunning 状態から開始するので、new 関数は ZDbg<NotRunning>の生成のみに実装する。new 関数の実装は以下のように単純なものとなる。

./src/dbg.rs：impl ZDbg<NotRunning>内の new 関数

```
pub fn new(filename: String) -> Self {
    ZDbg {
        info: Box::new(DbgInfo {
            pid: Pid::from_raw(0),
            brk_addr: None,
            brk_val: 0,
            filename,
        }),
        _state: NotRunning,
    }
}
```

次に、do_cmd の実装を示す。do_cmd は、self を参照するのではなく、self の値を取得（ムーブ）する。do_cmd メソッドを実行した後、NotRunning か Running に遷移する必要がある。これを実現するために、このメソッド呼び出し時に ZDbg<NotRunning>を消費して、状態変化しない場合は ZDbg<NotRunning>を返し、Running に遷移した場合は ZDbg<Running>を返す。成功した場合、返り値に列挙型 State の値を返す。do_cmd の実装は以下のとおりとなる。

./src/dbg.rs：impl ZDbg<NotRunning>内の do_cmd メソッド

```
pub fn do_cmd(mut self, cmd: &[&str]) -> Result<State, DynError> {
    if cmd.is_empty() {
        return Ok(State::NotRunning(self));
```

```
    }

    match cmd[0] {
        "run" | "r" => return self.do_run(cmd),
        "break" | "b" => {
            self.do_break(cmd);
        }
        "exit" => return Ok(State::Exit),
        "continue" | "c" | "stepi" | "s" | "registers" | "regs" => {
            eprintln!("<<ターゲットを実行していません。 run で実行してください>>")
        }
        _ => self.do_cmd_common(cmd),
    }

    Ok(State::NotRunning(self))
}
```

たとえば、let next = r.do_cmd("run") とすると、r が消費され、Running 状態に遷移し、Ok(State::Running(ZDbg<Running>の値)) が next に代入される。この next から、NotRunning 状態のメソッドを呼び出すとコンパイルエラーとなる。

do_break の実装は以下のようになる。このメソッドは、共通メソッドの set_break_addr を呼び出しているのみである。

./src/dbg.rs：impl ZDbg<NotRunning>内の do_break メソッド

```
/// ブレークポイントを設定。
fn do_break(&mut self, cmd: &[&str]) -> bool {
    self.set_break_addr(cmd)
}
```

次に、デバッグ対象となるプログラムを実行する do_run メソッドを示そう。このメソッドも、do_cmd と同様に、self を参照するのではなく、self の値を取得（ムーブ）し、子プロセスの実行に成功した場合は状態遷移し、ZDbg<Running>を State 型に包んで返す。

./src/dbg.rs：impl ZDbg<NotRunning>内の do_run メソッド

```
/// 子プロセスを生成し、成功した場合は Running 状態に遷移。
fn do_run(mut self, cmd: &[&str]) -> Result<State, DynError> {
    // 子プロセスに渡すコマンドライン引数
    let args: Vec<CString> =
        cmd.iter().map(|s| CString::new(*s).unwrap()).collect(); // (1)

    match unsafe { fork()? } { // (2)
        ForkResult::Child => {
            // ASLR を無効に (3)
            let p = personality::get().unwrap();
            personality::set(p | Persona::ADDR_NO_RANDOMIZE).unwrap();
            ptrace::traceme().unwrap(); // (4)

            // exec (5)
```

第8章

```
            execvp(&CString::new(self.info.filename.as_str()).unwrap(),
                   &args).unwrap();
            unreachable!();
        }
        ForkResult::Parent { child, .. } => match waitpid(child, None)? { // (6)
            WaitStatus::Stopped(..) => {
                println!("<<子プロセスの実行に成功しました : PID = {child}>>");
                self.info.pid = child;
                let mut dbg = ZDbg::<Running> { // (7)
                    info: self.info,
                    _state: Running,
                };
                dbg.set_break()?; // ブレークポイントを設定 (8)
                dbg.do_continue() // (9)
            }
            WaitStatus::Exited(..) | WaitStatus::Signaled(..) => {
                Err("子プロセスの実行に失敗しました".into())
            }
            _ => Err("子プロセスが不正な状態です".into()),
        },
    }
}
```

(1) 「run」コマンドでは、デバッグ対象にコマンドライン引数を渡して実行できる。しかし、execvp へは CString の文字列を渡す必要があるため、ここで変換している。

(2) fork を呼び出し、子プロセスを起動。

(3) **アドレス空間配置のランダム化（address space layout randomization; ASLR）**は実行時の仮想メモリのアドレスをランダムに配置する技術である。ASLR が適用されると、実行時のアドレスがランダムになりセキュリティは向上するが、デバッグ時には不便なため、ここでオフにする。Linux ではセキュリティ上の理由から、可能な場合は ASLR を適用している。

(4) nix::sys::ptrace::traceme は、自身がデバッガによるトレース対象であることを指定する。traceme を指定した後は、exec すると即座にプロセスが停止するようになる。

(5) execvp で、子プロセスをデバッグ対象のプログラムに置き換え。

(6) 親プロセスは、waitpid で子プロセスが停止するのを待つ。子プロセスで traceme を呼び出しているため、子プロセスは停止、もしくは終了するはずである。

(7) ZDbg<Running>の値を生成して状態遷移を実現。

(8) set_break を呼び出し、ブレークポイントを子プロセスのメモリ上に実際に設定。set_break については後述する。ブレークポイントはプロセスの実行中にしか行えないため、この時点でブレークポイントを設定している。

(9) do_continue を呼び出し、子プロセスの実行を再開。do_continue についても後述する。

注目してほしいのはステップ (7) で、子プロセスが正しく実行できた場合に、ZDbg<NotRunning>の値である self から ZDbg<Running>の値を生成して状態遷移を実現している箇所である。つまりこれは、子プロセスが動作していない NotRunning 状態から、子プロセスが実行中である Running 状態に遷移することを意味する。こうすることで、「子プロセスを実行した場合は Running 状態へ移行する」と、「Running 状態ならば do_continue などの関数を呼び出し可能」という契約を記述できる。これらの契約に違反して実装すると、コンパイルエラーとなる。

Tips

ASLR は、**Return-to-libc 攻撃**といった攻撃手法による被害を軽減させる目的で導入された。Return-to-libc 攻撃は、ソフトウェアの脆弱性をついて、C のライブラリが配置されるアドレスを実行する攻撃である。たとえば、Unix には system という指定されたプログラムを実行する C の関数があり、ソフトウェアの脆弱性をついてこのコードが配置されるアドレスを呼び出すことができると、任意のプログラムを実行できる。しかし、system 関数が配置されるアドレスがランダムに決定される場合、まずそのアドレスを特定する必要があり、攻撃の難易度が上がる。

Tips

確保したメモリの範囲外のアクセスが可能になってしまうバグは**バッファオーバーラン（buffer overrun）**と呼ばれる。Rust では、このような範囲外のアクセスを防ぐような実行ファイルをコンパイラが出力するが、C などはそうではない。Return-to-libc 攻撃は、バッファオーバーランを用いてスタックメモリ上にある関数の戻りアドレスを変更して行われるため、すべてを Rust のみで実装したコードの場合は簡単には行えないだろう。

nix::sys::ptrace には、システムコールの ptrace 関数のラッパが多く定義されている。たとえば、上記の ptrace::traceme は、C の ptrace(PTRACE_TRACEME, pid, 0, 0) という呼び出しに相当する。C の ptrace は、第 1 引数で実行する操作を指定するが、nix クレートでは、ptrace と第 1 引数の組に相当する関数を定義している。ptrace を用いるとプロセスの制御が可能であり、デバッガの実装にはこれを用いる。ptrace の詳細については、man ptrace コマンドで確認されたい。

8.3.4 Running 状態のメソッド実装

図 8.2 で示したように、ステップ実行や再開などは、子プロセスが実行中（Running 状態時）にのみ利用可能なメソッドである。本項では、これらのメソッド、つまり ZDbg<Running>のメソッド定義を示す。

次のコードは、do_cmd メソッドの実装である。このメソッドは、コマンドを受け取り、適切な処理を行うか、関数を呼び出す。

./src/dbg.rs：impl ZDbg<Running>内のdo_cmdメソッド

```
pub fn do_cmd(mut self, cmd: &[&str]) -> Result<State, DynError> {
    if cmd.is_empty() {
        return Ok(State::Running(self));
    }

    match cmd[0] {
        "break" | "b" => self.do_break(cmd)?,
        "continue" | "c" => return self.do_continue(),
        "registers" | "regs" => {
            let regs = ptrace::getregs(self.info.pid)?;
            print_regs(&regs);
        }
        "stepi" | "s" => return self.do_stepi(),
        "run" | "r" => eprintln!("<<すでに実行中です>>"),
        "exit" => {
            self.do_exit()?;
            return Ok(State::Exit);
        }
        _ => self.do_cmd_common(cmd),
    }

    Ok(State::Running(self))
}
```

break、continue、stepiコマンドの場合は、専用の関数を呼び出すのみとなる。exitコマンドは、do_exitを呼び出して子プロセスを終了させてから、Ok(State::Exit)を返す。registersコマンドは、nix::sys::ptrace::getregs関数でレジスタ情報を取得して、print_regsで取得した情報を表示する。nix::sys::ptrace::getregsはCのptrace(PTRACE_GETREGS, pid, 0, &struct)に相当する。ただし、&sturctはレジスタ情報を保存する構造体へのポインタであり、結果がこれに格納される。GDBでは、info registersコマンドで、同様に子プロセスの現在のレジスタ情報を表示できる。

次のコードは、子プロセスの終了処理を行うdo_exitメソッドの実装となる。Running状態のときは、子プロセスを終了させてからデバッガを終了させる。

./src/dbg.rs：impl ZDbg<Running>内のdo_exitメソッド

```
/// exitを実行。実行中のプロセスはkill。
fn do_exit(self) -> Result<(), DynError> {
    loop {
        ptrace::kill(self.info.pid)?;
        match waitpid(self.info.pid, None)? {
            WaitStatus::Exited(..) | WaitStatus::Signaled(..) => return Ok(()),
            _ => (),
        }
    }
}
```

nix::sys::ptrace::kill が子プロセスを終了させる関数であり、これは C の ptrace (PTRACE_KILL, pid, 0, 0) に相当する。この関数を呼び出すと、SIGKILL シグナルが子プロセスに送信される。ptrace の後には waitpid で終了処理を行う。

次のコードは、ブレークポイントのコマンドを実行する do_break メソッドの実装である。このメソッドは、共通メソッドの set_break_addr を呼び出し、実際にブレークポイントを子プロセスのメモリ上に設定する set_break を呼び出しているのみである。

./src/dbg.rs：impl ZDbg<Running>内の do_break メソッド

```
/// break を実行。
fn do_break(&mut self, cmd: &[&str]) -> Result<(), DynError> {
    if self.set_break_addr(cmd) {
        self.set_break()?;
    }
    Ok(())
}
```

ブレークポイントを子プロセスに実際に設定するのは、set_break メソッドである。set_break を説明する前に、ブレークポイントの設定方法について説明しよう。デバッグの対象は、8.2 節の dbg_target とする。ただし、その前に、dbg_target のあるディレクトリに、./dbg_target/.cargo/config.toml というファイルを作成し、以下のような記述を追加する。

dbg_target の./dbg_target/.cargo/config.toml

```
[build]
rustflags = ["-Crelocation-model=dynamic-no-pic"]
```


位置独立コード（position-independent code; PIC）とは、相対的な位置を保っているならば、命令列をどのメモリ上のアドレスに置いてもよいコード（命令列）のことである。Rust コンパイラは、Rust のコードから OS と CPU が解釈可能な実行可能バイナリファイルを出力する。このとき、出力されたコードを、メモリ上のどのアドレスへも配置してよい場合、それは位置独立コードと呼ばれ、位置独立コードのみからなる実行ファイルは**位置独立実行形式（position-independent executable; PIE）**であるという。Rust コンパイラはデフォルトでは位置独立実行形式の実行ファイルを出力する。たとえば、実行ファイル中では 0x8000 の位置にある命令は、理論的にはメモリ上のどのアドレスに配置してもよい（他の命令との相対的な位置は保持する必要がある）。ASLR は実行ファイルが位置独立コードであるからこそ実現できる。

本章がテストで用いている Linux Kernel v5.11 では、位置独立実行形式の実行ファイルを実行する場合、0x555555554000 がバイナリ中のアドレスに加算され、ASLR が有効な場合は、さらにそこからランダムな数値が加算され、その値をオフセットとして実行コードが配置される。たとえば、実行ファイル中の 0x8000 番目というアドレスにある命令は、0x555555554000 + 0x8000 + ランダム値の位置に配置される。ASLR を無効にした場合はランダム値は加算されず、位置独立でない場合は、0x555555554000 もランダム値も加算されない。

上記の、-Crelocation-model=dynamic-no-pic という指定は、Rust コンパイラに、位置独立実行形式の実行ファイルを生成しないと指定するオプションである。ZDbg では、ASLR を無効にしているものの、テスト時には位置独立実行形式でないほうがわかりやすいため、このように設定する。この設定を行い、dbg_target をコンパイルして逆アセンブルすると、以下のような結果が得られる。

dbg_target の逆アセンブル結果

```
$ objdump -d ../dbg_target/target/debug/dbg_target | less
省略
0000000000403810 <_ZN10dbg_target4main17hcea4cd17f12cdd89E>:
省略
40392c:       c3                      ret
40392d:       8b 84 24 a4 00 00 00    mov    0xa4(%rsp),%eax
403934:       89 84 24 ac 00 00 00    mov    %eax,0xac(%rsp)
40393b:       90                      nop
40393c:       48 8d bc 24 ac 00 00    lea    0xac(%rsp),%rdi
403943:       00
403944:       ff 15 76 95 04 00       call   *0x49576(%rip)
40394a:       48 89 44 24 08          mov    %rax,0x8(%rsp)
省略
```

dbg_target と main を含む行から始まるアセンブリコードが、Rust の main 関数がコンパイルされた結果である。左の列にある 40392d などがアドレスで、真ん中の数値がそのアドレス上の値であり、右の列にある mov 0xa4(%rsp),%eax などが、その値に対応するアセンブリコードとなる。なお、値はすべて 16 進数となる。たとえば、nop 命令の次のアドレスである 0x40393c にブレークポイントを設定するためには、その先頭の値を 0x48 から int 3 命令のバイナリ表現である 0xcc に変更する。

Tips

上記にある less コマンドは**ページャ（pager）**と呼ばれるアプリケーションで、大量の出力を CUI 上で閲覧しやすくするために用いている。less は、f キーで次のページを表示し、b キーで前のページを表示する。文字列の検索は、/キーを入力した後に検索したい文字を入力して、リターンキーを押す。検索結果が表示されているときに n キーを押すと次の結果を表示し、大文字の N キーを入力すると、前の結果を表示する。上記の箇所は、main という文字列を検索すると見つかるだろう。h キーでヘルプが表示される。終了は q キーを入力する。

次のコードは、ブレークポイントを実際に設定する set_break メソッドの実装となる。このメソッドは、先に説明したとおり、指定されたアドレスのメモリを 0xcc に書き換える。

./src/dbg.rs：impl ZDbg<Running>内の set_break メソッド

```
/// ブレークポイントを実際に設定。
/// つまり、該当アドレスのメモリを"int 3" = 0xcc に設定。
fn set_break(&mut self) -> Result<(), DynError> {
    let addr = if let Some(addr) = self.info.brk_addr { // (1)
        addr
    } else {
        return Ok(());
    };

    // ブレークするアドレスにあるメモリ上の値を取得 (2)
    let val = match ptrace::read(self.info.pid, addr) {
        Ok(val) => val,
        Err(e) => {
            eprintln!(
                "<<ptrace::read に失敗 : {e}, addr = {:p}>>", addr
            );
            return Ok(());
        }
    };

    // メモリ上の値を表示する補助関数 (3)
    fn print_val(addr: usize, val: i64) {
        print!("{:x}:", addr);
        for n in (0..8).map(|n| ((val >> (n * 8)) & 0xff) as u8) {
            print!(" {:x}", n);
        }
    }

    println!("<<以下のようにメモリを書き換えます>>");
    print!("<<before: "); // 元の値を表示
    print_val(addr as usize, val);
    println!(">>");

    let val_int3 = (val & !0xff) | 0xcc; // "int 3"に設定 (4)
    print!("<<after : "); // 変更後の値を表示
    print_val(addr as usize, val_int3);
    println!(">>");

    // "int 3"をメモリに書き込み (5)
    match unsafe { ptrace::write(self.info.pid, addr, val_int3 as *mut c_void) } {
        Ok(_) => {
            self.info.brk_addr = Some(addr);
            self.info.brk_val = val; // 元の値を保持
        }
        Err(e) => {
            eprintln!(
                "<<ptrace::write に失敗 : {e}, addr = {:p}>>", addr
            );
        }
    }
```

第8章

```
        Ok(())
    }
```

(1) ブレークポイントが設定されているなら、その値を取得。

(2) nix::sys::ptrace::read で、指定されたアドレスにあるメモリ上の値を取得し、変数 val に保存。メモリの値は i64 型で返される。つまり、8 バイト単位で取得できる。この関数は、C の ptrace(PTRACE_PEEKDATA, pid, addr, 0) に相当する。

(3) ptrace::read で得られたメモリ上の値と、0xcc に書き換えた値を、わかりやすく表示するためのヘルパ関数。

(4) val の下位 8 ビットを 0xcc に設定。(val & !0xff) とすると、val の下位 8 ビットが 0 クリアされ、その後、0xcc とビット和を取ると、下位 8 ビットが 0xcc となる。

(5) nix::sys::ptrace::write で、0xcc に書き換えた val をメモリに書き込む。as *mut c_void と型変換しているのは、ptrace::write、つまり、C の ptrace が引数にポインタを取るためである。この関数は、C の ptrace(PTRACE_POKEDATA, pid, addr, val_int3) に相当する。

図 8.3 は、メモリ上のフォーマットを表している。図中の四角い箱が 1 バイト分のメモリを表し、それぞれにはアドレスが割り振られている。この図のように、0x0123456789abcdef という値を保存するには、**リトルエンディアン（little endian）**と**ビッグエンディアン（big endian）**という 2 つの方法がとられる。リトルエンディアンは下位ビットを下位メモリに保存する方法で、0xef は 0 番地のメモリに保存される。ビッグエンディアンは上位ビットを下位メモリに保存する方法で、0xef は 7 番地のメモリに保存される。x86_64 はリトルエンディアンを用いているため、上記コードでは下位ビットを 0xcc に書き換えている。ビッグエンディアンを採用している CPU アーキテクチャには、PlayStation 3 に採用された CPU アーキテクチャである Power や、PlayStation 1 と 2 に採用された CPU アーキテクチャである MIPS などがある。ちなみに、PlayStation 4 と 5 は x86_64 アーキテクチャの CPU である。ビッグエンディアンは、多くのインターネットプロトコルでも利用

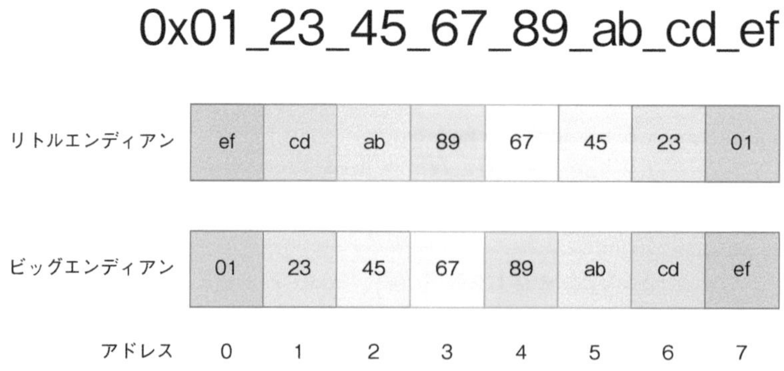

図 8.3　メモリ上のフォーマット（エンディアン）

されているため、**ネットワークバイトオーダー（network byte order）**とも呼ばれる。

次に、停止中の子プロセスを再開させる do_continue メソッドについて説明する。このメソッドは、基本的には nix::sys::ptrace::cont を用いて子プロセスを再開し、waitpid するのみである。しかし、停止したポイントがブレークポイントである場合は特殊な処理が必要であるため、その処理を行う step_and_break メソッドを呼び出してから、ptrace::cont を呼び出す。

./src/dbg.rs：impl ZDbg<Running>内の do_continue メソッド

```
/// continue を実行。
fn do_continue(self) -> Result<State, DynError> {
    // ブレークポイントで停止していた場合は 1 ステップ実行後再設定
    match self.step_and_break()? {
        State::Running(r) => {
            // 実行再開
            ptrace::cont(r.info.pid, None)?;
            r.wait_child()
        }
        n => Ok(n),
    }
}
```

ptrace::cont の第 2 引数には、再開時に送信するシグナルを指定可能であり、None を指定した場合はシグナルは送信されない。ptrace::cont は、C の ptrace(PTRACE_CONT, pid, 0, signal) に相当する。

step_and_break や wait_child メソッドを実行すると子プロセスが終了する可能性があるため、このメソッドは self で値を取得して、遷移後の状態を返すようにしている。

int 3 でプロセスが停止した場合、プログラムカウンタは int 3 のアドレス +1 を指している。プロセスを正常に再開させるためには、int 3 に書き換えた箇所の復元と、プログラムカウンタを −1 する必要がある。

たとえば、先の例では子プロセスの 0x40393c 番地のメモリの値を 0xcc に設定していた。この箇所で子プロセスが停止するとプログラムカウンタは 0x40393d となる。そのため、子プロセスを再開させるには、プログラムカウンタの修正と書き換えたメモリの値を復元する必要がある。また、実行再開後には、再びブレークポイントを設定する必要がある。具体的には、以下の手順を行う必要がある。

1. continue コマンドが入力される。
2. 機械語レベルで 1 ステップ実行。
3. ブレークポイントを再設定。つまり 0x40393c 番地のメモリの値を 0xcc に設定。
4. ptrace::cont を呼び出し、子プロセスを再開。
5. waitpid で子プロセスの停止を待ち、ブレークポイントで停止する。
6. ブレークポイントを設定した 0x40393c 番地のメモリの値を、元の値である 0x48 に復元。
7. プログラムカウンタを −1 する。つまり 0x40393c に設定。
8. 1. に戻る。

1ステップ実行してから、再びブレークポイントを設定（当該メモリの値を 0xcc に書き換え）していることに注目してほしい。これは、ブレークポイントが揮発してしまうのを防ぐための操作である。ブレークポイントを再設定しないと、ループなどで再び同じコードが実行された場合に停止しなくなってしまう。

先に説明した do_continue では、まず、step_and_break で機械語レベルでのステップ実行と、ブレークポイントの再設定を行う。その後、子プロセスを再開させ、wait_child で子プロセスの停止を待ち、ブレークポイントを設定したメモリの値を復元し、プログラムカウンタを −1 する。

step_and_break メソッドの実装は以下のようになる。

./src/dbg.rs：impl ZDbg<Running>内の step_and_break メソッド

```
/// ブレークポイントで停止していた場合は、
/// 1ステップ実行しブレークポイントを再設定。
fn step_and_break(mut self) -> Result<State, DynError> {
    let regs = ptrace::getregs(self.info.pid)?;
    if Some((regs.rip) as *mut c_void) == self.info.brk_addr {
        ptrace::step(self.info.pid, None)?; // 1ステップ実行
        match waitpid(self.info.pid, None)? {
            WaitStatus::Exited(..) | WaitStatus::Signaled(..) => {
                println!("<<子プロセスが終了しました>>");
                return Ok(State::NotRunning(ZDbg::<NotRunning> {
                    info: self.info,
                    _state: NotRunning,
                }));
            }
            _ => (),
        }
        self.set_break()?; // 再度ブレークポイントを設定
    }

    Ok(State::Running(self))
}
```

ptrace::getregs でレジスタを取得し、プログラムカウンタを意味する rip がブレークポイントのアドレスかをチェックする。もしプログラムカウンタがブレークポイントのアドレスを指しているなら、ptrace::step を呼び出し、機械語レベルでステップ実行して、waitpid で停止を待機する。ptrace::step は、ptrace::cont と同じく第2引数に再開時に送信するシグナルを指定可能であり、これは、C の ptrace(PTRACE_SINGLESTEP, pid, 0, signal) に相当する。機械語レベルで1ステップ実行後、再びブレークポイントを設定する。

wait_child メソッドの実装は以下のようになる。

./src/dbg.rs：impl ZDbg<Running>内の wait_child メソッド

```
/// 子プロセスを wait。子プロセスが終了した場合は NotRunning 状態に遷移。
fn wait_child(self) -> Result<State, DynError> {
    match waitpid(self.info.pid, None)? {
        WaitStatus::Exited(..) | WaitStatus::Signaled(..) => {
            println!("<<子プロセスが終了しました>>");
            let not_run = ZDbg::<NotRunning> {
                info: self.info,
                _state: NotRunning,
            };
            Ok(State::NotRunning(not_run))
        }
        WaitStatus::Stopped(..) => {
            let mut regs = ptrace::getregs(self.info.pid)?;
            if Some((regs.rip - 1) as *mut c_void) == self.info.brk_addr {
                // 書き換えたメモリを元の値に戻す
                unsafe {
                    ptrace::write(
                        self.info.pid,
                        self.info.brk_addr.unwrap(),
                        self.info.brk_val as *mut c_void,
                    )?
                };

                // ブレークポイントで停止したアドレスから 1 つ戻す
                regs.rip -= 1;
                ptrace::setregs(self.info.pid, regs)?;
            }
            println!("<<子プロセスが停止しました : PC = {:#x}>>", regs.rip);

            Ok(State::Running(self))
        }
        _ => Err("waitpid の返り値が不正です".into()),
    }
}
```


子プロセスが終了した場合は、NotRunning 状態に遷移する。子プロセスが停止した場合で、かつプログラムカウンタ −1 の値がブレークポイントのアドレスである場合（ブレークポイントで停止した場合）は、0xcc に書き換えたメモリの値を復元し、プログラムカウンタを −1 する。プログラムカウンタの設定は、レジスタを設定する nix::sys::ptrace::setregs 関数で可能であり、これは、C の ptrace(PTRACE_SETREGS, pid, 0, &regs) に相当する。こうすることで、次に「continue」コマンドが入力された際には、ブレークポイントを設定する前の元の命令が実行される。

「stepi」コマンドを実行する do_stepi メソッドの実装は、章末の演習問題とする。do_stepi は、まず、プログラムカウンタを調べてその値がブレークポイントかどうかをチェックする。ブレークポイントで停止した場合は、そのメモリの値が 0xcc となっている可能性があるため、元の値に復元してからステップ実行と waitpid を行い、ブレークポイントを再設定する。停止した箇所がブレークポイント以外の場合は、単純にステップ実行して waitpid を行う。

8.3.5　補助関数

本項では、print_regs と get_break_addr の 2 つの補助関数を掲載する。print_regs は、ptrace::getregs で取得したレジスタを表示する関数で、get_break_addr は、break コマンドで渡されたアドレスをパースする関数となる。

print_regs の実装は、以下のようになる。

./src/dbg.rs：print_regs 関数

```
/// レジスタを表示。
fn print_regs(regs: &user_regs_struct) {
    println!(
        r#"RIP: {:#016x}, RSP: {:#016x}, RBP: {:#016x}
RAX: {:#016x}, RBX: {:#016x}, RCX: {:#016x}
RDX: {:#016x}, RSI: {:#016x}, RDI: {:#016x}
 R8: {:#016x},  R9: {:#016x}, R10: {:#016x}
R11: {:#016x}, R12: {:#016x}, R13: {:#016x}
R14: {:#016x}, R15: {:#016x}"#,
        regs.rip, regs.rsp, regs.rbp, regs.rax, regs.rbx, regs.rcx,
        regs.rdx, regs.rsi, regs.rdi, regs.r8,  regs.r9,  regs.r10,
        regs.r11, regs.r12, regs.r13, regs.r14, regs.r15,
    );
}
```

x86_64 は、RIP がプログラムカウンタ、RSP がスタックポインタである。スタックポインタとは、現在のスタックメモリの 1 番上の位置を表すアドレスである。RBP は**ベースポインタ（base pointer）**と呼ばれ、関数呼び出し時のスタックポインタの値を示す。それ以外は、**汎用レジスタ（general purpose register）**と呼ばれ、一般的な計算に用いるレジスタである。RSI や RDI などは、一部命令で特殊な用途として利用されるが、本書では説明は割愛する。詳細は、『Intel® 64 and IA-32 Architectures Software Developer's Manual』[24] を参照されたい。

get_break_addr の実装は以下のようになる。この関数は、文字列をパースするのみなので、説明は省略する。

./src/dbg.rs：get_break_addr 関数

```
/// コマンドからブレークポイントを計算。
fn get_break_addr(cmd: &[&str]) -> Option<*mut c_void> {
    if cmd.len() < 2 {
        eprintln!("<<アドレスを指定してください\n例 : break 0x8000>>");
        return None;
    }

    let addr_str = cmd[1];
    if &addr_str[0..2] != "0x" {
        eprintln!("<<アドレスは 16 進数でのみ指定可能です\n例 : break 0x8000>>");
        return None;
    }

    let addr = match usize::from_str_radix(&addr_str[2..], 16) {
```

```
            Ok(addr) => addr,
            Err(e) => {
                eprintln!("<<アドレス変換エラー : {e}>>");
                return None;
            }
        } as *mut c_void;

        Some(addr)
    }
```

8.3.6 仕上げ

最後に、main.rs の実装と、実行結果について示そう。main.rs では、まず、NotRunning 状態の ZDbg の値を生成する。その後、メインループで do_cmd を呼び出して状態を更新し、これを繰り返す。ただし、do_cmd が State::Exit を返した場合は終了処理を行う。main.rs の実装は以下のようになる。

./src/main.rs

```
mod dbg;
mod helper;

use dbg::{State, ZDbg};
use helper::DynError;
use rustyline::{error::ReadlineError, Editor};
use std::env;

fn main() -> Result<(), DynError> {
    let args: Vec<String> = env::args().collect();
    if args.len() < 2 {
        let msg = format!("引数が必要です\n例 : {} 実行ファイル [引数*]", args[0]).into();
        return Err(msg.into());
    }

    run_dbg(&args[1])?;
    Ok(())
}

fn run_dbg(filename: &str) -> Result<(), DynError> {
    let debugger = ZDbg::new(filename.to_string());
    let mut state = State::NotRunning(debugger); // (1)
    let mut rl = Editor::<()>::new()?;

    loop {
        match rl.readline("zdbg > ") {
            Ok(line) => {
                let trimed = line.trim(); // 行頭と行末の空白文字を削除
                let cmd: Vec<&str> =
                    trimed.split(' ').
                    filter(|c| !c.is_empty()).collect(); // 空文字を削除
```

```
                state = match state { // (2)
                    State::Running(r) => r.do_cmd(&cmd)?,
                    State::NotRunning(n) => n.do_cmd(&cmd)?,
                    _ => break,
                };
                if let State::Exit = state {
                    break;
                }
                rl.add_history_entry(line);
            }
            Err(ReadlineError::Interrupted) => eprintln!("<<終了は Ctrl+d>>"),
            _ => {
                if let State::Running(r) = state {
                    // 子プロセスが実行中の場合は kill
                    r.do_cmd(&["exit"])?;
                };
                break;
            }
        }
    }

    Ok(())
}
```

(1) NotRunning 状態の ZDbg の値を生成。

(2) do_cmd を呼び出し、状態を表す state 変数を更新。

基本的には、main.rs 中の処理は上記を繰り返すのみとなる。

以下は、dbg_target を ZDbg でデバッグした結果である。ここでは、0x40393c にブレークポイントを設定し実行している。ただし、0x40393c という値は環境によって異なる可能性があるため、必ず objdump -d コマンドで確認してほしい。

実行結果

```
$ cargo run ../dbg_target/target/debug/dbg_target
    Finished dev [unoptimized + debuginfo] target(s) in 0.01s
     Running `target/debug/zdbg ../dbg_target/target/debug/dbg_target`
zdbg > b 0x40393c
zdbg > r
<<子プロセスの実行に成功しました : PID = 16382>>
<<以下のようにメモリを書き換えます>>
<<before: 40393c: 48 8d bc 24 ac 0 0 0>>
<<after : 40393c: cc 8d bc 24 ac 0 0 0>>
int 3
<<子プロセスが停止しました : PC = 0x403845>>
zdbg > c
kill -SIGTRAP
<<子プロセスが停止しました : PC = 0x7ffff7da475b>>
zdbg > c
```

```
<<子プロセスが停止しました : PC = 0x40393c>>
zdbg > c
<<以下のようにメモリを書き換えます>>
<<before: 40393c: 48 8d bc 24 ac 0 0 0>>
<<after : 40393c: cc 8d bc 24 ac 0 0 0>>
i = 0
<<子プロセスが停止しました : PC = 0x40393c>>
zdbg > c
<<以下のようにメモリを書き換えます>>
<<before: 40393c: 48 8d bc 24 ac 0 0 0>>
<<after : 40393c: cc 8d bc 24 ac 0 0 0>>
i = 1
<<子プロセスが停止しました : PC = 0x40393c>>
zdbg > c
<<以下のようにメモリを書き換えます>>
<<before: 40393c: 48 8d bc 24 ac 0 0 0>>
<<after : 40393c: cc 8d bc 24 ac 0 0 0>>
i = 2
<<子プロセスが終了しました>>
zdbg >
```

実験用コードのループ内に設定したブレークポイントで停止し、さらに、そのブレークポイントで繰り返し停止していることがわかるだろう。

以上がデバッガの基本である。本章では CUI ベースのデバッガについて解説したが、VSCode などの GUI でもデバッガは利用可能であるので、ぜひ試してみてほしい。

本格的なデバッガを実装するためには、実行ファイル中に埋め込まれた、DWARF[25] というデバッグ情報にアクセスする必要がある。DWARF 情報を利用すると、ソースコードのファイル名と行番号、あるいは関数名から、バイナリ中のアドレスを取得することができる。`gimli`[26] という Rust のライブラリを用いると、バイナリファイル中の DWARF 情報を取得可能であるため、これを用いると、より本格的なデバッガを実装できるだろう。

8.4 演習問題

1. `do_stepi` メソッドを実装せよ。わからない場合は Web で配布するソースコードを参照せよ。
2. ZDbg 構造体を `std::marker::PhantomData` を用いた実装に修正せよ。
3. ZDbg で子プロセスを実行中に Ctrl+c を入力すると、`SIGINT` シグナルが送信されて ZDbg が終了してしまう。Ctrl+c が入力されても、ZDbg が終了しないように修正せよ。
4. `nix::sys::ptrace::syscall` を用いると、システムコールに対してブレークポイントを設定できる。これを用いた有名なソフトウェアに `strace` がある。`strace` の使い方を調べ、実際に利用してみよ。
5. **[高難易度]** ソースコードのファイル名と行番号、あるいは関数名を指定してブレークポイントを指定できるように修正せよ。これらの情報は `gimli` を用いると取得できる。

Coffee Break

ラプラスの悪魔

自由意志とは、「我々人間は、自分の意思に基づいてどのような行為をなすかを決定できる」という考え方である。つまり、我々には、石ころや水などとは違って意思があるということだ。一方、人間はあくまで物理的な存在で、投げた石の 1 秒後の位置を物理学の知識で計算できるように、超高性能な計算機さえあれば人間の行動も完全に予測可能であるとする考え方もあり、このような考え方は因果的決定論と呼ばれている。因果的決定論に基づくと自由意志は否定される。

因果的決定論が正しいとすると、もし、ある時点での宇宙の状態を完全に知ることのできる悪魔が存在するなら、その悪魔は未来の出来事すべてを計算によって予測可能であると考えられる。この悪魔はラプラスの悪魔と呼ばれ、フランスの数学者ラプラスにより提唱された。このコラムでは、「ラプラスの悪魔は存在するか」という問題を考えてみよう。

まず、すべての未来を予測可能なラプラスの悪魔が存在すると仮定する（背理法の仮定）。あなたは分岐路に立っており、右か左に曲がって目的地へ向かうことができる。右と左のどちらを経由しても、目的地へは到達できる。ラプラスの悪魔は「おまえは分岐路を右に曲がる」と予測すると仮定する。しかし、あなたはラプラスの悪魔の予測と逆のことを行うと決めている。つまり、あなたはその予測を聞き、分岐路を左に曲がる。逆に、ラプラスの悪魔が「左に曲がる」と予測した場合は、あなたは右に曲がる。ラプラスの悪魔は完全に未来を予測可能なはずだが、あなたの存在によって予測は外れてしまう。よって、このようにラプラスの悪魔の予測に基づいて自身の行為を決定できる場合、矛盾が導かれ、背理法よりラプラスの悪魔は存在しないと証明できる。

この証明は、停止問題と非常に似た構造であることにお気づきだろう。ラプラスの悪魔は、量子力学的な観点から否定されることが多いが、このように、計算理論的な方面からも考察できる。因果的決定論とプログラミングはまったく異なる分野のように思えるが、その根底でつながっているように思えておもしろい。

ここで、「自由意志とは、ラプラスの悪魔に反証可能な計算能力のことである」という大胆な仮説を唱えてみよう。こう定義すると、石ころと人間の区別ができそうだ。ところで、この定義では、コンピュータにも自由意志があることになる。つまり、我々はコンピュータだったのだ！

第9章 線形型システム

この章の概要

型システム（type system）とは、プログラミング言語の型に関する規則のことであり、**線形型システム（linear type system）**とは、値をちょうど1度しか利用できないような型システムのことである。Rustは、線形型システムの姉妹分である、**アフィン型システム（affine type system）**を基礎理論として採用している。アフィン型システムは、値を最大1回利用可能な型システムである。線形型システムやアフィン型システムを用いると、リソースの解放忘れといった問題を型レベルで防ぐことができる。本章では、それらのしくみについても説明する。

線形型システムやアフィン型システムを言語のコア機能として適用し、かつ広く利用されている汎用プログラミング言語は、現在のところRustのみである。そのため、初学者にはその概念が難しいといわれているが、本章で線形型システムを学ぶと、Rustの本質を深く理解できるだろう。特に、Rustのクロージャには`move`など他のプログラミング言語ではあまり見られないキーワードがあり、なかなか理解のしにくい概念が登場する。それらについても、本章で線形型システムを学ぶことで、深く理解することができるはずだ。

線形型システムの重要な応用先として、**セッション型（session types）**[11]と量子コンピュータがある。セッション型は通信プロトコルを安全に設計・実装可能にする型システムであり、量子コンピュータの原理である**量子複製不可能定理（no-cloning theorem）**は線形型システムと相性がよく、今後の発展が期待される。

『Advanced Topics in Types and Programming Languages』[27]（ATTaPL）では、線形型システムを適用したλ計算の解説をしている。本章では、それをベースとしつつ、Rustユーザに理解しやすいよう構文などを改変して紹介する。ATTaPLは非常に専門的で、理解するのも難しく、実装も示されていないが、本書ではなるべく初学者にもわかりやすいように例を多く提示し、実装も示す。

それでも、本章では、これまでとはうってかわり数学的な記述も多く登場するうえ、Web検索をしてもあまり出てこないような内容であるため、若干難易度が高いと思われる。しかし、先にも述べたとおり、線形型やアフィン型はRustの中核をなす概念であるため、この基礎を解説することはRustコミュニティにとって有益だと考える。難易度は高めだが、決して理解できないようなものではないため、ぜひ挑戦してほしい。

本章では、まずはじめに、本書独自の言語を定義し、その言語を元に線形型システムの理論的側面を解説する。型システムは、**数理論理学（mathematical logic）**と呼ばれる数学の一分野から派生しているため、数理論理学で用いられる手法である証明図が多く登場する。その後、**パーサコンビネータ（parser combinator）**と呼ばれるパーサについて説明する。パーサコンビネータ自体は線形型システムとは直接関係ないが、ソースコードなどの文字列を解析するための強力なツールであるため、本章で解説する。最後に、線形型システムの理論とパーサコンビネータの知識を用いて、線形型システムを実装する。

9.1 線形型システムの理論

本節では、線形型システムの理論について説明する。型システムの理論には、論理学という分野を基礎とした数学的記述が用いられ、本書でも同様の記述を用いる。数学的な説明が難しい場合は、一度さっと理論に目を通し、実装を確認した後に再び理論を読むことで理解が進むだろう。

9.1.1 数学的表記

表 9.1 は、本章で用いる数学的表記である。集合とは、ものの集まりであり、空集合とは要素が何もない集合のことである。推論規則や型環境などについては 9.1.4 項で説明するため、この時点では理解しなくてよい。記号の意味がわからなくなった場合は、この表を参照してほしい。

表 9.1　数学的表記

表記	意味
$\{a, b, c\}$	a と b と c を要素に持つ集合
$q \in \{a, b, c\}$	q は集合 $\{a, b, c\}$ の要素
$\emptyset$	空集合
$P \wedge Q$	P かつ Q
$P \Leftrightarrow Q$	P ならば Q かつ、 Q ならば P （P は Q の必要十分条件）
$\dfrac{A \quad B}{C}$	A と B が正しいなら C を正しいと証明（推論）可能
$\Gamma = \mathtt{x} : \mathtt{T_x}, \mathtt{y} : \mathtt{T_y}$	変数 $\mathtt{x}$ の型は $\mathtt{T_x}$、変数 $\mathtt{y}$ の型は $\mathtt{T_y}$、という型環境 Γ
$\Gamma \vdash \mathtt{e} : \mathtt{T}$	型環境 Γ から、式 $\mathtt{e}$ の型を $\mathtt{T}$ と証明可能
$A \nvdash B$	A から B は証明できない

9.1.2 バッカス・ナウア記法

プログラミング言語の構文を記述するためには、**バッカス・ナウア記法（Backus-Naur form; BNF）**と呼ばれる記法が用いられることが多い。理論的には、BNF は**文脈自由文法（context-free grammar）**と呼ばれる種類の文法を記述できる記法であることが知られている。第 6 章では正規表現について説明したが、正規表現は文脈自由文法よりも、表現能力が弱い、つまり、より単純な文法しか記述できない。たとえば、任意の数の開き括弧と閉じ括弧の対応が記述できるような言語は、正規表現では定義できないが、BNF では定義できる。

ここでは、具体的な BNF での定義例を示すことで、BNF について説明しよう。たとえば、加算と乗算のあるような数式は、以下のように定義することができる。

<EXPR>:= <NUM>| <SUM>| <MUL>| (<EXPR>)
<SUM>:= <EXPR>+ <EXPR>
<MUL>:= <EXPR>⋆ <EXPR>

<と>で囲まれたアルファベットは BNF の変数であり、<A>:= <B>と書いたとき、<A>は<B>であると読める。また、| は、「または」を表す記号で、<A>:= <B>| <C>と書いたとき、<A>は<B>または<C>であると読める。

この構文中にある<NUM>は数値を表す。BNF 自体は<NUM>に特殊な意味を持たせないが、構文を定義する都合上、このようにしている。たとえば、<EXPR>は<NUM>となる場合もあるため、100 や 46 といった数値になる可能性もある。また、<EXPR>は<SUM>や<MUL>となる可能性があり、<SUM>と<MUL>の定義から、<EXPR>は 4 + 3 や 68 ⋆ 23 などとなる可能性もある。このように、BNF を用いると再帰的に構文を定義できる。

(<EXPR>) は、括弧のある数式を定義するための構文である。たとえば、(48 + 10) ⋆ 4 といった数式は、この規則があるため導くことができる。

9.1.3 LinZ 言語

線形型システムの説明を行うために、本書独自のプログラミング言語である LinZ 言語（リンゼットまたはリンズィーと呼ぶことにしよう）の設計と実装を行う。LinZ は、線形型システムの Linear と、『ゼロから学ぶ Rust』の Zero から命名した。LinZ は線形型システムを適用したプログラミング言語であり、まずはじめにその構文を定義する。

図 9.1 は、LinZ の構文を BNF で表したものである。ただし、Γ は LinZ の式ではなく、LinZ の型付け規則を定義する際に用いられる記述で、これは**型環境（type environment）**と呼ばれる。また、変数 `x` はアルファベットで表される変数であり、`x` 以外の変数も用いることが可能だが、ここでは代表として `x` と表記している。

LinZ には、`lin` と `un` という 2 つの修飾子があり、これらは値に次のような意味を与える。`lin` は linear の略であり、線形型か、その値であることを示す修飾子となる。一方、un は unrestricted の略であり、特に制約のないことを示す修飾子となる。つまり、`lin` で修飾された値は 1 度しか利用できない値であり、un で修飾された値は何度でも利用できる値となる。たとえば、`lin true` や、`un false` と記述できる。

実は、LinZ は λ 計算という計算モデルの拡張となる。λ 計算とは、1930 年代に数学者のチャーチらによって考案された計算モデル、つまり空想上の計算機であり、今日では、関数型プログラミング言語の基礎理論としても用いられる。λ 計算は非常に単純な計算モデルではあるが、その計算能力はチューリングマシンと等価であることが知られている。ある計算モデルが、チューリングマシンと等

```
<Q>:=                                  |  (修飾子)
        lin                            |
        un                             |

<B>:=                                  |  (真偽値)
        true                           |
        false                          |

<E>:=                                  |  (式)
        x                              |  (変数)
        <Q><B>                         |  (修飾子付き値)
        if <E> { <E> } else { <E> }    |  (if式)
        <Q> fn x : <T> { <E> }         |  (関数定義)
        (<E> <E>)                      |  (関数適用)
        <Q><<E>, <E>>                  |  (ペア)
        split <E> as x, y { <E> }      |  (ペアの分解)
        free x; <E>                    |  (リソース解放)

<P>:=                                  |  (型)
        bool                           |  (真偽値型)
        (<T>*<T>)                      |  (ペア型)
        (<T>-> <T>)                    |  (関数型)

<T>:=   <Q><P>                         |  (修飾子付き型)

<Γ>:=                                  |  (型環境)
        ∅                              |  (空集合)
        <Γ>, x : <T>                   |
```

図 9.1　LinZ の構文と型環境

価であるとき、それは**チューリング完全（Turing complete）**であるという。λ 計算は『論理と計算のしくみ』[28] に詳しく説明されている。

λ 計算には関数に名前がなく、引数も 1 つしか取ることができないが、LinZ も同様な特徴を持つ。また、LinZ の関数を定義するには、`lin` か `un` の修飾子を必要とする。たとえば、線形型真偽値の論理否定を行う関数は、以下のように定義できる。

LinZ : 関数定義の例

```
lin fn x : lin bool {
    if x {
        lin false
    } else {
        lin true
    }
}
```

この関数の先頭では `lin` と修飾されているが、これは、この関数が線形型であることを示している。つまり、この関数は 1 度しか利用できない関数となる。ここで、`x` が引数であり、その後ろの `lin bool` が `x` の型である。`if` は Rust とほぼ同じであるため、説明は必要ないだろう。なお、この関数は、`lin bool` 型の値を受け取り、`lin bool` 型の値を返すため、`lin (lin bool -> lin bool)` という型の関数になる。

実は、Rust でも 1 度しか利用できない関数を表す `FnOnce` トレイトが定義されている。たとえば、次のように `FnOnce` でトレイト制約を定義することで、1 度しか呼び出せない関数を引数に取る関数を定義できる。

Rust の FnOnce

```
fn call_once<F>(f: F) where F: FnOnce(i32) -> i32 {
    println!("f(123) = {}", f(123));
}
```

この f は、i32 の値を 1 つ引数に取り i32 の値を返す、1 度だけ呼び出し可能な関数であり、これはトレイト制約により定義される。

LinZ では関数適用は (func arg) として行い、これは Rust の関数呼び出しである func(arg) に相当する。たとえば、以下のように行う。

LinZ : 関数適用の例

```
(lin fn x : lin bool {
    if x { lin false } else { lin true }
} lin false)
```

ここでは、lin false に論理否定を行う関数を適用しているため、計算結果は lin true となる。

次に、ペアと split について説明しよう。ペアはその名のとおり、2 つの値を保持する値であり、Rust でいうところの 2 要素のタプルに相当する。たとえば、lin <lin true, lin false>がペアの値となり、この値の型は lin (lin bool * lin bool) となる。

split はペアの値を分解する式である。次のコードは、split の利用例である。

LinZ : split の例

```
lin fn x : lin (lin bool * lin bool) {
    split x as a, b {
        lin <b, a>
    }
}
```

この関数は、受け取ったペアの要素の順番を入れ替える。ここで、引数 x は lin (lin bool * lin bool) というペア型の値である。まず、split で x の第 1 要素を変数 a に、第 2 要素を変数 b に束縛し、その後、順番を入れ替えた lin <b, a>というペアを返す。

最後に free について説明しよう。線形型は必ず 1 度利用しなければならないような型であり、利用しない場合は型付けエラーとなる。free は、不要となった線形型の値を消費して解放するために用いる。たとえば、以下のように利用する。

LinZ : free の例

```
lin fn x : lin (lin bool * lin bool) {
    split x as a, b {
        free b;
        a
    }
}
```

この関数は、受け取ったペアの第 1 要素を返す関数であるが、第 2 要素が線形型であるため、第 2

要素も消費しなければならない。そこで、ここでは、第 2 要素を `free` で消費してから、第 1 要素を返している。線形型システムでは、この `free` を忘れた場合に型付けエラーとなるため、リソースの解放忘れを防ぐことができる。

> **Tips**
>
> Rust ではプログラマが明示的にリソース解放をしなくてもよいが、これは、アフィン型とライフタイムを適用しているからであり、リソース解放を行う箇所はコンパイル時に決定される。また、Java や Python といった他のプログラミング言語はガベージコレクションを備えているため、プログラマが明示的にリソース解放をしなくてもよく、これらは実行時に自動でリソース解放される。一方、C はプログラマが明示的にリソース解放を行わなければならないため、リソース解放を忘れることがしばしばあり、コンピュータのリソースを使いつくしてしまうバグが頻繁に発生していた。特に、動的に確保したメモリを解放し忘れるバグは、**メモリリーク（memory leak）**と呼ばれる。

9.1.4　型付け

本項では、線形型システムにおける、型環境とその分割についてと、LinZ の式に対して型を付ける方法である型付け規則について説明する。

1. 型環境

型付け規則の説明を行う前に、型環境について説明する。一般的に型環境は Γ で表記され、図 9.1 の$<\Gamma>$が型環境の構文となる。

型環境とは、変数の型を保存しているデータベースと考えるとよい。たとえば、

$$\Gamma = \mathtt{x} : \mathtt{lin\ bool}, \mathtt{y} : \mathtt{lin\ (lin\ bool\text{->}lin\ bool)}$$

という型環境の場合、変数 `x` の型は `lin bool` で、変数 `y` の型は `lin (lin bool -> lin bool)` であると解釈できる。ちなみに、この型環境は**型付け文脈（typing context）**とも呼ばれる。

ただし、同じ変数に対して複数の型付けを行うような型環境は不正であり、許されない。たとえば、

$$\Gamma = \mathtt{x} : \mathtt{lin\ bool}, \mathtt{x} : \mathtt{un\ bool}$$

という型環境は、変数 `x` に対して複数の型付けを行っているため、不正な型環境となる。

2. 型環境の分割

次に、**型環境の分割（context split）**について説明する。線形型システムでは `lin` 型は 1 度しか利用できないため、型環境を分割して考える必要がある。たとえば、次のような LinZ のコードを考えてみよう。ただし、「//」以降は Rust と同じく 1 行コメントであるとする。

LinZ：型環境の分割例

```
// (1)
lin <
    x, // (2)
```

```
    y  // (3)
>
```

(1) はじめは、$\Gamma = \texttt{x} : \texttt{lin bool}, \texttt{y} : \texttt{lin bool}$ であるとする。

(2) ここでは、$\Gamma_1 = \texttt{x} : \texttt{lin bool}$ となる。変数 y は後で利用するため、ここで利用してはならない。

(3) ここでは、$\Gamma_2 = \texttt{y} : \texttt{lin bool}$ となる。変数 x はすでに利用しているため、ここでは利用できない。

線形型の値は 1 度だけ利用可能な値である。そのため、(1) の時点では線形型の変数 x と y を利用できたとしても、(2) では x のみ、(3) では y のみを利用しなければならない。そうしないと、2 度利用可能になってしまう。このように、線形型システムでは型環境を分割して考える必要がある。この例だと、Γ は、Γ_1 と Γ_2 に分割され、Γ_1 と Γ_2 を合成したものは Γ に等しい。これは、合成の記号を $\circ$ で表すと以下のように書ける。

$$\Gamma = \Gamma_1 \circ \Gamma_2 \tag{9.1}$$

直感的には、左辺の Γ にある lin 型の変数は、Γ_1 か Γ_2 のどちらかにしか現れないというような規則になる。一方、Γ にある un 型の変数は、Γ_1 と Γ_2 の両方に現れる。なぜならば、un 型の変数は何度でも利用できるからである。

図 9.2 は、型環境の分割規則である。図の左側にある数式が規則で、右側にある文字列が規則の名前を示している。M-EMPTY 規則は単純で、空集合と空集合を合成したものは等しいという規則である。M-EMPTY 以外の規則は、**推論規則（inference rule）**と呼ばれる（分数ではない）。たとえば、$\dfrac{A}{B}$ と書かれた場合、これは、「A が正しければ B も正しいと証明（推論）できる」という意味になる。プログラミング言語的に書くならば、「if A then B is true」となるだろう。また、$\dfrac{A_1 \quad A_2}{B}$ と書かれた場合、これは、「A_1 と A_2 の両方が正しければ B も正しいと証明できる」という意味になり、条件の部分には 2 個以上の式を書くことができる。ただし、規則中の x や Γ_1 などは変数なので、他の場所で利用している変数名と被らない限り自由に変更してよいが、P は変数ではなく型であり、bool 型などになる。

ここで、例として、$\texttt{x} : \texttt{lin bool}, \texttt{y} : \texttt{lin bool} = (\texttt{x} : \texttt{lin bool}) \circ (\texttt{y} : \texttt{lin bool})$ であることを証明しよう。まずはじめに、M-EMPTY に M-LIN1 を適用して、以下のように証明する。

$$\emptyset = \emptyset \circ \emptyset \quad \text{M-EMPTY}$$

$$\frac{\Gamma = \Gamma_1 \circ \Gamma_2}{\Gamma, \texttt{x} : \texttt{un P} = (\Gamma_1, \texttt{x} : \texttt{un P}) \circ (\Gamma_2, \texttt{x} : \texttt{un P})} \quad \text{M-UN}$$

$$\frac{\Gamma = \Gamma_1 \circ \Gamma_2}{\Gamma, \texttt{x} : \texttt{lin P} = (\Gamma_1, \texttt{x} : \texttt{lin P}) \circ \Gamma_2} \quad \text{M-LIN1}$$

$$\frac{\Gamma = \Gamma_1 \circ \Gamma_2}{\Gamma, \texttt{x} : \texttt{lin P} = \Gamma_1 \circ (\Gamma_2, \texttt{x} : \texttt{lin P})} \quad \text{M-LIN2}$$

図 9.2 型環境の分割規則

$$\frac{\emptyset = \emptyset \circ \emptyset}{\texttt{x} : \texttt{lin bool} = (\texttt{x} : \texttt{lin bool}) \circ \emptyset} \tag{9.2}$$

これより、$\texttt{x} : \texttt{lin bool} = (\texttt{x} : \texttt{lin bool}) \circ \emptyset$ が正しいと証明される。ただしここで、$\emptyset$ は空集合なので、省略できる場合は省略して記述している。次に、これに対して M-LIN2 を適用して以下のように証明する。

$$\frac{\texttt{x} : \texttt{lin bool} = (\texttt{x} : \texttt{lin bool}) \circ \emptyset}{\texttt{x} : \texttt{lin bool}, \texttt{y} : \texttt{lin bool} = (\texttt{x} : \texttt{lin bool}) \circ (\texttt{y} : \texttt{lin bool})} \tag{9.3}$$

このように、推論規則を用いることで、厳密に何と何が等しいかを証明することができる。4 を $1+3$ と書いても $2+2$ と書いてもよいように、$\Gamma = \Gamma_1 \circ \Gamma_2$ と証明できれば、左辺と右辺の値で自由に書き換えることができる。

式 9.2 と 9.3 は、以下のようにまとめて書くことができる。

$$\dfrac{\dfrac{\emptyset = \emptyset \circ \emptyset}{\texttt{x} : \texttt{lin bool} = (\texttt{x} : \texttt{lin bool}) \circ \emptyset}\ \text{M-LIN1}}{\texttt{x} : \texttt{lin bool}, \texttt{y} : \texttt{lin bool} = (\texttt{x} : \texttt{lin bool}) \circ (\texttt{y} : \texttt{lin bool})}\ \text{M-LIN2} \tag{9.4}$$

これは**証明木（proof tree）**や**証明図**と呼ばれる証明の記述方法であり、式 9.4 中の M-LIN1 と M-LIN2 は、推論に適用した推論規則を表している。

もう一つ別の例を示そう。次は、un 型の証明例となる。

$$\frac{\emptyset = \emptyset \circ \emptyset}{\texttt{x} : \texttt{un bool} = (\texttt{x} : \texttt{un bool}) \circ (\texttt{x} : \texttt{un bool})}\ \text{M-UN} \tag{9.5}$$

このように、un 型は利用回数に制限がないため、分割された両方の型環境に現れる。なお、この規則を適用する際には、すでに出現した変数に対して適用してはならないことに注意されたい。同じ変数を利用してしまうと、$\Gamma_1 \circ \Gamma_2$ の両方に lin 型の変数 x が登場したり、同じ変数 x に対して複数の型付け方法を許してしまう。

3. Un 述語と Lin 述語

述語（predicate）とは、何か値を受け取り真偽値を返す関数のことである。たとえば、「X は赤い」という文は述語であり、X にはさまざまな値を代入できる。「カラスは赤い」とするとこの文は false となり、「トマトは赤い」とすると true となる。Un 述語と Lin 述語は修飾子付き型を受け取る述語であり、その値は表 9.2 のとおりとなる。ただし、P は図 9.1 の<P>である。

次は、Un 述語と Lin 述語の例である。

- `Un(un bool) = true`
- `Un(lin <lin bool, lin bool>) = false`
- `Lin(un bool) = true`

表 9.2 型 P に対する Un 述語と Lin 述語の値

述語	値
Un(un P)	true
Un(lin P)	false
Lin(un P)	true
Lin(lin P)	true

- Lin(un <un bool, un bool>) = true
- Lin(lin <un bool, lin bool>) = true

このように、Un 述語に lin 型を渡している 2 つ目の式のみ false となる。

Un 述語と Lin 述語は、型環境にも適用できる。型環境に適用する場合は、型環境中のすべての型が true の場合にのみ true となる。

たとえば、以下のようになる。ただし、∧ は「かつ」という意味であり、つまり論理積の記号である。

- Un(x:un <un bool, un bool>, y:lin bool)
  = Un(un <un bool, un bool>) ∧ Un(un bool)
  = true
- Un(x:un bool, y:un bool)
  = Un(un bool) ∧ Un(lin bool)
  = false

また、空の型環境に対しては、true となる。つまり、Un(∅) = true、Lin(∅) = true となる。

4. 型付け規則

ここでは、LinZ に対する**型付け規則（typing rule）**を説明する。型付け規則とは、その名のとおり、線形型システムの任意の式に対して型を決定するための規則である。型付け規則を用いると、式の型を、数学の証明と同じく推論規則に基づく証明によって決定することができる。

図 9.3 は LinZ に対する型付け規則となる。ここで、q は un 修飾子か lin 修飾子のどちらかになり、Q は Un 述語か Lin 述語のどちらかになる。ただし、T-Pair と T-Abs において、Q が Un の場合はそれら規則中に現れる q は un となり、Q が Lin の場合 q は lin となる。また、P と T は図 9.1 の<P>と<T>である。

「⊢」は**ターンスタイル記号（turnstile symbol）**と呼ばれる記号であり、$\Gamma \vdash \mathtt{e:T}$ は、「Γ という型環境から、式 e の型を T と証明できる」という意味となる。なお、$\emptyset \vdash A$ と $\vdash A$ は同じ意味であり、型環境が空の場合は $\emptyset$ を省略して書く。図 9.3 の式が証明に使うことができる規則を示しているのに対して、「⊢」の式はこれらの規則を適用した具体的な結果を表現していると考えるとよいだろう。

T-Var は、変数に対する型付け規則となる。これは、$\Gamma = \Gamma_1, \mathtt{x:T}, \Gamma_2$ という型環境があったときに、Γ_1 と Γ_2 に lin 型の変数が含まれていない場合にのみ、変数 x の型を T と証明できることを意味し

$$\frac{\texttt{Un}(\Gamma_1)\quad \texttt{Un}(\Gamma_2)}{\Gamma_1, \texttt{x} : \texttt{T}, \Gamma_2 \vdash \texttt{x} : \texttt{T}}\ \text{T-Var}$$

$$\frac{\texttt{Un}(\Gamma)}{\Gamma \vdash \texttt{q b} : \texttt{q bool}}\ \text{T-Bool}$$

$$\frac{\Gamma_1 \vdash \texttt{e}_1 : \texttt{q bool}\quad \Gamma_2 \vdash \texttt{e}_2 : \texttt{T}\quad \Gamma_2 \vdash \texttt{e}_3 : \texttt{T}}{\Gamma_1 \circ \Gamma_2 \vdash \texttt{if } \texttt{e}_1 \texttt{ \{ } \texttt{e}_2 \texttt{ \} else \{ } \texttt{e}_3 \texttt{ \}} : \texttt{T}}\ \text{T-If}$$

$$\frac{\Gamma_1 \vdash \texttt{e}_1 : \texttt{T}_1\quad \Gamma_2 \vdash \texttt{e}_2 : \texttt{T}_2\quad \texttt{Q}(\texttt{T}_1)\quad \texttt{Q}(\texttt{T}_2)}{\Gamma_1 \circ \Gamma_2 \vdash \texttt{q <}\texttt{e}_1\texttt{, }\texttt{e}_2\texttt{>} : \texttt{q (}\texttt{T}_1 \texttt{ * } \texttt{T}_2\texttt{)}}\ \text{T-Pair（注）}$$

$$\frac{\Gamma_1 \vdash \texttt{e}_1 : \texttt{q (}\texttt{T}_1 \texttt{ * } \texttt{T}_2\texttt{)}\quad \Gamma_2, \texttt{x} : \texttt{T}_1\texttt{, y} : \texttt{T}_2 \vdash \texttt{e}_2 : \texttt{T}}{\Gamma_1 \circ \Gamma_2 \vdash \texttt{split } \texttt{e}_1 \texttt{ as x, y \{ } \texttt{e}_2 \texttt{ \}} : \texttt{T}}\ \text{T-Split}$$

$$\frac{\texttt{Q}(\Gamma)\quad \Gamma, \texttt{x} : \texttt{T}_1 \vdash \texttt{e} : \texttt{T}_2}{\Gamma \vdash \texttt{q fn x} : \texttt{T}_1 \texttt{ \{ e \}} : \texttt{q (}\texttt{T}_1 \rightarrow \texttt{T}_2\texttt{)}}\ \text{T-Abs（注）}$$

$$\frac{\Gamma_1 \vdash \texttt{e}_1 : \texttt{q (}\texttt{T}_{11} \rightarrow \texttt{T}_{12}\texttt{)}\quad \Gamma_2 \vdash \texttt{e}_2 : \texttt{T}_{11}}{\Gamma_1 \circ \Gamma_2 \vdash \texttt{(}\texttt{e}_1\ \texttt{e}_2\texttt{)} : \texttt{T}_{12}}\ \text{T-App}$$

$$\frac{\Gamma_1 \vdash \texttt{x} : \texttt{lin P}\quad \Gamma_2 \vdash \texttt{e} : \texttt{T}}{\Gamma_1 \circ \Gamma_2 \vdash \texttt{free x ; e} : \texttt{T}}\ \text{T-Free}$$

ただし、b ∈ {true, false}、q ∈ {un, lin}、Q ∈ {Un, Lin}。
また、（注）は、q = un ⇔ Q = Un かつ、q = lin ⇔ Q = Lin。

図 9.3　LinZ に対する型付け規則

ている。最も単純な場合は、$\Gamma_1 = \Gamma_2 = \emptyset$ のときであり、たとえば、$\texttt{x} : \texttt{lin bool} \vdash \boxed{\texttt{x}} : \texttt{lin bool}$ となる。なお、ここでは、わかりやすいようにコードブロックを $\boxed{\text{コード}}$ というように囲んでいる。一般的には、このような囲いは利用しないが、読みやすさを考えこのようにしている。囲い以外の部分は型に関する情報となる。

次の式は、もう少し複雑な例となる。

$$\frac{\texttt{Un}(\texttt{x} : \texttt{un bool})\quad \texttt{Un}(\texttt{z} : \texttt{un bool}, \texttt{w} : \texttt{un (un bool * un bool)})}{\texttt{x} : \texttt{un bool}, \texttt{y} : \texttt{lin bool}, \texttt{z} : \texttt{un bool}, \texttt{w} : \texttt{un (un bool * un bool)} \vdash \boxed{\texttt{y}} : \texttt{lin bool}}\ \text{T-Var}$$

この式の場合、$\Gamma_1 = \texttt{x} : \texttt{un bool}$、$\Gamma_2 = \texttt{z} : \texttt{un bool}, \texttt{w} : \texttt{un (un bool * un bool)}$ となる。

このように、型環境中の対象とする変数以外が un 型の場合は、対象とする変数の型を証明できるが、対象とする変数以外に lin 型の変数が含まれていた場合は証明できない。たとえば、$\texttt{x} : \texttt{lin bool}, \texttt{y} : \texttt{un bool}, \texttt{z} : \texttt{un bool}$ という型環境からは、変数 y の型を証明できない。これは、y 以外の変数 x の型が lin 型であるからである。つまり、$\texttt{Un}(\texttt{x} : \texttt{lin bool}) = \texttt{false}$ となるためである。

T-Bool は、真偽値に対する型付け規則となる。たとえば、un false や lin true になる。ただし、真偽値の型付けは、型環境中に lin 型の変数が含まれない場合にのみ行える。たとえば、以下のような証明は可能である。

$$\frac{\texttt{Un}(\texttt{x} : \texttt{un bool})}{\texttt{x} : \texttt{un bool} \vdash \boxed{\texttt{lin true}} : \texttt{lin bool}}\ \text{T-Bool}$$

しかし、$\mathtt{x : un\ bool, y : lin\ bool}$ といった型環境の場合は証明できない。なぜなら、$\mathrm{Un}(\mathtt{x : un\ bool, y : lin\ bool}) = \mathtt{false}$ だからである。

T-If は、if 式に対する型付け規則となる。if 式は Rust と同じく $\mathtt{if}\ e_1\ \{\ e_2\ \}\ \mathtt{else}\ \{\ e_3\ \}$ という構文になっており、e_1 の型が bool であり、e_2 と e_3 の型が同じでなければならない。この条件を示しているのが、T-If 規則の上部に示される式となる。

ここで、lin 型の変数はちょうど 1 回利用される変数で、e_1 中で利用される lin 型の変数は e_2 と e_3 中で利用できず、逆に、e_2 と e_3 で利用される lin 型の変数は e_1 中で利用できない。この制約は、$\Gamma_1 \circ \Gamma_2$ という式から表現できる。

たとえば、以下のような if 式は証明可能である。

$$\dfrac{\mathtt{x : lin\ bool} \vdash \boxed{\mathtt{x}} : \mathtt{lin\ bool} \qquad \vdash \boxed{\mathtt{lin\ false}} : \mathtt{lin\ bool} \qquad \vdash \boxed{\mathtt{lin\ true}} : \mathtt{lin\ bool}}{\mathtt{x : lin\ bool} \circ \emptyset \vdash \boxed{\mathtt{if\ x\ \{\ lin\ false\ \}\ else\ \{\ lin\ true\ \}}} : \mathtt{lin\ bool}}\ \text{T-If}$$

しかし、$\mathtt{x : lin\ bool}$ という型環境から、$\mathtt{if\ x\ \{\ lin\ false\ \}\ else\ \{\ x\ \}}$ という式の型付けは行えない。なぜなら、この型付けを行うには、T-If 規則中の式 $e_3 = \mathtt{x}$ を型付けするために、$\Gamma_2 = \mathtt{x : lin\ bool}$ とする必要があるが、そうすると lin false の型を T-Bool 規則で推論できなくなってしまうからである。よって、$\mathtt{if\ x\ \{\ lin\ false\ \}\ else\ \{\ x\ \}}$ という式はコンパイル時に型付けエラーとなる。たとえば、これを無理矢理に証明木で書くと以下のようになる。

$$\dfrac{\begin{array}{c}\mathtt{x : lin\ bool} \vdash \boxed{\mathtt{x}} : \mathtt{lin\ bool} \\ \cancel{\mathtt{x : lin\ bool} \vdash \boxed{\mathtt{lin\ false}} : \mathtt{lin\ bool}} \\ \mathtt{x : lin\ bool} \vdash \boxed{\mathtt{x}} : \mathtt{lin\ bool}\end{array}}{\mathtt{x : lin\ bool} \circ \cancel{\mathtt{x : lin\ bool}} \vdash \boxed{\mathtt{if\ x\ \{\ lin\ false\ \}\ else\ \{\ x\ \}}} : \mathtt{lin\ bool}}\ \text{T-If}$$

このように、取り消し線で書かれた部分に不整合が生じ、この式の型付けに失敗する。特に、$\mathtt{x : lin\ bool} \circ \mathtt{x : lin\ bool}$ は型環境の分割規則からは導くことのできない不正な型環境であり、このような型環境が必要になるような型付けはエラーとなることにも注目してほしい。

T-Pair は、ペアに対する型付け規則となる。たとえば、ペアは lin <lin true, un false> や un <un false, un true> といった値であり、これらの型はそれぞれ lin (lin bool * un bool) および、un (un bool * un bool) となる。例として挙げると、2 つ目の式の型付けは以下のようになる。

$$\dfrac{\vdash \boxed{\mathtt{un\ false}} : \mathtt{un\ bool} \qquad \vdash \boxed{\mathtt{un\ true}} : \mathtt{un\ bool} \qquad \mathrm{Un}(\emptyset) \qquad \mathrm{Un}(\emptyset)}{\emptyset \circ \emptyset \vdash \boxed{\mathtt{un\ <un\ false, un\ true>}} : \mathtt{un\ (un\ bool * un\ bool)}}\ \text{T-Pair}$$

T-Pair は次の 2 点の制約を設ける。

- e_1 で利用された lin 型の値は e_2 では利用できない（e_1 と e_2 が逆の場合も同様）。
- un のペア型は、lin 型の値を含めることができない。

1 つ目の制約は、if 式の条件式や実行する式と同じであり、これは T-Pair 中の $\Gamma_1 \circ \Gamma_2$ からも明らかであるため、説明は割愛する。

2 つ目の制約は、たとえば un <lin false, un true> というペアは型付けできない不正な式であるといっている。もしこのようなペアを許してしまうと、ペアの要素である lin 型の値が複数回利用できてしまう。不正なペアの例として次のコードを考えてみよう。

LinZ : 不正な un 型のペアの例

```
lin fn x : un (lin bool * un bool) {
    split x as a, b {       // (1)
        split x as c, d { // (2)
            lin <a, c>     // (3)
        }
    }
}
```

(1) x を利用し、1 つ目の lin 型の要素を変数 a に束縛

(2) x をもう 1 度利用し、2 つ目の lin 型の要素を変数 c に束縛

(3) lin 型の値を複数回利用

このように、un 型のペアに lin 型の値を含めてしまうと、ちょうど 1 回だけ利用されるという lin 型の制約を破ってしまう。T-Pair 型の Q と q は、このようなペアの型付けを行えないようにするための条件となる。たとえば、un <lin false, un true> というペアの型付けを行おうとしても、$\mathtt{Un(lin\ bool)} = \mathtt{false}$ となるため失敗する。

T-Split は split 式に対する型付け規則となる。この規則で重要なのは、T-If や T-Pair と同様に、e_1 で利用された lin 型の変数は、e_2 では利用できない（e_1 と e_2 が逆の場合も同様）ということである。これは、これまでと同様 $\Gamma_1 \circ \Gamma_2$ からも明らかであるため、詳細な説明は割愛する。さらに、T-Split で注目すべき点は、e_2 の型付けは、ペアを分解して束縛した変数 x と y の型情報を用いて行うことであり、この点に注意して読み解くとよいだろう。

T-Abs は、関数定義に対する型付け規則となる。たとえば、$\mathtt{un\ fn\ x : un\ bool}\ \{\ \mathtt{lin}\ <\mathtt{x},\mathtt{x}>\ \}$ という関数は un bool 型の値を受け取り、lin (un bool * un bool) 型の値を返すため、un (lin bool -> lin (un bool * un bool)) という型の関数となる。これは以下のように証明できる。

$$
\cfrac{\mathtt{Un}(\emptyset) \qquad \cfrac{\begin{array}{cc} \mathtt{x : un\ bool} \vdash \boxed{\mathtt{x}} : \mathtt{un\ bool} & \mathtt{Un(un\ bool)} \\ \mathtt{x : un\ bool} \vdash \boxed{\mathtt{x}} : \mathtt{un\ bool} & \mathtt{Un(un\ bool)} \end{array}}{\mathtt{x : un\ bool} \vdash \boxed{\mathtt{lin}\ <\mathtt{x},\mathtt{x}>} : \mathtt{lin\ (un\ bool} * \mathtt{un\ bool)}}\ \text{T-Pair}}{\vdash \boxed{\mathtt{un\ fn\ x : un\ bool}\ \{\ \mathtt{lin}\ <\mathtt{x},\mathtt{x}>\ \}} : \mathtt{un\ (lin\ bool} \rightarrow \mathtt{lin\ (un\ bool} * \mathtt{un\ bool))}}\ \text{T-Abs}
$$

ただし、$\texttt{x} : \texttt{un bool} = \texttt{x} : \texttt{un bool} \circ \texttt{x} : \texttt{un bool}$ と型環境の分割規則より証明できる事実を、T-Pair を適用する際に用いている。

関数の型付けを行う際は、un 型の関数内に lin 型の自由変数を含めてはならないことに注意する必要がある。たとえば、以下のようなコードを考えてみよう。

LinZ : 不正な un 型関数の例

```
un fn x : lin bool {
    un fn y : lin bool {
        lin <x, y> // エラー : un 型の関数内に lin 型の自由変数がある
    }
}
```

このコードは外側の関数が関数を返すような関数であり、返される関数もまた un 型であるため、何度でも呼び出せる。しかし、この返された関数で lin 型の変数 x をキャプチャしているため、この関数が複数回呼び出されると線形型システムの規則に違反してしまう。つまり、以下のように、内側の関数の型を x : lin bool という型環境から証明できなければならないが、T-Abs の Q で示す条件を満たせず証明不可能であるため、これは型付けエラーとなる。

$$\texttt{x} : \texttt{lin bool} \nvdash \boxed{\texttt{un fn y} : \texttt{lin bool} \ \{\ \texttt{lin} <\texttt{x},\texttt{y}> \}} : \texttt{un}\,(\texttt{lin bool} \to \texttt{lin}\,(\texttt{lin bool}*\texttt{lin bool}))$$

なお、「$A \nvdash B$」は A から B は証明できないという意味である。

T-App は、関数適用に対する型付け規則となる。$(e_1\ e_2)$ という関数適用があった場合、e_1 は関数の型で、e_2 は、e_1 の引数と同じ型でなければならず、また、$(e_1\ e_2)$ の型は e_1 の返り値の型となるはずである。T-App は、これらが守られているかを検査することに注目するとよいだろう。

T-Free は、free に対する型付け規則であり、free は不要となった lin 型の変数を解放する。例として、先に示した free の例のコードの型付けを証明してみよう。

LinZ : free の例（再掲）

```
lin fn x : lin (lin bool * lin bool) {
    split x as a, b {
        free b;
        a
    }
}
```

これは、以下のように証明できる。

$$
\dfrac{\texttt{Lin}(\emptyset) \qquad \dfrac{A \qquad \dfrac{\texttt{b : lin bool} \vdash \boxed{\texttt{b}} : \texttt{lin bool} \qquad \texttt{a : lin bool} \vdash \boxed{\texttt{a}} : \texttt{lin bool}}{\texttt{b : lin bool} \circ \texttt{a : lin bool} \vdash \boxed{\texttt{free b; a}} : \texttt{lin bool}}\ \text{T-Free}}{\texttt{x : lin (lin bool * lin bool)} \vdash \boxed{\begin{array}{l}\texttt{split x as a, b \{}\\ \quad\texttt{free b;}\\ \quad\texttt{a}\\ \texttt{\}}\end{array}} : \texttt{lin bool}}\ \text{T-Split}}{\vdash \boxed{\begin{array}{l}\texttt{lin fn x : lin (lin bool * lin bool) \{}\\ \quad\texttt{split x as a, b \{}\\ \qquad\texttt{free b;}\\ \qquad\texttt{a}\\ \quad\texttt{\}}\\ \texttt{\}}\end{array}} : \texttt{lin (lin (lin bool * lin bool)} \to \texttt{lin bool)}}\ \text{T-Abs}
$$

ただし、$\texttt{a : lin bool}, \texttt{b : lin bool} = \texttt{b : lin bool} \circ \texttt{a : lin bool}$ かつ、$A = \texttt{x : lin (lin bool * lin bool)} \vdash \boxed{\texttt{x}} : \texttt{lin (lin bool * lin bool)}$ である。

先に述べたメモリリークをはじめ、リソース解放に関する問題は、長年プログラマを悩ませてきた。メモリリークの他にも、解放したリソースを再度解放してしまう**二重解放（double free）**や、解放済みのメモリ領域へアクセスしてしまう**use-after-free**という問題があるが、これらの問題は線形型システムを用いると型検査時に発見することができる。use-after-free は、解放済みメモリ使用と呼ばれることもあるが、この呼び方はあまり用いられないため、use-after-free と覚えておくとよいだろう。ちなみに、解放済みメモリや無効なメモリを指すポインタは**ぶら下がりポインタ（dangling pointer）**と呼ばれ、バグの温床となっている。以下のコードは、メモリリーク、二重解放、use-after-free を引き起こすような例となる。

LinZ : メモリリーク

```
lin fn x : lin (lin bool * lin bool) {
    split x as a, b {
        a // b を消費（解放）していない
    }
}
```

LinZ : 二重解放

```
lin fn x : lin (lin bool * lin bool) {
    split x as a, b {
        free b;
        free b; // b を 2 回解放している
        a
    }
}
```

LinZ : use-after-free

```
lin fn x : lin bool {
    free x; // x を解放
    x       // 解放後のメモリにアクセス
}
```

これらのコードは、どれも型付けできない。実際、T-Free 規則等を用いて型付けを行おうとしても、$\Gamma_1 \circ \Gamma_2$ 等の制約があるため不可能である。Rust は安全性の高いプログラミング言語であるといわれているが、それは、Rust の型システムにこのような数学的な証明技術を適用しているからでもある。

9.2 パーサコンビネータ

本章では、パーサにパーサコンビネータを利用する。そのため、本節では Rust のパーサコンビネータ実装の一つである nom を用いてパーサコンビネータの説明を行う。パーサとは文字列を解釈するものであるが、コンビネータとは自由変数を持たない関数のことである。パーサコンビネータは、コンビネータを組み合わせてパースする機構のことである。nom 以外では、combine というパーサコンビネータが有名である。

9.2.1 パーサコンビネータの基本

表 9.3 は、nom が提供している基本関数であり、他のパーサコンビネータライブラリでもこれらと類似の関数が提供されているはずである。これらの関数自体がパースするのではなく、パースする関数を返すというのが大きな特徴である。つまり、パースしたいパターンをこれらの関数に引数として与えると、そのパターンどおりパースする関数が返される。実際のパースは、この関数に文字列を与えてパースする。

表 9.3 nom の基本関数

種類	関数	説明
1 文字パーサ生成	char	指定された 1 文字をパース
	one_of	指定された文字集合のうち 1 文字をパース
	none_of	指定された文字集合以外の 1 文字をパース
	satisfy	指定された述語を満たす 1 文字をパース
n 文字用のパーサ生成	alpha0	0 個以上のアルファベットをパース
	alpha1	1 個以上のアルファベットをパース
	multispace0	0 個以上のスペースをパース
	multispace1	1 個以上のスペースをパース
	digit0	0 個以上の 0 から 9 の数字をパース
	digit1	1 個以上の 0 から 9 の数字をパース
	line_ending	“\n” か “\r\n” をパース
	tag	指定された文字列をパース
パーサを受け取るパーサ	many0	指定されたパーサを 0 回以上用いてパース
	many1	指定されたパーサを 1 回以上用いてパース
	alt	指定されたパーサ集合のうちいずれかを用いてパース
	separated_list0	セパレータのある many0
	separated_list1	セパレータのある many1
	delimited	括弧などで囲まれた文字列のパース

次のコードは、パーサコンビネータの最も単純な例である。

パーサコンビネータの例

```
// 正規表現でいう「(1+)」という文字をパースするパーサ
let c = "(1111)";                      // パース対象文字列
let (c, lp) = char('(')(c)?;           // c = "1111)", lp = '('
let (c, n) = many1(char('1'))(c)?; // c = ")", n = vec!['1', '1', '1', '1']
let (c, rp) = char(')')(c)?;           // c = "", rp = ')'
```

char は 1 文字を引数に受け取り、その 1 文字をパースする関数を返す関数である。つまり、char('(') とすると、'(' をパースする関数（パーサ関数）を返すのみで、実際のパースはしない。パーサ関数を生成することで、その関数を用いてより複雑なパーサを構築することができる。たとえば、これらの生成された関数は、表 9.3 のパーサを受け取るパーサで示した関数の引数として与えることができる。実際のパースは、得られたパーサ関数に対して上記のコードのように文字列を与えると行える。

パーサ関数は、パースに成功した場合、次の文字列と結果を含んだタプルを Result で返す。つまり、char('(')("(1111)") とした場合、成功した値として ("1111)", '(') というタプルを返す。パースに失敗した場合はエラーを返す。

many1 は、パーサコンビネータの関数を受け取り、その関数を 1 回以上繰り返し用いてパーサ関数を返す。つまり、many1(char('1'))("1111)") とした場合、char('1') が 1 回以上適用されて、vec!['1', '1', '1', '1'] を結果として返す。

このように、パーサ関数の生成、適用、次の文字列の取得……を繰り返してパースしていくのがパーサコンビネータの基本となる。また、パーサ関数を複数用いて定義した関数も新たなパーサ関数となるため、表 9.3 のパーサを受け取るパーサで示した関数で利用することができるのも、大きな特徴である。次の項より、パーサコンビネータを用いたより複雑なパーサの例を説明し、この特徴についても解説する。

9.2.2　ポーランド記法の計算機

本項では、**ポーランド記法（Polish notation）**の計算機を、パーサコンビネータを用いて実装する。ポーランド記法は、ポーランド人の論理学者ヤン・ウカシェヴィチが考案した数式の記法で、加算や乗算といった記号が数字の前に置かれる。

たとえば、ふつう我々は、3 と 5 の加算は「3＋5」というように書くが、ポーランド記法では「+3 5」と書く。演算子を数字に挟む記法は**中置記法（infix notation）**と呼ばれ、演算子を数字の前に書くポーランド記法は**前置記法（prefix notation）**とも呼ばれる。「$(5+7)\times(4+2)$」という中置記法の式は、ポーランド記法だと「$\times + 5\ 7 + 4\ 2$」と書く。演算子を数字の後ろに書く記法もあり、それは、**逆ポーランド記法（reverse Polish notation）**や**後置記法（postfix notation）**と呼ばれる。先の式を逆ポーランド記法で書くと「$5\ 7 + 4\ 2 + \times$」となる。

加算と乗算のみを演算子として持つポーランド記法の構文は、次のように書ける。

ポーランド記法の構文

```
<EXPR> := <NUM> | + <EXPR> <EXPR> | * <EXPR> <EXPR>
```

ただし、<NUM>は整数値である。以下では、ポーランド記法の式を解釈して計算する簡単な計算機を実装する。本実装はすべて main.rs に記述する。

利用する外部ライブラリは nom と rustyline であるため、以下のように./Cargo.toml に記述する。

ポーランド記法の計算機：./Cargo.toml

```
[dependencies]
nom = "7.1.1"
rustyline = "10.0"
```

rustyline は、ターミナルから計算式を入力するのに利用する。

インポートは以下のようになる。

ポーランド記法の計算機：インポート

```
use nom::{
    branch::alt,
    character::complete::{char, one_of},
    error::ErrorKind,
    multi::{many0, many1},
    IResult,
};
use rustyline::Editor;
```


ErrorKind はパースに失敗した理由を表すための型であり、IResult は Result 型を再定義した型で、以下のように定義されている。

nom::IResult

```
pub type IResult<I, O, E = Error<I>> = Result<(I, O), Err<E>>;
```

I が入力の型で、文字列をパースする場合は&str を指定し、O がパース結果の型となる。E がエラーの型となり、デフォルトでは nom::error::Error を用いる。

ポーランド記法の構文は、以下のような Expr 型で表すことができる。本実装では、パースしながらこの Expr 型で AST を生成していく。

ポーランド記法の計算機：Expr 型

```
#[derive(Debug)]
enum Expr {
    Num(u64),                  // 数値
    Add(Box<Expr>, Box<Expr>), // 加算
    Mul(Box<Expr>, Box<Expr>), // 乗算
}
```

まず、最も単純な数値のパーサを実装しよう。nom には digit0 と digit1 という、複数の 0 から 9 の数字からなる文字列、つまり数値のパーサは提供されているが、本実装では、しくみを説明するため、one_of や many1 といった、基本関数のみ利用する。次のコードは、数値をパースする parse_num 関数となる。

ポーランド記法の計算機：parse_num 関数

```
fn parse_num(c: &str) -> IResult<&str, Expr> { // (1)
    // 0, 1, 2, 3, 4, 5, 6, 7, 8, 9 のいずれかが、1 個以上
    // 正規表現で [0..9]+
    let (c1, v) = many1(one_of("0123456789"))(c)?; // (2)
    let var: String = v.into_iter().collect(); // Vec<char>を String に変換 (3)

    // String を u64 に変換 (4)
    if let Ok(n) = var.parse::<u64>() {
        Ok((c1, Expr::Num(n))) // Num を返す (5)
    } else {
        let err = nom::error::Error::new(c, ErrorKind::Fail);
        Err(nom::Err::Failure(err)) // (6)
    }
}
```

(1) 引数 c が入力文字列であり、返り値の型中にある Expr が成功した場合に返す値の型となる。このように、IResult 型を用いてパーサを定義すると、表 9.3 で示したパーサを受け取るパーサの関数で利用することができる。

(2) one_of("0123456789") とすると、0 から 9 までのいずれか 1 文字をパースする関数を返し、many1(one_of("0123456789")) とすると、その関数を 1 回以上呼び出してパースする関数を返す。つまり、many1(one_of("0123456789"))(c) とすると、入力 c から数値をパースし、次の文字列とパースした文字列を返す。たとえば、many1(one_of("0123456789"))("123abc") は、Ok("abc", vec!['1', '2', '3']) を返す。

(3) Vec<Char>は、イテレータにして collect を呼び出すと String に変換できるが、変数の型を String と明示する必要がある。

(4) parse メソッドを用いると、String を u64 に変換できる。ただし、あまりに大きな数字はオーバーフローして失敗するため、エラー処理が必要となる。

(5) 数値変換に成功した場合は、次の文字列と Expr::Num を Ok で包んで返す。

(6) 数値変換に失敗した場合は、ErrorKind::Fail を理由として Err で返す。また、Error::new の第 1 引数には失敗した箇所の文字列を渡す。nom::Err::Failure は復帰が不可能なエラーであることを示す。nom::Err::Error は復帰が可能、つまり失敗した場合に他のパーサを用いてパースを続行してよいことを示し、nom::Err::Incomplete はパースするためにデータが不足していることを示す。エラーの型が複雑だが、自前でエラーを実装する場合は nom::Err::Failure の場合がほとんどだろう。

このように、one_of と many1 という単純な関数から、より複雑なパーサを構築することができる。このコードが理解できると、次の演算子をパースするコードも容易に理解できる。

ポーランド記法の計算機：parse_op 関数

```
fn parse_op(c: &str) -> IResult<&str, Expr> {
    // +か*のどちらか
    let (c, op) = one_of("+*")(c)?;
    let (c, e1) = parse_expr(c)?; // 1つ目の式をパース
    let (c, e2) = parse_expr(c)?; // 2つ目の式をパース

    if op == '+' {
        Ok((c, Expr::Add(Box::new(e1), Box::new(e2)))) // Addを返す
    } else {
        Ok((c, Expr::Mul(Box::new(e1), Box::new(e2)))) // Mulを返す
    }
}
```

演算子のパーサも先のコードとほぼ同じで、one_of を利用してパースし、成功した場合は次の文字列と Expr::Add か Expr::Mul を返しているだけである。ただし、ここで parse_expr は式のトップをパースする関数であり、この定義は次のコードに示す。

ポーランド記法の計算機：parse_expr 関数

```
fn parse_expr(c: &str) -> IResult<&str, Expr> {
    // 0個以上のホワイトスペースをスキップ (1)
    let (c, _) = many0(char(' '))(c)?;

    // parse_numかparse_opをパース (2)
    let result = alt((parse_num, parse_op))(c)?;
    Ok(result)
}
```


(1) char は、指定された 1 文字をパースする関数を返す。 char(' ') とすると、ホワイトスペースを 1 文字パースするパーサを返し、それに many0 を適用すると複数のホワイトスペースをスキップするパーサが得られる。 nom は、 multispace0 という関数を提供しており、これは、ここで示したのと同等な処理を行う。ただし、 multispace0 はホワイトスペース、タブ、改行（\r と \n）をスキップする。

(2) alt は、複数のパーサを受け取り、そのいずれかを利用してパースする関数を返す。つまり、 alt((parse_num, parse_op)) とすると、 parse_num か parse_op のどちらかを利用してパースする関数を返す。この関数は、まず parse_num を実行して、復帰可能であるエラーの nom::Err::Error が返されたら、次の parse_op を試す。

次に、入力文字列を受け取ってパースし、成功した場合は AST を表示し、失敗した場合はエラーを表示する parse 関数を示す。main 関数からは、この関数を呼ぶ。

ポーランド記法の計算機：parse 関数

```
fn parse(c: &str) -> Option<Expr> {
    match parse_expr(c) {
        Ok((_, e)) => {
            println!("AST: {:?}", e);
            Some(e)
        }
        Err(e) => {
            println!("{e}");
            None
        }
    }
}
```

次に、計算を実行するコードを示す。ポーランド記法の計算機は、次のように再帰で単純に実装できる。

ポーランド記法の計算機：eval 関数

```
fn eval(e: &Expr) -> u64 {
    match e {
        Expr::Num(n) => *n,
        Expr::Add(e1, e2) => eval(e1) + eval(e2),
        Expr::Mul(e1, e2) => eval(e1) * eval(e2),
    }
}
```

main 関数は、以下のようになる。

ポーランド記法の計算機：main 関数

```
fn main() {
    let mut rl = Editor::<()>::new().unwrap();
    loop {
        // 1行読み込んでパースし、成功すれば評価
        if let Ok(readline) = rl.readline(">> ") {
            if let Some(e) = parse(&readline) {
                println!("result: {}", eval(&e));
            }
        } else {
            break;
        }
    }
}
```

rustyline::Editor の readline で1行読み込み、パースし、計算を実行する。これを実行すると、以下のようになる。

ポーランド記法の計算機：実行結果

```
$ cargo run
>> + 10 24
AST: Add(Num(10), Num(24))
result: 34
>> + * 3 4 * 5 10
AST: Add(Mul(Num(3), Num(4)), Mul(Num(5), Num(10)))
result: 62
```

実行結果からも、正しく計算されていることがわかるだろう。このように、パーサコンビネータでは、1 文字のパーサや、指定されたパーサを 0 回以上用いるパーサといった基本的なパーサを組み合わせて、より複雑なパーサを構築していく。

9.3 LinZ 言語の実装

いよいよ本節で LinZ の実装を行う。ここで、`./Cargo.toml` には、`nom` のみを指定する。図 9.4 は、これから実装するシステムの設計概要をデータフロー図で表したものとなる。設計自体は単純で、ファイルからソースコードを読み込み、パーサがそのコードを解釈して AST に変換し、その AST を用いて型検査器が型検査を行って、標準出力へ結果を出力する。

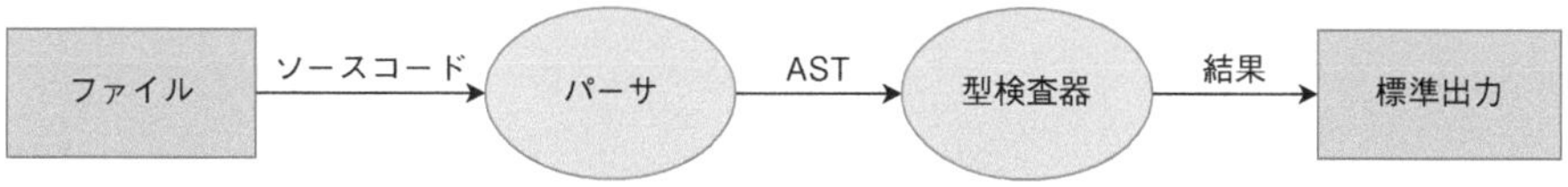

図 9.4　LinZ 実装の設計概要

表 9.4 は、本実装で用いるファイル一覧となる。`./codes` ディレクトリ以下には、LinZ のサンプルコードが置かれており、テストの際はこれらのコードを利用するとよいだろう。`./src/helper.rs` は、第 6 章で説明した実装とまったく同じであるため、本章では解説しない。これ以外については説明する必要はないだろう。

本実装では、**糖衣構文（syntax sugar）**として `let` 式を導入する。糖衣構文とは、ある記述を別の記述でも書けるようにした構文のことである。`let` 式は、関数定義の糖衣構文として以下のように定義する。

表 9.4　LinZ 実装のファイル一覧

ファイル	説明
`./Cargo.toml`	Cargo 用のファイル
`./src/main.rs`	`main` 関数用のファイル
`./src/parser.rs`	パーサ
`./src/typing.rs`	型検査器
`./src/helper.rs`	補助的なコード用のファイル（第 6 章と同じ）
`./codes`	LinZ のサンプルコードを含むディレクトリ

LinZ：let 式の定義

```
let x : T = e1; e2 <=> (lin fn x : T { e2 } e1)
```

ここで、<=>は同値を意味する演算子であるとする。このように定義すると、let 式が現れた場合、「関数定義とその適用」と意味的に解釈できる。let 式を用いると、以下のように変数定義を直感的に記述できる。

LinZ：let 式の利用例

```
let x : lin bool = lin true;
let y : lin bool = lin false;
lin <x, y>
```

無骨でとっつきにくい LinZ の構文が、だんだんと Rust に近いユーザフレンドリな構文になっているのがわかるだろう。実は、Rust の let 文も源流をたどるとこの考え方に行き着く。

9.3.1 パーサ

本項では、LinZ のパーサを実装する。パーサには nom を利用するため、ポーランド記法のパーサを理解した読者なら、本実装を理解できるはずである。先の実装では、説明のために many1 や one_of といった原始的な関数を利用したが、本実装では、nom の提供する、より高級な関数を積極的に利用する。

次のコードは、パーサモジュールのインポート部分となる。

./src/parser.rs：インポート

```
use nom::{
    branch::alt,
    bytes::complete::tag,
    character::complete::{alpha1, char, multispace0, multispace1},
    error::VerboseError,
    sequence::delimited,
    IResult,
};
use std::fmt;
```

error::VerboseError と、先に説明した IResult 以外はパーサである。

error::VerboseError は詳細なエラーを取得するための型であり、IResult のエラー型に指定する。ポーランド記法の実装では、構文エラーが起きた場合に、その箇所をわかりやすく表示することができなかった。しかし、error::VerboseError を用いると、Rust コンパイラのように、構文エラーの箇所をわかりやすく表示することができるようになる。ただし、error::VerboseError を用いると、パース時にヒープメモリを利用するため、解析速度が低下しメモリ消費量が増加してしまう。std::fmt は、型をわかりやすく表示するために使う。

1. AST 用の型

AST 用の型は、以下のように定義する。Expr 型がトップの型であり、そこから、let 式用の型などになる。型定義は重要なので、すべての型を列挙する。

./src/parser.rs : AST 用の型

```
/// 抽象構文木。
pub enum Expr {
    Let(LetExpr),       // let 式
    If(IfExpr),         // if 式
    Split(SplitExpr), // split 式
    Free(FreeExpr),     // free 文
    App(AppExpr),       // 関数適用
    Var(String),        // 変数
    QVal(QValExpr),     // 値
}

/// 関数適用。
#[derive(Debug)]
pub struct AppExpr {
    pub expr1: Box<Expr>,
    pub expr2: Box<Expr>,
}

/// if 式。
#[derive(Debug)]
pub struct IfExpr {
    pub cond_expr: Box<Expr>,
    pub then_expr: Box<Expr>,
    pub else_expr: Box<Expr>,
}

/// split 式。
#[derive(Debug)]
pub struct SplitExpr {
    pub expr: Box<Expr>,
    pub left: String,
    pub right: String,
    pub body: Box<Expr>,
}

/// let 式。
#[derive(Debug)]
pub struct LetExpr {
    pub var: String,
    pub ty: TypeExpr,
    pub expr1: Box<Expr>,
    pub expr2: Box<Expr>,
}

/// 値。真偽値、関数、ペア値などになる。
#[derive(Debug)]
```

```
pub enum ValExpr {
    Bool(bool),                    // 真偽値リテラル
    Pair(Box<Expr>, Box<Expr>), // ペア
    Fun(FnExpr),                   // 関数（λ抽象）
}

/// 修飾子。
#[derive(Debug, Eq, PartialEq, Clone, Copy)]
pub enum Qual {
    Lin, // 線形型
    Un,  // 制約のない一般的な型
}

/// 修飾子付き値。
#[derive(Debug)]
pub struct QValExpr {
    pub qual: Qual,
    pub val: ValExpr,
}

/// 関数。
#[derive(Debug)]
pub struct FnExpr {
    pub var: String,
    pub ty: TypeExpr,
    pub expr: Box<Expr>,
}

/// free 文。
#[derive(Debug)]
pub struct FreeExpr {
    pub var: String,
    pub expr: Box<Expr>,
}

/// 修飾子付き型。
#[derive(Debug, Eq, PartialEq, Clone)]
pub struct TypeExpr {
    pub qual: Qual,
    pub prim: PrimType,
}

/// プリミティブ型。
#[derive(Debug, Eq, PartialEq, Clone)]
pub enum PrimType {
    Bool,                                  // 真偽値型
    Pair(Box<TypeExpr>, Box<TypeExpr>),  // ペア型
    Arrow(Box<TypeExpr>, Box<TypeExpr>), // 関数型
}
```

他人の書いたコードを読むときは、まず型定義と、パブリック関数の定義を読むとよい。はじめは、

関数定義、つまり関数の型だけ読めばよく、その実装まで読む必要はない。必要が生じた場合のみ、パブリック関数の実装、およびプライベートな関数の定義と実装を読めばよい。

Rust は静的型付け言語のため、読むべきコードを大幅に少なくすることができる。動的型付け言語の場合、関数の実装まで読まなければ、関数定義の詳細がわからない場合が多い。そのため、他人の書いた動的型付け言語のコードは保守に大変な手間がかかる。筆者はこの理由で、Rust は他の動的型付け言語よりもやさしいとさえ感じる。

ここで一つだけ補足説明をしておこう。LinZ では、型・値はすべて修飾子付き値として記述しなければならないが、修飾子の付いていない型・値のことを、本書ではプリミティブ型・値と呼ぶことにする。たとえば、`lin bool` は修飾子付き型で、`bool` がプリミティブ型である。`PrimType` はプリミティブ型を表す型で、`TypeExpr` が修飾子付き型を表す型となる。後で説明する型検査器は、`TypeExpr` を用いて型検査を行う。

`TypeExpr` と `PrimType` は、結果をわかりやすく表示するために、`Display` トレイトを以下のように実装する。単純に、LinZ の構文に沿った出力をするのみのコードなため、説明は省略する。

`./src/parser.rs`：`Display` トレイトの実装

```
impl fmt::Display for TypeExpr {
    fn fmt(&self, f: &mut fmt::Formatter<'_>) -> fmt::Result {
        if self.qual == Qual::Lin {
            write!(f, "lin {}", self.prim)
        } else {
            write!(f, "un {}", self.prim)
        }
    }
}

impl fmt::Display for PrimType {
    fn fmt(&self, f: &mut fmt::Formatter<'_>) -> fmt::Result {
        match self {
            PrimType::Bool => write!(f, "bool"),
            PrimType::Pair(t1, t2) => write!(f, "({t1} * {t2})"),
            PrimType::Arrow(t1, t2) => write!(f, "({t1} -> {t2})"),
        }
    }
}
```


2. パーサの実装

次にパーサの実装を示す。当然、パーサはすべての式について実装する必要があるが、本項ではその一部のみについて説明する。この説明を理解することで、ここで説明しないコードについても実装方法の想像がつくだろう。

次のコードは、任意の式をパースする関数である。つまり、図 9.1 の<E>のパーサとなる。

./src/parser.rs：parse_expr 関数

```
pub fn parse_expr(i: &str) -> IResult<&str, Expr, VerboseError<&str>> {
    let (i, _) = multispace0(i)?;                   // (1)
    let (i, val) = alt((alpha1, tag("(")))(i)?; // (2)

    match val { // (3)
        "let" => parse_let(i),
        "if" => parse_if(i),
        "split" => parse_split(i),
        "free" => parse_free(i),
        "lin" => parse_qval(Qual::Lin, i),
        "un" => parse_qval(Qual::Un, i),
        "(" => parse_app(i),
        _ => Ok((i, Expr::Var(val.to_string()))),
    }
}
```

(1) 空白文字をスキップ。

(2) アルファベットか、開き括弧をパース。

(3) (2) でパースした文字列に応じて、パーサを選択。

multispace0 は 0 文字以上の空白文字を、alpha1 は 1 文字以上のアルファベットをパースする関数である。また、tag は、指定された文字列をパースする関数を生成する。このコードでは、まず複数の空白文字をスキップして、複数のアルファベットか開き括弧 1 文字の文字列のどちらかを alt でパースする。その後、その文字列に応じてパーサを選択する。つまり、得られた文字列が let などの場合は、その式用のパーサを、開き括弧の場合は関数適用のパーサを呼び出す。どれにも当てはまらない場合は変数なので、Expr::Var を結果として返す。

次に、lin か un が得られた場合に呼び出される parse_qval 関数を示す。

./src/parser.rs：parse_qval 関数

```
/// 修飾子付き値をパース。
fn parse_qval(q: Qual, i: &str) -> IResult<&str, Expr, VerboseError<&str>> {
    let (i, _) = multispace1(i)?;
    let (i, v) = parse_val(i)?;

    Ok((i, Expr::QVal(QValExpr { qual: q, val: v })))
}
```

この関数は単純で、1 文字以上の空白文字をスキップし、その後、parse_val を呼び出して修飾子のつかない値のパースを行う。関数の返り値は、次の文字列と、parse_val の返り値に、修飾子を付けた QValExpr を Expr::QVal に設定したものとなる。

次のコードは、修飾子のつかない値のパースを行う parse_val 関数となる。

./src/parser.rs：parse_val 関数

```
/// 真偽値、関数、ペアの値をパース。
fn parse_val(i: &str) -> IResult<&str, ValExpr, VerboseError<&str>> {
    let (i, val) = alt((tag("fn"), tag("true"), tag("false"), tag("<")))(i)?;
    match val {
        "fn" => parse_fn(i),
        "true" => Ok((i, ValExpr::Bool(true))),
        "false" => Ok((i, ValExpr::Bool(false))),
        "<" => parse_pair(i),
        _ => unreachable!(),
    }
}
```

まず、tag と alt を用いて、特定の文字列をパースする。もし、その文字列が true か false の場合は真偽値なので、ValExpr::Bool が結果となる。fn の場合は関数であるため、関数をパースする parse_fn を呼び出し、<の場合はペアのパーサである parse_pair を呼び出す。val にはこれら 4 つのパターンしかありえない。そのため、その他の文字列となった場合には unreachable!() を呼び出している。unreachable!() は、プログラマの観点から理論上到達しえない箇所に書くマクロである。実際には到達可能な場所にも unreachable!() は記述でき、もし到達した場合はパニックが起きプログラムは停止する。

次に、関数をパースするコードを示そう。関数は fn x: T { E }という構文であった。fn はすでにパース済みのため、引数 x とその型 T、そして関数の本体となる式 E を順にパースしていく。

./src/parser.rs：parse_fn 関数

```
/// 関数をパース。
fn parse_fn(i: &str) -> IResult<&str, ValExpr, VerboseError<&str>> {
    let (i, _) = multispace1(i)?;
    let (i, var) = parse_var(i)?; // 引数 (1)

    let (i, _) = multispace0(i)?;
    let (i, _) = char(':')(i)?;
    let (i, _) = multispace0(i)?;

    let (i, ty) = parse_type(i)?; // 引数の型 (2)
    let (i, _) = multispace0(i)?;

    // { <E> }というように、波括弧で囲まれた式をパース (3)
    let (i, expr) = delimited(
        char('{'),
        delimited(multispace0, parse_expr, multispace0),
        char('}'),
    )(i)?;

    Ok((
        i,
        ValExpr::Fun(FnExpr { // (4)
            var,
```

```
            ty,
            expr: Box::new(expr),
        }),
    ))
}
```

(1) 引数をパース。
(2) 型をパース。
(3) 式をパース。delimited は、括弧などで囲まれた文字列をパースするパーサを生成する。
(4) 結果を ValExpr::Fun(FnExpr) として返す。

空白文字をスキップするコードがあるため長く見えるが、行っているのは以上の 4 つのみである。delimited を用いると、括弧や begin end で囲まれた文字列を容易にパースできる。delimited の他にも、コンマ等で区切られた文字列（たとえば、"A,B,C" というような文字列）をパース可能な separated_list0 などのパーサが標準で用意されている。他にもいろいろなパーサがあるため、それらについては nom のドキュメントを参照してほしい。

変数のパースは簡単で、以下のようになる。

./src/parser.rs：parse_var 関数

```
/// 変数をパース。変数は 1 文字以上のアルファベットから成り立つ。
fn parse_var(i: &str) -> IResult<&str, String, VerboseError<&str>> {
    let (i, v) = alpha1(i)?;
    Ok((i, v.to_string()))
}
```

1 文字以上のアルファベットをパースし、それを返しているのみとなる。

次に、型をパースするコードを示そう。

./src/parser.rs：parse_type 関数

```
/// 真偽値、関数、ペア型をパース。
fn parse_type(i: &str) -> IResult<&str, TypeExpr, VerboseError<&str>> {
    let (i, q) = parse_qual(i)?; // 修飾子 (1)
    let (i, _) = multispace1(i)?;
    let (i, val) = alt((tag("bool"), tag("("))) (i)?; // (2)
    if val == "bool" {
        // bool 型 (3)
        Ok((
            i,
            TypeExpr {
                qual: q,
                prim: PrimType::Bool,
            },
        ))
    } else {
```

```
            // 関数型かペア型
            let (i, _) = multispace0(i)?;
            let (i, t1) = parse_type(i)?; // 1つ目の型 (4)
            let (i, _) = multispace0(i)?;

            // ->か*をパース
            // ->の場合は関数型で、*の場合はペア型 (5)
            let (i, op) = alt((tag("*"), tag("->")))(i)?;

            let (i, _) = multispace0(i)?;
            let (i, t2) = parse_type(i)?; // 2つ目の型 (6)
            let (i, _) = multispace0(i)?;

            let (i, _) = char(')')(i)?; // (7)

            Ok((
                i,
                TypeExpr { // (8)
                    qual: q,
                    prim: if op == "*" {
                        PrimType::Pair(Box::new(t1), Box::new(t2))
                    } else {
                        PrimType::Arrow(Box::new(t1), Box::new(t2))
                    },
                },
            ))
        }
    }
```

(1) 修飾子をパース。

(2) “bool” か “(” をパース。

(3) bool 型を結果として返す。

(4) 関数型かペア型の場合は、再帰的に型をパースする。ここでは 1 つ目の型を再帰的にパースしている。

(5) “->” か “*” をパース。

(6) 2 つ目の型を再帰的にパース。

(7) 閉じ括弧をパース。

(8) 結果として、ペアの PrimType::Pair か関数の PrimType::Arrow を返す。

型の構文は再帰的に定義されるため、パーサも再帰的に実装する。ただし、bool 型の場合は再帰せずに TypeExpr の prim に PrimType::Bool を設定して返す。再帰的な実装とすることで、lin (lin bool, lin bool) といった型をパースできるようになる。

最後に、修飾子をパースするコードを示そう。

./src/parser.rs：parse_qual 関数

```
/// lin 修飾子と un 修飾子をパース。
fn parse_qual(i: &str) -> IResult<&str, Qual, VerboseError<&str>> {
    let (i, val) = alt((tag("lin"), tag("un")))(i)?;
    if val == "lin" {
        Ok((i, Qual::Lin))
    } else {
        Ok((i, Qual::Un))
    }
}
```

この関数は、“lin” か “un” をパースして、それにあった値を返すのみとなる。

以上が、パーサコンビネータを利用したパーサ実装の基本となる。単純なパーサを組み合わせることで、関数や型といった複雑な構文を解釈するパーサを実装できることがわかるだろう。事実、他の if 式なども、これらと同じように実装できる。

また、先にも述べたが、nom を利用することで、構文エラーの場所をわかりやすく表示することができる。たとえば、以下の LinZ のコードは、誤りのあるコードとなる。

LinZ：構文エラー

```
lin fn x : ln bool { // lin を ln と書いてしまっている
    x
}
```

これをパースし、得られたエラーを標準出力に出力すると、以下のように出力される（VerboseError とする必要がある）。

構文エラーの出力

```
0: at line 1, in Tag:
lin fn x : ln bool {
           ^

1: at line 1, in Alt:
lin fn x : ln bool {
           ^
```

ここでは、Tag で失敗し、その結果 Alt で失敗していることが表示されている。このようなエラー表示を自前で実装するのは大変だが、nom を利用すると容易に実現できる。これも、nom の大きな利点である。

9.3.2　型環境

本項では、型環境を実装する。型環境とは、変数と型の対応付けを保存するデータベースのことであった。型環境は、マップのスタックとして実装できる。型環境をスタックとして実装することで、変数のスコープやシャドーイングを表現できる。図 9.5 は、型環境の API と例を示している。

push と pop はスタック用の API で、関数定義用スタックの一番上にあるスタックに対して、プッ

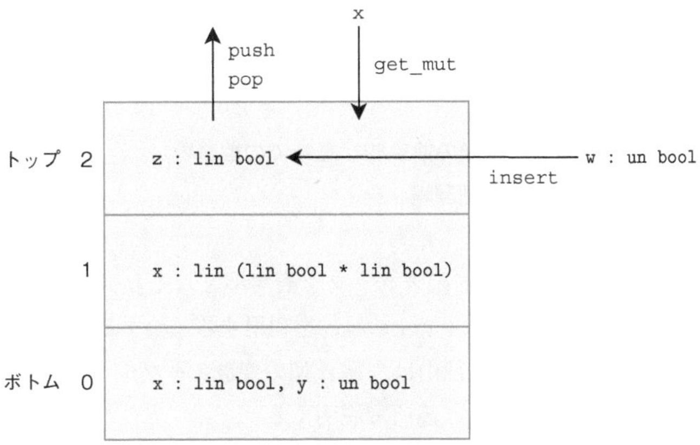

図 9.5 型環境

シュとポップを行う。insert と get_mut は、マップ用の API となる。insert はトップにあるマップへ、変数と型の対応付けを挿入する。get_mut は、トップからボトムへ向かって順にマップをたどっていき、最初に発見したデータを取得する。この例だと、x を get_mut で取得すると上にある lin (lin bool * lin bool) が得られ、y を get_mut で取得すると un bool が得られる。

型環境用の型は、./src/typing.rs に定義する。次のコードは、./src/typing.rs のインポート部分となり、crate::parser や BTreeMap などをインポートしている。BTreeMap は型環境の実装で用いる。

./src/typing.rs：インポート

```
use crate::{helper::safe_add, parser};
use std::{borrow::Cow, cmp::Ordering, collections::BTreeMap, mem};
```


次のコードは、図 9.5 で示した、マップのスタックによる型環境を表す型定義である。

./src/typing.rs：TypeEnvStack 型

```
type VarToType = BTreeMap<String, Option<parser::TypeExpr>>; // (1)

#[derive(Debug, Clone, Eq, PartialEq, Default)]
struct TypeEnvStack {
    vars: BTreeMap<usize, VarToType>, // (2)
}

impl TypeEnvStack {
    fn new() -> TypeEnvStack {
        TypeEnvStack {
            vars: BTreeMap::new(),
        }
    }
```

```
    // 省略。以下で説明
}
```

(1) 変数と型の対応付けを表す型（本来の抽象的な意味での型環境）。

(2) 図 9.5 で示した、スタック構造の型環境。

TypeEnvStack の vars フィールドがスタックを表す型となる。スタックは LinkedList や Vec で実装するのが一般的だが、今回は BTreeMap を利用する。つまり、図 9.5 の 0、1、2 の番号をキーとしてスタックを実現する。この理由は、lin 型の変数キャプチャに関する問題に対処するためであり、詳細は関数定義の型検査を行う箇所で説明する。

VarToType が、変数名から型へのマップである。この値の型を Option 型にしているのは、lin 型の変数を消費したことを表現するためで、値が None の場合は、その変数が 1 度利用されたことを示す。

次のコードは、スタックへの push と pop の実装である。本実装では BTreeMap のキーがスタックの高さを示すため、以下の push メソッドと pop メソッドは明示的に渡すように実装する。

./src/typing.rs：impl TypeEnvStack 内の push メソッドと pop メソッド

```
/// 型環境を push。
fn push(&mut self, depth: usize) {
    self.vars.insert(depth, BTreeMap::new());
}

/// 型環境を pop。
fn pop(&mut self, depth: usize) -> Option<VarToType> {
    self.vars.remove(&depth)
}
```

depth 引数がスタックの高さを示す値となる。型検査時には、変数スコープがネストするたびにスタックをプッシュするため、スタックの高さは変数スコープの深さと同じとなる。そこで、本実装では高さではなく深さと命名した。

次のコードは、変数と型の対応付けを挿入する実装となる。

./src/typing.rs：impl TypeEnvStack 内の insert メソッド

```
/// スタックの最も上にある型環境に変数と型を追加。
fn insert(&mut self, key: String, value: parser::TypeExpr) {
    if let Some(last) = self.vars.iter_mut().next_back() {
        last.1.insert(key, Some(value));
    }
}
```

図 9.5 でも説明したように、変数と型の情報はスタックの最も上に位置する型環境に対して行う。そこで、insert では、next_back を用いて次の終端を指すイテレータを取得している。

BTreeMap や Vec 等のイテレータは**両終端イテレータ（double ended iterator）**と呼ばれるイテレータとなる。つまり、前方と後方の両方からたどれるイテレータとなる。次のコードは、両終端イテレータの例を示している。

両終端イテレータ

```
let v = vec![0, 1, 2, 3, 4];
let mut it = v.iter();
println!("{:?}", it.next_back()); // A: Some(4)
println!("{:?}", it.next_back()); // B: Some(3)
println!("{:?}", it.next());      // C: Some(0)
println!("{:?}", it.next());      // D: Some(1)
println!("{:?}", it.next_back()); // E: Some(2)
println!("{:?}", it.next_back()); // F: None
```

コメント中の A、B などは行位置を示しており、その後に出力される値を示している。このコードを図で示したのが図 9.6 である。まず、このコードでは配列が定義され、iter でそのイテレータを取得し、next と next_back でたどっている。はじめに next_back を呼ぶと（A の行）、図のように終端側のイテレータは配列の終端を指す。その後再び next_back を呼ぶと（B の行）、終端側のイテレータは 3 の要素を指す。next の場合は先端から順にたどっていく（C と D の行）。E の行で 2 の要素をたどると、すべての要素をたどったことになるため、その後に next や next_back を呼び出すと None が返る（F の行）。このように、両終端イテレータは先端と終端からたどることのできるイテレータとなる。

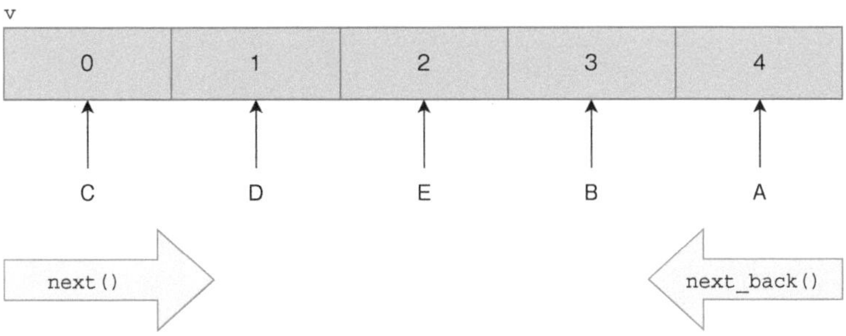

図 9.6 両終端イテレータ

次のコードは、変数と型の対応付けを取得するための実装となる。

./src/typing.rs：impl TypeEnvStack 内の get_mut メソッド

```
/// スタックを上からたどっていき、はじめに見つかる変数の型を取得。
fn get_mut(&mut self, key: &str) -> Option<(usize, &mut Option<parser::TypeExpr>)> {
    for (depth, elm) in self.vars.iter_mut().rev() {
        if let Some(e) = elm.get_mut(key) {
            return Some((*depth, e));
        }
```

```
        }
        None
    }
```

get_mut メソッドは、スタックを上から順にたどっていき、対応する値のスタックの高さとミュータブル参照を返す。本実装ではスタックを BTreeMap を用いて実装しており、キーがスタックの高さに対応しているため、終端から走査すると、スタックの上からたどる走査を実現できる。終端からの走査は、このコードのように rev を用いるとできる。これが可能なのは、BTreeMap のキーがその値の大きさ順で整列されているからである。両方とも対応する値を発見した場合は即座にそれを返す。

実際の型環境は lin 用と un 用で別々の TypeEnvStack を用意する。図 9.7 は、これを表したものである。TypeEnv が lin 用と un 用の型環境を持つ型である。push と pop は単純に両方の型環境をプッシュ、ポップする。get_mut は、両方の型環境の get_mut を呼び出して値を取得し、depth のより大きいほうを返す。この図の例だと、x を get_mut で取得すると、スタックのより高い位置にある lin bool を得られる。insert は、スタックの最も上にあるマップに対して追加するのは変わらないが、lin か un を判別して適切な型環境へ追加する。

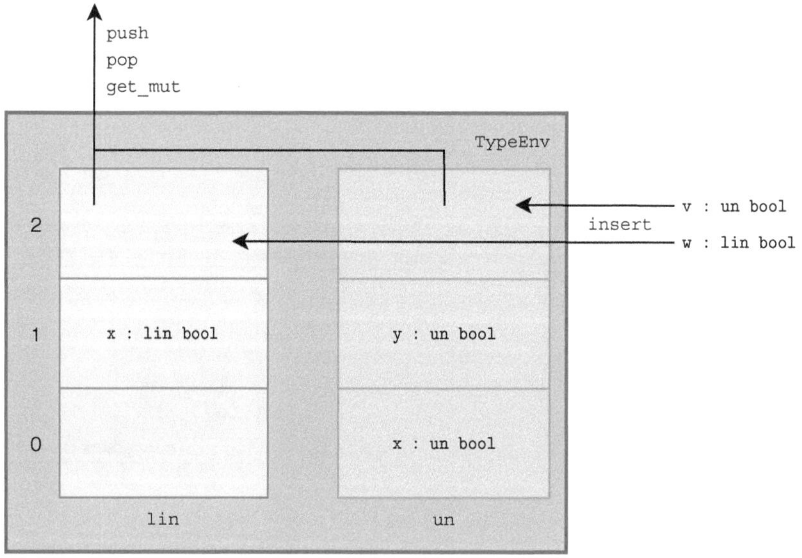

図 9.7　lin 用と un 用の型環境

TypeEnv 型の定義は、次のようになる。以下では、TypeEnv 型の実装を説明する。

./src/typing.rs：TypeEnv 型

```
#[derive(Debug, Clone, Eq, PartialEq)]
pub struct TypeEnv {
    env_lin: TypeEnvStack, // lin 用
    env_un: TypeEnvStack,  // un 用
```

```
}

impl TypeEnv {
    pub fn new() -> TypeEnv {
        TypeEnv {
            env_lin: TypeEnvStack::new(),
            env_un: TypeEnvStack::new(),
        }
    }

    // 省略。以下で説明
}
```

このように、TypeEnv 型は先に説明した TypeEnvStack 型の値を 2 つ持つのみで、TypeEnv 型のメソッドはこれらに対する操作である。

次のコードは、push メソッドと pop メソッドの実装である。push メソッドと pop メソッドは単純に、lin と un の型環境両方をプッシュ、ポップするのみである。

./src/typing.rs：impl TypeEnv 内の push メソッドと pop メソッド

```
/// 型環境を push。
fn push(&mut self, depth: usize) {
    self.env_lin.push(depth);
    self.env_un.push(depth);
}

/// 型環境を pop。
fn pop(&mut self, depth: usize) -> (Option<VarToType>, Option<VarToType>) {
    let t1 = self.env_lin.pop(depth);
    let t2 = self.env_un.pop(depth);
    (t1, t2)
}
```

次のコードは、変数と型の対応付けを挿入する insert メソッドの実装である。insert メソッドでは、与えられた型が lin か un のどちらであるかを判別して、対応する型環境の insert を呼び出す。

./src/typing.rs：impl TypeEnv 内の insert メソッド

```
/// 型環境へ変数と型を追加。
fn insert(&mut self, key: String, value: parser::TypeExpr) {
    if value.qual == parser::Qual::Lin {
        self.env_lin.insert(key, value);
    } else {
        self.env_un.insert(key, value);
    }
}
```

次のコードは、変数名をキーとして与えると対応する型を返す get_mut メソッドの実装である。

このメソッドは、lin と un 両方の型環境の get_mut を呼び出し、depth の大きいほうを返す。

./src/typing.rs：impl TypeEnv 内の get_mut メソッド

```
/// lin と un の型環境から get_mut を呼び出し、 depth が大きいほうを返す。
fn get_mut(&mut self, key: &str) -> Option<&mut Option<parser::TypeExpr>> {
    match (self.env_lin.get_mut(key), self.env_un.get_mut(key)) {
        (Some((d1, t1)), Some((d2, t2))) => match d1.cmp(&d2) {
            Ordering::Less => Some(t2),
            Ordering::Greater => Some(t1),
            Ordering::Equal => panic!("invalid type environment"),
        },
        (Some((_, t1)), None) => Some(t1),
        (None, Some((_, t2))) => Some(t2),
        _ => None,
    }
}
```

cmp は、小なり、大なり、等しいという 3 パターンで場合分けしたい際に利用する。たとえば、10.cmp(&20) とすると、$10 < 20$ のため Ordering::Less が返る。このコードでは、depth が等しい場合にパニックが起きるようにしている。つまり、スタックの同じ高さに同じ変数名を複数定義できないようにする必要があるということで、このような状況にならないような設計・実装とする。理想的には、設計と実装が正しいならば、どのような入力を与えても到達しないような箇所に panic! を書くべきであり、これがその箇所となる。もしこの箇所でパニックが起きるなら、それは設計か実装が間違っている。

以上が型環境の説明である。型検査は、この型環境を操作して行う。

9.3.3　型検査器

本項では、いよいよ線形型システムの型検査器を実装する。まずはじめに、図 9.8 に、これから実装する型検査器の設計概要をデータフロー図で示す。型検査器は、入力に式と型環境を受け取り、その式の型を返す型付け関数群からなる。型付けが成功した場合、正しい型を返り値として返すが、失敗した場合にはエラーを報告する。

typing は任意の式の型を返す関数となる。つまり、ある式を表す Expr 型の値を受け取り、その式の型を返す。typing は、引数である Expr 型の値に応じて、適切な関数を呼び出すのみである。つまり、引数の式が修飾子付き値を表す Expr::Qval なら、typing_qval を呼び出し、if 式を表す Expr::If なら typing_if を呼び出す。実際には、関数適用など他の場合もあるが、この図では省略している。また、修飾子付き値や if 式中には Expr で表される部分式もあり、それらに対する型付けは typing を再帰的に呼び出して行うが、これらについても省略している。

最も単純な例を示そう。いま、un true という修飾子付き値を引数にして、typing を呼び出したとする。すると、typing は typing_qval を呼び出す。実際の型付けは typing_qval が行い、その結果は un bool となる。この返り値を typing が受け取り、最終的な結果として返す。

次のコードは、typing 関数の実装となる。

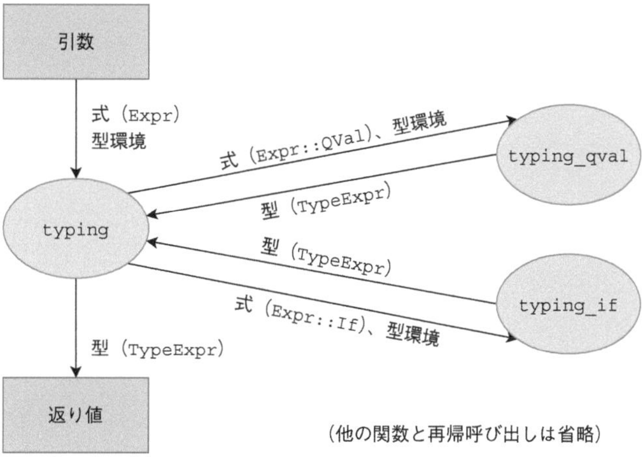

図 9.8　型検査器の設計概要

./src/typing.rs：typing 関数

```
type TResult<'a> = Result<parser::TypeExpr, Cow<'a, str>>;

/// 型付け関数。
/// 式を受け取り、型を返す。
pub fn typing<'a>(expr: &parser::Expr, env: &mut TypeEnv,
                  depth: usize) -> TResult<'a> {
    match expr {
        parser::Expr::App(e) => typing_app(e, env, depth),
        parser::Expr::QVal(e) => typing_qval(e, env, depth),
        parser::Expr::Free(e) => typing_free(e, env, depth),
        parser::Expr::If(e) => typing_if(e, env, depth),
        parser::Expr::Split(e) => typing_split(e, env, depth),
        parser::Expr::Var(e) => typing_var(e, env),
        parser::Expr::Let(e) => typing_let(e, env, depth),
    }
}
```

TResult 型は、型検査器で実装する関数の返り値の型であり、これらの関数は、型付けに成功した場合にはその型を返し、失敗した場合はエラーメッセージを返す。エラー時には、String か&str を返すため、Cow を利用している。Cow は Copy on Write の略であり、書き込みが必要な場合に書き込み可能な型のコピーを作成する。つまり、中身が String なら書き込み可能なのでそのまま利用し、中身が&str なら、いったん String に変換してから書き込みする。Cow を利用すると、String と &str を両方扱う場合に効率がよくなる。typing 関数は、式を受け取り、その式に応じて適切な関数を呼び出すのみとなる。引数の depth は、変数スコープのネストの深さを示しており、先にも説明したとおり、この値はスタックの高さと等しい。一番はじめに typing 関数を呼び出す際は depth をゼロに設定する。

次に、修飾子付き値の型付けについて説明する。その前に、関数とペアの型付け規則について、繰り返しになるが再度考察しよう。

ペアの型付けで問題になるのは、un 型のペアのときである。図 9.3 より、un 型のペアの型付け規則は以下のようになる。

$$\frac{\Gamma_1 \vdash \boxed{\mathrm{e}_1} : \mathrm{T}_1 \quad \Gamma_2 \vdash \boxed{\mathrm{e}_2} : \mathrm{T}_2 \quad \mathtt{Un}(\mathrm{T}_1) \quad \mathtt{Un}(\mathrm{T}_2)}{\Gamma_1 \circ \Gamma_2 \vdash \boxed{\mathrm{un} <\mathrm{e}_1, \mathrm{e}_2>} : \mathrm{un}\ (\mathrm{T}_1 * \mathrm{T}_2)} \ \text{T-Pair (un)}$$

この規則は、un 型のペアのときは、ペアに内包する e_1 と e_2 の型もまた un 型である場合に型付けできるといっている。つまり、un 型のペアのとき、式 e_1 と e_2 のどちらかか、その両方が `lin` 型の場合には型付けできない。ペアの型付けでは、この制約を実装する必要がある。

関数の型付けで問題になるのも、un 型の関数のときである。図 9.3 より、un 型の関数の型付け規則は以下のようになる。

$$\frac{\mathtt{Un}(\Gamma) \quad \Gamma, \mathrm{x} : \mathrm{T}_1 \vdash \boxed{\mathrm{e}} : \mathrm{T}_2}{\Gamma \vdash \boxed{\mathrm{un\ fn\ x} : \mathrm{T}_1 \ \{\ \mathrm{e}\ \}} : \mathrm{un}\ (\mathrm{T}_1 \rightarrow \mathrm{T}_2)} \ \text{T-Abs (un)}$$

問題なのは、$\mathtt{Un}(\Gamma)$ かつ、$\Gamma, \mathrm{x} : \mathrm{T}_1 \vdash \boxed{\mathrm{e}} : \mathrm{T}_2$ が成り立つ必要があるということである。これはつまり、この un 型の関数の外側で定義された自由変数は un 型の場合のみ利用可能ということである。

次のコードは、修飾子付き値の型付けを行う `typing_qval` 関数の実装である。修飾子付き値は、真偽値、ペア、関数のいずれかになり、ペアと関数は、先の制約に注意して実装する。

./src/typing.rs：typing_qval 関数

```
/// 修飾子付き値の型付け。
fn typing_qval<'a>(expr: &parser::QValExpr, env: &mut TypeEnv,
                   depth: usize) -> TResult<'a> {
    // プリミティブ型を計算
    let p = match &expr.val {
        parser::ValExpr::Bool(_) => parser::PrimType::Bool,
        parser::ValExpr::Pair(e1, e2) => {
            // 式 e1 と e2 を typing により型付け (A-1)
            let t1 = typing(e1, env, depth)?;
            let t2 = typing(e2, env, depth)?;

            // expr.qual が un であり、
            // e1 か、 e2 の型に lin が含まれていた場合、型付けエラー (A-2)
            if expr.qual == parser::Qual::Un
                && (t1.qual == parser::Qual::Lin || t2.qual == parser::Qual::Lin)
            {
                return Err("un 型のペア内で lin 型を利用している".into());
            }

            // ペア型を返す (A-3)
            parser::PrimType::Pair(Box::new(t1), Box::new(t2))
        }
        parser::ValExpr::Fun(e) => {
            // 関数の型付け
```

```
            // un 型の関数内では、 lin 型の自由変数をキャプチャできないため
            // lin 用の型環境を置き換え (B-1)
            let env_prev = if expr.qual == parser::Qual::Un {
                Some(mem::take(&mut env.env_lin))
            } else {
                None
            };

            // depth をインクリメントして push (B-2)
            let mut depth = depth;
            safe_add(&mut depth, &1, || "変数スコープのネストが深すぎる")?;
            env.push(depth);
            env.insert(e.var.clone(), e.ty.clone()); // (B-3)

            // 関数中の式を型付け (B-4)
            let t = typing(&e.expr, env, depth)?;

            // 型環境を pop し、 pop した型環境の中に lin 型が含まれていた場合、型付けエラー (B-5)
            let (elin, _) = env.pop(depth);
            for (k, v) in elin.unwrap().iter() {
                if v.is_some() {
                    return Err(
                        format!("関数定義内で lin 型の変数\"{k}\"を消費していない").into());
                }
            }

            // lin 用の型環境を復元 (B-6)
            if let Some(ep) = env_prev {
                env.env_lin = ep;
            }

            // 関数の型を生成 (B-7)
            parser::PrimType::Arrow(Box::new(e.ty.clone()), Box::new(t))
        }
    };

    // 修飾子付き型を返す
    Ok(parser::TypeExpr {
        qual: expr.qual,
        prim: p,
    })
}
```

式が parser::ValExpr::Bool の場合は、単純に真偽値型の parser::PrimType::Bool を返すのみとなる。ペアと関数の場合は若干複雑なため、別々に説明する。

ペアの型付けは以下のとおりとなる。

(A-1) ペアは式を 2 つ内包する。そのため、 typing 関数を再帰的に呼び出して、それらの式の型を得る。

(A-2) un 型のペアは、 lin 型の値を内包できないという制約を実装している。
(A-3) 内包する2つの式の型から、ペアの型を生成。

関数の型付けは以下のとおりとなる。

(B-1) un 型の関数の場合、この関数の外側で定義された lin 型の変数は利用できない。そのため、ここで lin 用の型環境を空にする。ただし、後で復元する必要があるため保存する。これが、 lin と un で別々の型環境を用意し、 BTreeMap でスタックを実装した理由である。
(B-2) 型環境のスタックをインクリメントする。スタックのプッシュには depth が必要なため、インクリメントを忘れずに行う。
(B-3) 変数の型を挿入。
(B-4) 関数中の式を型付け。
(B-5) 型環境をポップし、ポップした中に lin 型の変数（つまり引数）が残っていた場合は消費されなかったということなのでエラー。このように型環境をスタックとして表すことで、変数のスコープを表現できる。また、スタックの上から順にたどるように get_mut を実装しているため、シャドーイングも表現できる。
(B-6) (B-1) で待避した lin 用の型環境を復元。
(B-7) 変数の型と (B-4) で得た結果を用いて、関数の型を生成。

このように、値に応じた型付けを行い、最終的に得られた型を返す。

次のコードは、変数の型付けを行う実装となる。変数の型付けで重要なのは、lin 型の変数が参照された場合は、消費して型環境から削除することである。

./src/typing.rs：typing_var 関数

```
/// 変数の型付け。
fn typing_var<'a>(expr: &str, env: &mut TypeEnv) -> TResult<'a> {
    let ret = env.get_mut(expr);
    if let Some(it) = ret {
        // 定義されている
        if let Some(t) = it {
            // 消費されていない
            if t.qual == parser::Qual::Lin {
                // lin 型
                let eret = t.clone();
                *it = None; // lin 型の変数を消費
                return Ok(eret);
            } else {
                return Ok(t.clone());
            }
        }
    }
```

```
        Err(format!(
            "\"{}\"という変数は定義されていないか、利用済みか、キャプチャできない",
            expr
        )
        .into())
    }
```

変数の型付けでは、まず、型環境から変数名である expr をキーとして、対応する型を取得する。もし取得できない場合は、定義されていない変数か、利用済みの lin 型の変数か、関数の外側にある lin 型の自由変数かのいずれかである。もし取得した型が lin 型の場合は値を None に変更する。こうすることで、lin 型の変数を 1 度だけ利用できるという制約を検査できる。

次のコードは、if 式の型付けの実装となる。if 式では、条件の式が bool であるか、then と else 部の式の型が同じであるか、then と else 部の式を評価した後の型環境が同じであるか、という 3 つの検査を行う。

./src/typing.rs：typing_if 関数

```
/// if 式の型付け。
fn typing_if<'a>(expr: &parser::IfExpr, env: &mut TypeEnv,
                 depth: usize) -> TResult<'a> {
    let t1 = typing(&expr.cond_expr, env, depth)?; // (1)
    // 条件の式の型は bool
    if t1.prim != parser::PrimType::Bool {
        return Err("if の条件式が bool でない".into());
    }

    let mut e = env.clone(); // (2)
    let t2 = typing(&expr.then_expr, &mut e, depth)?;
    let t3 = typing(&expr.else_expr, env, depth)?;

    // then と else 部の型は同じで、
    // then と else 部の評価後の型環境は同じかをチェック (3)
    if t2 != t3 || e != *env {
        return Err("if の then と else の式の型が異なる".into());
    }

    Ok(t2)
}
```

(1) 条件の式の型付けを行い、その型が bool であるかを検査。

(2) then と else で別々の式を同じ型環境で検査するため、型環境を clone してから、それぞれの式の型付けを行う。

(3) (2) で得た 2 つの型が等しいかと、評価後の型環境が等しいかをチェックし、等しくないならエラー。

以上が基本的な型付けの実装である。typing_split、typing_app、typing_free、typing_let については実装を示していないが、これらと同じように実装できる。typing_split

と typing_app については、大まかな流れを示そう。

typing_split 関数は、以下のような流れで実装する。

1. 定義する 2 つの変数名が同じかどうかをチェックし、同じならエラーにする。
2. 分割対象とする式の型付けを行う。
3. 型環境をプッシュし、変数の型を挿入。
4. 本体の式の型付けを行う。
5. 型環境をポップし、ポップした中に lin 型の変数が残っていないかをチェック。

typing_app 関数は、以下のような流れで実装する。

1. 関数部分の型付けを行い、結果が関数型かどうかをチェック。
2. 引数部分の型付けを行う。
3. 関数部分の引数の型と、引数部分の型が同じかどうかをチェック。

typing_free と typing_let については、読者自身で考えて実装してほしい。わからない場合は、Web で配布するソースコードを参照するとよいだろう。

9.3.4 仕上げ

仕上げとして./src/main.rs を実装しよう。./src/main.rs では、モジュール定義とインポートを行い、main 関数を定義している。main 関数では、ファイルから文字列を読み込み、parser 関数と typing 関数を呼び出し、結果を表示する。この実装は以下のとおりである。

./src/main.rs
```
mod helper;
mod parser;
mod typing;

use nom::error::convert_error;
use std::{env, error::Error, fs};

fn main() -> Result<(), Box<dyn Error>> {
    // コマンドライン引数の検査
    let args: Vec<String> = env::args().collect();
    if args.len() < 2 {
        eprintln!("以下のようにファイル名を指定して実行してください\ncargo run codes/ex1.lin");
        return Err("引数が不足".into());
    }

    // ファイル読み込み
    let content = fs::read_to_string(&args[1])?;

    let ast = parser::parse_expr(&content); // パース
```

```
    println!("AST:\n{:#?}\n", ast);
    match ast {
        Ok((_, expr)) => {
            let mut ctx = typing::TypeEnv::new();
            println!("式:\n{content}");

            // 型付け
            let a = typing::typing(&expr, &mut ctx, 0)?;
            println!("の型は\n{a}\nです。");
        }
        Err(nom::Err::Error(e)) => {
            let msg = convert_error(content.as_str(), e);
            eprintln!("パースエラー:\n{msg}");
            return Err(msg.into());
        }
        _ => (),
    }

    Ok(())
}
```

これを実行すると、次のようになる。実装では AST も表示するようにしているが、以下では省略している。

実行結果

```
$ cargo run codes/ex1.lin
式:
lin fn x : lin bool {
    if x {
        lin false
    } else {
        lin true
    }
}
の型は
lin (lin bool -> lin bool)
です。
```

たしかに、入力された関数の型が正しく出力されることがわかるだろう。Web で LinZ のサンプルコードを配布しているため、そちらを用いてテストしてみるとよいだろう。また、use-after-free などのバグを含むコードは、型検査に失敗することもわかるだろう。

9.4 演習問題

❶ 9.3 節でパーサの実装を示したが、`parse_if` など、いくつかの関数は実装していない。残りの関数を実装し、パーサを完成させよ。Web で配布するソースコードには完全版があるため、そちらを

参照してもよい。

❷ スラッシュ 2 文字で 1 行コメントとなるように、構文とパーサ実装を修正せよ。

❸ 9.3.3 項で型検査器の実装を示したが、`typing_split` など、いくつかの関数は実装していない。残りの関数を実装し、型検査器を完成させよ。Web で配布するソースコードには完全版があるため、そちらを参照してもよい。

❹ LinZ の実装を修正してアフィン型を追加せよ。アフィン型システムは Rust の型システムにも採用されており、アフィン型とは最大 1 回利用可能な型である。つまり、線形型と違い、まったく利用しなくてもエラーとはならないような型である。

❺ **［高難易度］** 本書では、LinZ の評価器は実装していない。LinZ の評価器を実装し、実行できるようにせよ。ただし、`lin` 型の値は、消費後に利用中のメモリを解放するようにすること。ここでは、un 型の値のメモリ解放については考えなくてよい。

❻ **［超高難易度］** un 型の値が利用したメモリを正しく解放するには、**ガベージコレクション（garbage collection; GC）**と呼ばれる機能が必要になる。GC とは、実行時に不要となったメモリを検出して解放するしくみである。どうしても un 型の値も正しく処理したい読者は、GC を実装せよ。GC の最も有名なアルゴリズムは**マーク・アンド・スイープ（mark-and-sweep）**であるが、これを実装するとよいだろう。なお、GC については本書で説明しないため、『ガベージコレクション』[29)]など他の専門書を参照してほしい。

Coffee Break

論理的思考

みなさんは、文章を書いたときや話しているときに、「論理的に書きなさい（話しなさい）」などと、先輩や先生から注意されたことはないだろうか？　私は何度かある。そこで、このコラムでは、「論理的」という言葉を論理的に考えてみよう。

「論理的」とは何かをよく考えてみると、つまり、論理で表現できないような文章を指すような気がする。本章では、数学の証明技術を用いて理論的な説明をした。このような記述は、論理学や数学基礎論といった数学分野で用いられるが、本章で用いたような論理学の知識を用いて、「論理的」にメスを入れてみよう。

『あいまいな日本の私』というタイトルの本がある。これは、ノーベル文学賞の受賞者でもある大江健三郎氏の著作の一冊である。このタイトルは、「あいまいな」が「日本」にかかっているのか、「私」にかかっているのかがあいまいなので、しばしば論理的ではない文章の代表例とされる。しかし、この文章は論理で表現できる。

たとえば、$P(x)$ を x はあいまいであるとし、$Q(x, y)$ を x は y の国籍を持つ、としてみよう。すると、私を a、日本を b とすると、「あいまいな日本の私」は論理式で $(P(a) \wedge Q(a, b)) \vee (P(b) \wedge Q(a, b))$ と書ける。ここで、「$\vee$」は「または」を、「$\wedge$」は「かつ」を表す記号である。これはつまり、「私があいまいで、かつ、私は日本国籍を持つ」または「日本があいまいで、かつ、私は日本国籍を持つ」と論理的に解釈できることになる！　このように、ほとんどの文章は、構文が正しいなら論理的に記述ができる。たしかに、その中には矛盾している文章もあるかもしれないが、それでも、論理として表現できる。

では、論理的に表現できない文章を考えてみよう。たとえば、「から筒☆８私った」はどうだろうか？　これはまったく意味の通らない文章であり、論理的に解釈しようがない。ということは、おそらく、論理的でない文章とは構文そのものが間違っていて、まったく解釈できない文章であるように思える。

「論理的」とは何かを論理的に考えていくと、「論理的に」と発言している人のほうが、論理的でないように思えてくる。ところで、最後に、一つだけいっておくことがある。このような屁理屈をこねて反論したところで、大目玉を食らうか、呆れられるかなので、おとなしく文章を修正したほうがよいだろうということだ。

参考文献

1) V. Narayanan, *et al.* “{RedLeaf}: Isolation and Communication in a Safe Operating System.” In *14th USENIX Symposium on Operating Systems Design and Implementation*, 21-39, 2020.

2) K. Boos, *et al.* “Theseus: an Experiment in Operating System Structure and State Management.” In *14th USENIX Symposium on Operating Systems Design and Implementation*, 1-19, 2020.

3) A. Bhardwaj, *et al.* “NrOS: Effective Replication and Sharing in an Operating System.” In *15th USENIX Symposium on Operating Systems Design and Implementation*, 295-312, 2021.

4) “bitflags.” `https://docs.rs/bitflags/latest/bitflags/`

5) J. Blandy, *et al.*『プログラミング Rust 第 2 版』. オライリー・ジャパン，2022.

6) “Rust Latam: procedural macros workshop.” `https://github.com/dtolnay/proc-macro-workshop`

7) M. Sipser.『計算理論の基礎［原著第 2 版］1. オートマトンと言語』. 共立出版，2008.

8) “crossbeam_channel.” `https://docs.rs/crossbeam-channel/latest/crossbeam_channel/index.html`

9) G. Marsaglia. “Xorshift RNGs.” *Journal of Statistical Software*, 8, 1-6, 2003.

10) “Considered harmful.” `https://en.wikipedia.org/wiki/Considered_harmful`

11) 高野 祐輝.『並行プログラミング入門』. オライリー・ジャパン，2021.

12) J. L. Hein.『独習 コンピュータ科学基礎 III 計算構造』. 翔泳社，2012.

13) R. Cox. “Regular Expression Matching: the Virtual Machine Approach.” `https://swtch.com/~rsc/regexp/regexp2.html`

14) “High-Level Intermediate Representation.” `https://rustc-dev-guide.rust-lang.org/hir.html`

15) “Typed High-Level Intermediate Representation.” `https://rustc-dev-guide.rust-lang.org/thir.html`

16) “Mid-level Intermediate Representation.” `https://rustc-dev-guide.rust-lang.org/mir/index.html`

17) “LLVM Language Reference Manual.” `https://llvm.org/docs/LangRef.html`

18) “C++17　非推奨だった bool 型に対するインクリメント演算子を削除.” `https://cpprefjp.github.io/lang/cpp17/remove_deprecated_increment_of_bool.html`

19) R. Cox. “Regular Expression Matching Can Be Simple And Fast.” `https://swtch.com/~rsc/regexp/regexp1.html`

20) D. I. Spivak.『みんなの圏論』. 共立出版，2021.

21) W. R. Stevens, *et al.*『詳解 UNIX プログラミング 第 3 版』. 翔泳社，2014.

22) T. McNamara.『詳解 Rust プログラミング』. 翔泳社，2021.

23) J. Seitz.『リバースエンジニアリング』. オライリー・ジャパン，2010.

24) “Intel® 64 and IA-32 Architectures Software Developer’s Manual.” `https://www.intel.com/content/www/us/en/developer/articles/technical/intel-sdm.html`

25) “The DWARF Debugging Standard.” `https://dwarfstd.org/`

26) “gimli.” `https://docs.rs/gimli/latest/gimli/`

27) B. C. Pierce, *et al.* “Advanced Topics in Types and Programming Languages.” *The MIT Press*, 2004.

28) 萩谷 昌己ほか.『論理と計算のしくみ』. 岩波書店，2017.

29) リチャード・ジョーンズほか.『ガベージコレクション』. 翔泳社，2016.

索　引

プログラミング関連用語索引

予約語

マクロ

型

語句索引

英字・記号

あ行

か行

さ行

た行

な行

は行

ま行

や行

ら行

わ行

著者紹介

高《たか》野《の》祐《ゆう》輝《き》　博士（情報科学）

株式会社ティアフォー技術本部勤務、大阪大学大学院工学研究科招聘准教授。2001 年に石川工業高等専門学校電気工学科を卒業。2003 年に石川工業高等専門学校専攻科電子機械工学専攻を修了。2005 年に北陸先端科学技術大学院大学情報科学研究科博士前期課程を修了。2011 年に北陸先端科学技術大学院大学情報科学研究科博士後期課程を修了。その後、北陸先端科学技術大学院大学高信頼ネットワークイノベーションセンター研究員や、情報通信研究機構サイバーセキュリティ研究所サイバーセキュリティ研究室研究員、大阪大学大学院工学研究科特任准教授などを経て、2022 年より現職。著書に『並行プログラミング入門　Rust、C、アセンブリによる実装からのアプローチ』（オライリー・ジャパン）がある。

NDC007　　287p　　24cm

ゼロから学《まな》ぶRust《ラスト》
システムプログラミングの基礎《きそ》から線形型《せんけいかた》システムまで

2022 年 12 月 13 日　第 1 刷発行
2022 年 12 月 21 日　第 2 刷発行

著　者　高《たか》野《の》祐《ゆう》輝《き》
発行者　髙橋明男
発行所　株式会社　講談社
〒112-8001　東京都文京区音羽 2-12-21
販　売　(03) 5395-4415
業　務　(03) 5395-3615
編　集　株式会社　講談社サイエンティフィク
代表　堀越俊一
〒162-0825　東京都新宿区神楽坂 2-14　ノービィビル
編　集　(03) 3235-3701
本文データ制作　藤原印刷株式会社
印刷・製本　株式会社　ＫＰＳプロダクツ

落丁本・乱丁本は、購入書店名を明記のうえ、講談社業務宛にお送り下さい。送料小社負担にてお取替えします。
なお、この本の内容についてのお問い合わせは講談社サイエンティフィク宛にお願いいたします。定価はカバーに表示してあります。

Printed in Japan

ISBN 978-4-06-530195-1